Richard Watson

50 Schlüsselideen der Zukunft

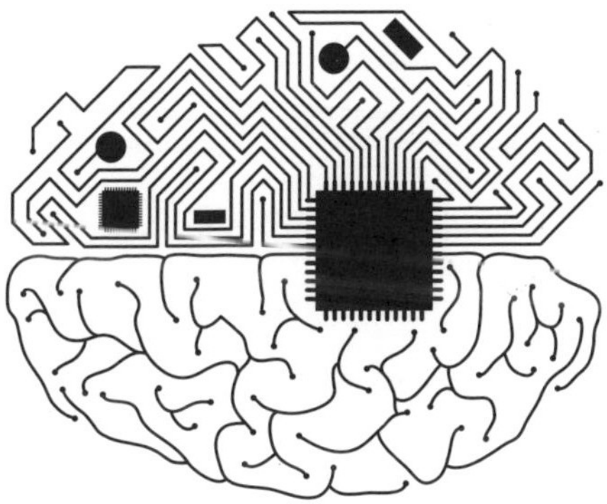

Aus dem Englischen übersetzt von Regina Schneider

Springer Spektrum

Inhalt

Einleitung

Die Zukunft ist ungeschrieben, doch wie wir sie uns vorstellen, kann unsere Haltung und unser Verhalten in der Gegenwart beeinflussen – ähnlich wie unsere persönlichen Lebensgeschichte und unser historisches Erbe bestimmen, wer wir sind und wie wir handeln (das werden Ihnen die meisten Psychologen bestätigen). Mit anderen Worten: Vergangenheit und Zukunft sind stets präsent.

Die Zukunft ist jedoch nicht gleichmäßig verteilt. Wissenschaftliche Labors, Forschungseinrichtungen und akademische Institutionen entwickeln und erforschen neue Ideen, lange bevor sie allgemein verfügbar und anderswo modern werden. Ähnliches kann man von jungen Menschen sagen, die gewöhnlich neuen Ideen offener gegenüberstehen und weniger stark in bestehende Denkmuster eingebunden sind.

In diesem Buch finden Sie eine Auswahl von 50 hochaktuellen Ideen über die Zukunft, ergänzt durch Zitate und eine begleitende Zeitleiste. Einige dieser Ideen und einige der Menschen, die dahinter stehen, mögen ein wenig verrückt erscheinen. Aber wer kann das wirklich wissen, es sei denn aus der Rückschau? Vielleicht besteht darin der ganze Sinn des Nachdenkens über die Zukunft. Es geht nicht darum, ob jemand Recht hat oder nicht, sondern wir bekommen damit eine Möglichkeit, unsere Überzeugungen zu überdenken. Es ist eine Chance, die Gegenwart aufzubrechen und unsere Annahmen über das, was geschehen kann und was nicht, auf den Prüfstand zu stellen – Annahmen, die stets in unsere Spekulationen über die Zukunft einfließen. Zudem bietet es uns Gelegenheit, an die oft vergessene Tatsache zu erinnern, dass die Zukunft von unseren gegenwärtigen Entscheidungen und Handlungen geformt wird.

Besonders wichtig ist, dass eine Beschäftigung mit der Zukunft uns allen erlaubt zu träumen. Zwei weitere Aspekte des Zukünftigen sind offensichtlich. Zum einen wirkt die Technik meist als Beschleuniger. Zum anderen überschätzen wir häufig den Einfluss von technischen und sozialen Veränderungen auf kurze Sicht, während wir ihn auf längere Sicht unterschätzen.

Vielleicht bezweifeln Sie dies, doch es ist möglich, weil die Zukunft uns austrickst, indem sie sich verkleidet und unangekündigt auftritt. Sie sickert in unseren Alltag ein und zwar für gewöhnlich ohne Ankündigung. Wenn die Zukunft stattdessen zum Klang ferner Trommelwirbel mit einem Schlag über uns käme, würden wir zweifellos ziemlich alarmiert oder angenehm überrascht reagieren.

Ich hoffe, dass die folgenden Seiten ein wenig von beidem bieten.

01 Allgegenwärtige Überwachung

George Orwell hatte Recht. Er hat sich nur im Datum geirrt. Berichten zufolge gibt es inzwischen in einem Umkreis von 180 m um das frühere Haus des Autors am Canonbury Square 27B im Norden von London 32 Videoüberwachungsanlagen. Insgesamt gibt es in ganz Großbritannien mehr als 4 Millionen davon – eine pro 14 Einwohner. Der durchschnittliche Brite erscheint 300 Mal pro Tag auf einem Bildschirm, ein Trend, der sich zunehmend auch andernorts beobachten lässt.

Großbritannien steht an der Spitze einer globalen Verschiebung, was die zielgerichtete Beobachtung von Objekten und Personen angeht, und Videoüberwachungen sind nur der Anfang. In Großbritannien wird jedem, der im Zusammenhang mit einem vermuteten Verbrechen verhaftet wird, eine DNA-Probe entnommen, die dann dauerhaft in einer Datenbank verbleibt, ganz gleich, ob die Person für schuldig befunden wird oder nicht. 2009 versuchte die britische Regierung, eine weitere Datenbank durchzusetzen, in die die elektronischen Kommunikationsdaten eines jeden Individuums, also jede einzelne Email, jeder Telefonanruf, jede Google-Suche und jede Kreditkartentransaktion, in Echtzeit aufgenommen würden, um sie dort 635 britischen Organisationen verfügbar zu machen. Der Plan wurde zurückgestellt, kam aber 2012 unter dem Mantel neuer Antiterrorgesetze erneut auf, wobei der einzige wirkliche Unterschied darin bestand, dass die gewonnenen Informationen zunächst von Festnetz-, Mobiltelefon- und Breitbandbetreibern gespeichert werden sollten.

Das übrige Europa steht dem nicht nach. Ein Schriftsatz der Advisory Group on the Future of European Home Affairs (etwa: Ratgebergruppe zum Thema Zukunft der innerstaatlichen Angelegenheiten in Europa) schlägt beispielsweise vor, „jedes Objekt, das das Individuum benutzt, jede Transaktion, die es tätigt sowie seine Ortsbewegungen" fast vollständig zu überwachen. Dazu könnten Einzelheiten der Steuererklärung, Beschäftigungsverhältnisse, Kontoauszüge, Kreditkartendaten, Gesundheitsinformationen, Reisebewegungen und sogar Mitgliedschaften in sozialen Netzwerken zählen. In

Zeitleiste

1932 *Schöne neue Welt* (Aldous Huxley) erscheint

1949 *1984* (George Orwell) erscheint

1973 Erste Videokamera am Times Square

2005 Markteinführung der automatischen Nummernschilderkennung in Großbritannien

2012 Apps für Kinder-Smartphones, die Aufenthaltsorte ausspionieren und Fotos speichern

Indien hat die Regierung inzwischen im Rahmen eines Zehnjahresplans begonnen, die weltgrößte Datenbank zur Identitätserfassung zu schaffen. Theoretisch ist dies eine gute Sache, da es der Regierung hilft, essenzielle Dienstleistungen zur Verfügung zu stellen, doch die Geschichte lässt vermuten, dass sich der Einsatzbereich dieser Information parallel zum Wachstum der Datenanalytik vervielfachen wird – und dass die Regierung weitaus mehr von dieser Beziehung profitieren wird als die Bürger.

Und dann sind da noch so scheinbar harmlose Dinge wie Kundenkarten – im Grunde eine private Überwachung unter dem Banner von Treuepunkten. Ein großes britisches Unternehmen bekennt stolz, 40 Terabytes an Information über die Kaufgewohnheiten von 24 Millionen Kunden zu besitzen.

„In Huxleys Vision dagegen bedarf es keines Großen Bruders, um den Menschen ihre Autonomie, ihre Einsichten und ihre Geschichte zu rauben. Er rechnete mit der Möglichkeit, daß die Menschen anfangen, ihre Unterdrückung zu lieben und die Technologien anzubeten, die ihre Denkfähigkeit zunichte machen.“

Neil Postman,
Autor und Medienkritiker

Ausblick Wie mag Überwachung in der Zukunft aussehen? Sogenannte RFID-Tags (Etiketten zur Identifizierung mithilfe elektromagnetischer Wellen) könnten es den Kommunen und Behörden ermöglichen, die Benutzung von Haushalts-Abfalltonnen zu überwachen: Sobald ein Abfall in der falschen Recyclingtonne landet, würde dies von den Tags angezeigt. Was Videoüberwachungsanlagen angeht, spricht wenig dafür, dass sie die Kriminalitätsrate tatsächlich verringern. Was sie tun, ist vielmehr, Kriminelle auf frischer Tat zu ertappen und

Riskantes Wissen

Unter einer allgegenwärtigen Überwachung versteht man gemeinhin die Beobachtung mittels Videoüberwachungskameras mit zusätzlicher Funktion wie Gesichtserkennung. In Zukunft werden zu diesen Kameras auch private Handys mit Gesichtserkennungstechnik gehören. Wenn Sie also irgendwo am Strand liegen, kann es sein, dass eine Ihnen unbekannte Person ihre Kamera auf Sie richtet, herausfindet, wer Sie sind, und anschließend, wo Sie wohnen. Sofern Sie anderen über soziale Netzwerke von Ihren Plänen erzählt haben, könnten Kriminelle auf diese Informationen zugreifen und einen Komplizen anweisen, Ihre Wohnung auszuräumen.

2015
In den USA wird eine „Blackbox“ für alle Neuwagen obligatorisch

2019
In den meisten öffentlichen Räumen sind Detektoren installiert, die „böse Absichten“ erkennen

2020
Überall gibt es Milliarden Kameras in Punktgröße

2025
Regierungen haben DNA-Proben eines jeden Bürgers weltweit gespeichert

❜ Die Privatsphäre ist tot, finden Sie sich damit ab. ❛

Scott McNealy,
CEO, Sun Microsystems

Menschen zu beruhigen, die sich in immer ungewisser und komplexer werdenden Zeiten nach Sicherheit und Kontrolle sehnen.

Doch selbst diese Maßnahmen werden von Ideen in den Schatten gestellt, die eher aus einem Science-Fiction-Roman als aus dem lokalen Baumarkt stammen könnten. Es gibt bereits biometrische Produkte für den Handy-Gebrauch, und es könnte sein, dass wir den Zugang zu unserer Wohnung eines Tages mit Stimmrekorder, Finger- und Handabdruck- sowie Iris-Erkennungssystemen schützen werden, weil wir ein erhöhtes Sicherheitsbedürfnis verspüren und die Kosten für derartige Techniken sinken. Kwikset, Amerikas führendes Unternehmen für Schlössertechnik, hat zum Beispiel ein Fingerabdruck-Zugangssystem für Privathäuser entwickelt. Und glauben Sie nicht, Sie wären auf der Arbeit vor Ausspähung sicher. 75 Prozent aller US-Unternehmen überwachen den Emailverkehr ihrer Angestellten, und 30 Prozent registrieren die Anschläge sowie die Zeit, die ihre Angestellten am Computer verbringen. Dass Arbeitgeber ihre Angestellten überwachen, ist nicht neu, doch dank Digitaltechniken, die es erleichtern, solche Aktivitäten zu registrieren, zu speichern und zu suchen, nimmt eine derartige Überwachung zu.

Zu anderen Nebenprodukten des Computerzeitalters, die unbemerkt bleiben, gehören Mobiltelefone, die inzwischen in der Regel Kameras enthalten, welche eines Tages mit einer Gesichtserkennungstechnik verknüpft werden könnten. Hinzu kommt, dass Menschen zunehmend über digitale Schnittstellen kommunizieren, was eine digitale Spur hinterlässt.

Nichts ist privat Infolgedessen können wir nun einen sehr eingehenden Blick auf Dinge werfen, die früher nicht sichtbar waren. Die britische Regierung beispielsweise plant, die Daten des National Health Service (Gesundheitsbehörde) zu zentralisieren, womit es den sozialen Diensten möglich wird, jedes Kind in Großbritannien zu überwachen. So könnte in Zukunft kontrolliert werden, für welches Spielzeug Eltern Geld ausgeben oder wie viele Portionen Obst ein Kind am Tag erhält.

Ähnlich könnten Versicherungen eines Tages in der Lage sein, ihre Klienten zu überwachen und ihnen aufgrund des beobachteten Verhaltens einen Versicherungsschutz zu verweigern. Narayanan Kulathuramaiyer zufolge, einem Experten auf diesem Gebiet, verkaufen Unternehmen, die am Sammeln personenbezogener Daten beteiligt sind, diese Daten „in einem Umfang [an Regierungsbehörden], den man nie für möglich halten würde".

Das ist nur die Spitze eines Eisbergs. 2002 beantragte das US-amerikanische Pentagon die Finanzierung für ein Programm namens *Total Information Awareness*, dessen Ziel es war, mithilfe von Datengewinnungstechniken „verdächtiges Verhalten" zu identifizieren. Die Finanzierung wurde abgelehnt, doch Teile des Projekts blieben erhalten. Großbritannien, Frankreich, Israel und Deutschland sollen über ähnliche Programme verfügen.

Privatsphäre im digitalen Zeitalter

Sobald Sie mit einem eingeschalteten Handy herumlaufen, teilen Sie anderen mit, erreichbar zu sein. Ihr Handy wird in Zukunft Brieftasche, Tagesplaner und irgendwann sogar den Hausschlüssel ersetzen. Derlei Mobilfunkgeräte werden so eine Fülle nützlicher digitaler Erinnerungen sammeln (wie Bewegungsmuster, soziale Beziehungen und Kaufverhalten), anhand derer sich der Staat mitsamt seinen Verwaltungsträgern ein umfassendes Bild davon machen kann, wer Sie sind und was Sie denken. Aber das ist noch nicht alles.

Detektoren zur Wahrnehmung von „bösen Absichten" (*malicious intent detectors*) dienen dazu, ein beabsichtigtes Verhalten aufgrund von Körpersprache, Fernmessungen der Körpertemperatur und Augenbewegungen zu prognostizieren. In den USA werden solche Geräte bereits vom Ministerium für Innere Sicherheit eingesetzt, genauso wie automatisierte Erkennungssysteme für Autokennzeichen oder einzelne Gesichter in großen Menschenmengen.

Theoretisch könnte dies eine gute Sache sein, und die meisten Menschen sind durchaus bereit, für das Versprechen kollektiver Sicherheit auf ein kleines Stück ihrer persönlichen Freiheit zu verzichten. Doch Regierungen haben einen schrecklich schlechten Ruf, was die Geheimhaltung von Daten angeht. Sobald eine neue Technik eingeführt ist, wird sie in der Regel immer breiter eingesetzt.

Worum es geht

Der „Große Bruder" ist längst Wirklichkeit

02 Digitale Demokratie

„Regierung des Volkes durch das Volk". Wirklich? Die Demokratie wurde einmal konzipiert, den Willen der Bevölkerung zu repräsentieren. Doch sie entwickelte sich bald zu einem Mittlerbetrieb, in dem einige tausend Akteure, von nicht gewählten Beamten und Beratern bis hin zu professionellen Lobbyisten, Einfluss nehmen. Einzelne Personen sind nur selten in der Lage, die Debatte entscheidend mitzubestimmen oder die Machthaber herauszufordern, es sei denn, sie haben sehr viel Zeit oder Geld.

Eine enge Vernetzung bedeutet, dass es heute durchaus praktikabel ist, immer mehr Menschen immer häufiger zu befragen. Das bedeutet nicht unbedingt ständige Referenden, doch es stellt eine echte Bedrohung für die Legitimität derjenigen dar, die behaupten, im Namen des Volkes zu sprechen. Wenn eine nationale Regierung jederzeit mit ihrem Volk in direkten Kontakt treten kann, warum sich dann mit einer Schar von Mittlern aufhalten? (Drücken Sie 1 und dann #, wenn Sie zustimmen, drücken Sie 2 und dann #, wenn Sie ablehnen, und wenn Sie mit einem Berater sprechen wollen, bleiben Sie einfach am Apparat.)

Die Digitalisierung erfordert von den Regierungen, dass sie ihren Bürgern in Zukunft besser zuhören, denn mehr gewöhnliche Wähler können politische Ideen entwickeln, weitergeben und kommentieren, ohne dazu auf örtliche Parteiverbände, professionelle Lobbyisten, PR-Kampagnen, Fernsehwerbung oder direkte Mailkampagnen zurückgreifen zu müssen. Ähnlich werden immer mehr Politiker Web 2.0-Tools einsetzen, um Werbung auf YouTube zu schalten, um per PayPal Kleinspenden zu sammeln oder um über Handys spontane Proteste gegen Rivalen zu organisieren. Es bedeutet auch, dass in Zukunft Abstimmungen in Supermärkten, bei McDonalds und im Bus möglich sind und sogar vorangetrieben werden könnten.

Die positive Seite Es besteht die Hoffnung, dass Entwicklungen wie diese die Politik interessanter und die Politiker verantwortlicher und ehrlicher machen. Vorbei die Tage der inoffiziellen Gespräche in den politischen Hinterzimmern, im sicheren Wissen, dass sie von keinen Fernsehkameras aufgezeichnet werden. Dank mobiler Geräte sind die Medien heute stets präsent. Das heißt, dass wir jederzeit überprüfen können, wie

Zeitleiste

2011
Wähler identifizieren via Google Maps lokale Probleme

2016
Unachtsames Twittern führt zum Rücktritt des US-amerikanischen Präsidenten

2018
Bewertung im eBay-Stil für alle Regierungsdienstleistungen

2019
Regierungen verzichten auf schriftliche Niederlegungen aus Angst vor Enthüllungen

‚Die politische Technologie des Industriezeitalters ist für die neue Zivilisation, die rund um uns herum Gestalt annimmt, nicht länger geeignet. Unsere Politiker sind altmodisch.'
Alvin Toffler, Autor von *Der Zukunftsschock*

genau es die Politiker mit der Einhaltung ihrer gemachten Versprechungen nehmen, und somit andere auf jede Unehrlichkeit aufmerksam machen können – und das sind sehr gute Nachrichten. Politiker sind seit jeher Meister in der Manipulation von Fakten, und die traditionellen Medien, vor allem das Fernsehen, haben dies unterstützt. Politiker konnten sich hinter einem geänderten Bild und einigen bearbeiteten Bemerkungen verbergen. Das geht in Zukunft nicht mehr. Die globale Vernetzung fordert unmittelbare Authentizität und fördert radikale Transparenz. Die Medien sind überall.

Wie ein syrischer Aktivist namens Khaled in einem Interview mit der *Financial Times* meinte: „Die Regime dachten, die Jugend sei getrennt von der Politik. Sie haben nicht bemerkt, dass jungen Leute untereinander vernetzt sind."

Das Internet hat das Leben der Menschen innerhalb relativ kurzer Zeit stark verändert, doch besonders bemerkenswert ist wohl dessen Fähigkeit, unmittelbar Meinungen einzuholen, eine Funktion, die für den demokratischen Prozess ideal nutzbar ist. Zudem gibt es keinen Grund, warum Online-Gruppierungen auf eine einzige Nation beschränkt bleiben sollten. Wenn die ganze Welt Zugang zu digitalen Instrumenten hat, warum kann dann nicht die ganze Welt über wichtige Themen wie den Klimawandel abstimmen? Warum sollte sich die neu gefundene Macht auf Lokalpolitik beschränken? Warum können wir nicht alle über den europäischen Präsidenten oder den Generalsekretär der Vereinten Nationen abstimmen und dabei das nächstbeste digitale Werkzeug nutzen?

Das Prinzip reicht dabei weit über die Politik hinaus. Bis vor kurzem galt: Wollte man eine Beschwerde gegen einen Energieversorger, ein Krankenhaus oder eine Bußgeldstelle vorbringen, konnte man eine Hotline anrufen oder an den Vorstand schreiben, doch es war eine einzige, einsame Stimme. Heute kann man in aller Welt Tausende, wenn nicht gar Millionen anderer Beschwerdeträger mit ähnlichen Problemen finden, sich ihnen anschließen und ernsthaft Druck auf das Unternehmen ausüben. Und das stellt eine bedeutende Machtverschiebung dar, weg von Institutionen hin zu Individuen. Sich als Einzelner Gehör zu verschaffen, ist schwierig, in der Vielzahl aber liegt Stärke.

2020	2022	2023	2025
McDonalds als Wahllokal („Möchten Sie als Beilage zu Ihren Pommes einen Stimmzettel?")	Der Produzent des Erfolgsformats X-Factor wird als Berater für die Wahlen zum Europaparlament engagiert	Facebooks „gefällt mir" juristisch als Stimmabgabe akzeptiert	Alle politische Werbung wird individuell zugeschnitten

> **❜ Es gibt eine Verbindung zwischen dem Rückgang an demokratischer Beteiligung und der Explosion neuer Kommunikationsmöglichkeiten, die kaum zu übersehen ist. ❛**
>
> **Robin Cook,** früherer Außenminister und Führer des House of Commons, GB

Politische Vernetzung Werden diese Entwicklungen das Gesicht der Politik verändern? Das wird sich zeigen. In der Theorie jedenfalls dürften die Dinge in Zukunft deutlich transparenter sein. Tatsächlich ist das Web 2.0 perfekt zur politischen Agitation geeignet, da es die Teilnahme am politischen Geschehen fördert und Menschen mit ähnlichen Überzeugungen erlaubt, einander zu finden und sich gemeinsam für einen Wandel einzusetzen. Es ermöglicht Politikern zudem, traditionelle Medien zu umgehen und mit lokalen Wählern direkt in Kontakt zu treten. Zumindest in der Theorie. In der Praxis gehören viele Social-Media-Organisationen großen Unternehmen an, von denen einige auch Zeitungen und Fernsehstationen und, so würden manche sagen, auch die Politiker selbst besitzen. Und anstatt von den traditionellen Medien ignoriert zu werden, könnten Menschen mit originellen und unorthodoxen Ansichten von einer tyrannischen Online-Mehrheit niedergeschrien werden.

Bereits jetzt vernetzen wir uns via Twitter mit Präsidenten, und es wird wahrscheinlich gar nicht mehr lange dauern, bis wir via Facebook über Ministerpräsidenten abstimmen, vor allem dann, wenn Politiker die Jugend zum Wählen ermutigen wollen. Doch Vernetzung geht in beide Richtungen. Wenn wir künftig genauer darauf achten, was die Politiker sagen, achten sie vielleicht umgekehrt auch genauer auf das, was wir wollen. Zudem besteht die Möglichkeit, dass fremde Interessen die lokale Politik manipulieren.

Mobile Unruhen

Der Arabische Frühling ist eine zeitgemäße Erinnerung daran, wie Mobiltelefone und vor allem soziale Medien eingesetzt werden können, um alternative Nachrichtenquellen anzuzapfen, Informationen zu verbreiten und rasch Proteste zu organisieren. Theoretisch stellt dies einen Machtkampf zwischen rigiden Kommando- und Kontrollhierarchien (z. B. Regierungen und staatliche Behörden) und fluiden, oft führerlosen Netzwerken der Allgemeinbevölkerung dar. Im Nahen Osten handelt es sich um einen Kampf zwischen autoritären, anti-demokratischen Despoten und freiheitsliebenden Bürgern. Aber das muss nicht immer so bleiben. Es gibt keinen Grund anzunehmen, dass eine Demokratie nicht dieselben Mittel einsetzen könnte, um eine legal gewählte Regierung zu stürzen und durch einen populistischen Diktator zu ersetzen.

Politik 2.0

Werden Web 2.0 und soziale Netzwerke das Gesicht der Politik verändern? Durchaus möglich. So etwa war Congresspedia (heute Open Congress), eine der ersten Seiten im Wikipedia-Stil, auf die unzählige Freiwillige Informationen über alles Mögliche einstellen konnten, beispielsweise, welche Gesetzentwürfe ein amerikanischer Kongressabgeordneter fördert, oder woher er seine politischen Spenden bezieht. Information und Transparenz per Mausklick. Proxy Democracy ist eine ähnliche Webseite, die es kleinen Anlegern möglich macht, große Unternehmen zur Rechenschaft zu ziehen.

Das seltsame Geräusch, so heißt es, das die Auftritte der Politiker auf YouTube bisweilen begleitet, sei der Klang der Macht, die aus hierarchischen Institutionen wie der Regierung in Richtung vernetzter Individuen abfließt. Doch es ist auch der Klang einer Macht, die sich in Richtung übernationaler Unternehmen und paradoxerweise Regierungen bewegt – welche aufgrund allgegenwärtiger Überwachung immer stärker werden.

Worum es geht

Regierung: Strg, Alt, Entf

03 Cyber- und Drohnenkrieg

Historisch betrachtet ging es bei den Fortschritten in militärischen Konflikten zum überwiegenden Teil um die Konstruktion neuer Waffen, und daran wird sich wahrscheinlich auch nichts ändern. Hinzu kommt, dass sich aufgrund steigender Kosten des gezielten Tötens sowie der offenbar sinkenden Bereitschaft der Menschen, in manchen Regionen den Heldentod zu sterben, der Schwerpunkt immer stärker auf den Einsatz modernster Technik verlagert, um den direkten menschlichen Feindkontakt zu ersetzen.

In der Vergangenheit ging es bei Kriegen um Grenzlinien und große Heere bewaffneter Männer, danach um Maschinengewehre und Artillerie und später um Panzer und Flugzeuge. In Zukunft aber werden es Netzwerke von Technikern sein, die unbemannte, teilweise halbautomatische ferngesteuerte Fluggeräte (*remote devices*) bedienen. Anders gesagt, bewegen wir uns partiell weg von einer Welt mit einem großen Arsenal an militärischer Hardware und großen physischen Zielen hin zu einer Welt, in der heimliche Attacken und Cyberkrieg eingesetzt werden, um bestimmte Menschen und Elemente der urbanen Infrastruktur auszuschalten. Das Ziel solcher Attacken ist nicht die völlige physische Vernichtung, sondern eine kurzfristige Störung und Lähmung, die Politiker und Bevölkerung mürbe macht. Eine der neuen Schwachstellen unseres digitalen Zeitalters ist unsere Abhängigkeit von Technik im Allgemeinen und Netzwerken im Besonderen.

Der Krieg der Zukunft Wir werden uns insbesondere mit dem Cyberkrieg noch näher beschäftigen, denn alles, ob Flugzeugkontrollsysteme, Stromnetze, Finanzmärkte, Telekommunikationsinfrastrukturen, Wasserleitungen oder regierungseigene Computernetzwerke, wird inzwischen über Computer gesteuert und so zu einem potenziellen Angriffsziel. Wie ein Überlebender des Zweiten Weltkriegs einmal sagte: „Man braucht heutzutage keine Atombombe, um ein Land zur Kapitulation zu zwingen. Man muss ihm nur eine Woche lang den Strom abdrehen.“

Zeitleiste

1400–1600	1884	1914	1945	2011
Entwicklung von Handwaffen einschließlich Langbögen	Erste vollautomatische Maschinenpistole	Entwicklung des ersten Panzers	Einsatz der ersten Atombombe	US-Drohne tötet Anwar al-Awlaki im Jemen

Terminatoren: Aufstieg der Maschinen

Zu den Kriegsrobotern, die bereits existieren oder sich in Entwicklung befinden, gehören die folgenden:

- **Throwbot** (ein zweirädriger Spionage-Roboter, das per Hand durch eine Öffnung in einen Raum geworfen wird, um Videoinformationen über feindliche Kämpfer zu gewinnen)
- **LS3** (ein vierbeiniger Roboter, der einen Soldaten oder eine bis zu 180 kg schwere Ausrüstung bis zu 32 km weit tragen kann)
- **Packbot** (ein ferngesteuertes Fahrzeug, das vorwiegend zur Bombenentschärfung eingesetzt wird)
- **Aries** (ein kleines, ferngesteuertes U-Boot)
- **SMSS** (ein unbemanntes Bodenfahrzeug)
- **Maars** (ein unbemanntes, voll bewaffnetes Bodenfahrzeug von der Größe eines Rasenmähers)
- **Global Hawk** (eine unbemannte Erkundungsdrohne)
- **MQ-9 Reaper** (ein kleines unbemanntes Fluggerät)

Die letzten beiden sind besonders interessant, weil Drohnen oder UAVs potenziell eine interessante Mischung aus menschlicher und maschineller Intelligenz darstellen, die relativ lautlos, billig und tödlich ist.

Taktiken wie diese kommen informellen Terroristengruppen gelegen und sind ein Beispiel für die sogenannte asymmetrische Kriegsführung, wo zwischen der formellen Macht auf der einen und der informellen Macht auf der anderen Seite ein deutliches Gefälle existiert. Cyberkrieg, in vielen Fälle eine Form der asymmetrischen Kriegsführung, beschränkt sich jedoch nicht auf militärische Handlungen. Mit steigenden Kostenlasten im Geschäftsleben steigt auch die Versuchung, den Cyberspace, sprich den Datenraum, einzusetzen, um Geschäftsgeheimnisse und geistiges Eigentum zu stehlen. Hinzu kommt, dass das Cloud-Computing, wo Informationen in eine Datenwolke ausgelagert werden und der Zugriff nach Bedarf erfolgt, auch im Alltagsleben Einzug hält – ein Trend, der mit enormen Störungen im digitalen Datenverkehr sowie elektronischen Sicherheitsrisiken verbunden ist (ganz gleich, ob dahinter Regierungen, politisierte Computerfreaks, selbster-

❜ Entweder ist der Krieg überholt oder die Menschen sind es. ❛

Buckminster Fuller,

Autor, Erfinder und Futurologe

2020
Ein Drittel aller US-Militärfahrzeuge sind unbemannt

2021
Ein Viertel der US-Armee besteht aus Robotern

2023
Bemannte Kampfflugzeuge werden ausrangiert

2025
SWAT-Teams setzen insektengleiche, unbemannte Luftfahrzeuge im zivilen Luftraum ein

> **Ich bin nicht sicher, mit welchen Waffen der dritte Weltkrieg ausgetragen wird, aber im vierten Weltkrieg werden sie mit Stöcken und Steinen kämpfen.**
> **Albert Einstein,**
> **Theoretischer Physiker**

nannte Datenschützer oder Hacker stehen). Ferner sei darauf hingewiesen, dass China mehr Internetnutzer aufweist als die USA und daher über eine größere Hackerpopulation verfügt. Das bedeutet eine Menge potenzieller Cyberverbrechen und straff koordinierte elektronische Spionagen, wovon sich ein Teil zweifellos gegen US-amerikanische Militäranlagen und Verteidigungseinrichtungen richten.

Roboter auf dem Schlachtfeld sind ein weiteres Beispiel für halbautomatische Kriegsführung, und mehr als 50 Regierungen weltweit bemühen sich aktiv, ferngesteuerte Tötungsmaschinen, sogenannte Killerroboter, zu entwickeln. Das ist zum Teil darauf zurückzuführen, dass der „Wert" des menschlichen Lebens steigt, bedingt durch die öffentliche Meinung, Schadensersatzforderungen und die Notwendigkeit, Wahlen zu gewinnen, was bedeutet, dass Regierungen weniger bereit sind, Verletzungs- und Todesfälle zu riskieren. Gegner argumentieren, dass eine Automatisierung des Kriegs nicht nur die Kosten, sondern auch die emotionale Beteiligung an einem Krieg reduziert mit der Folge, dass Kriege immer häufiger vorkommen werden. Zudem besteht die Gefahr der Verwechslung von Angriffszielen: Einer Maschine beizubringen, zwischen militärischen und zivilen Zielen zu unterscheiden, ist äußerst schwierig, zumal dann wenn die Entscheidung zum Erstschlag automatisiert abläuft. Auf der anderen Seite argumentieren die Befürworter von robotisierten Waffensystemen, dass intelligente Kampfmaschinen nach den Einsatzregeln am Kriegsschauplatz funktionieren und sich in ihren Handlungen wohl kaum von Wut oder Arglist leiten lassen. Und schon gar nicht geraten sie in Panik.

All das klingt wie Science-Fiction, doch tatsächlich hat die Entwicklung von robotisierten Waffensystemen gerade erst begonnen. Die US-Armee hat eine solche Maschine bereits fertiggestellt, einen umherrollenden Kampfroboter namens EATR *(Energetically Autonomous Tactical Robot)*, der sich streng „vegetarisch ernährt": Der EATR ist in der Lage, Energie in Form von Biomasse (z. B. Blätter, Zweige und Gras) aufzunehmen und sie in Kraftstoff umzuwandeln, der dann seinen Dampfmotor antreibt. Er benutzt intelligente Software, die ihm sagt, was essbar ist und was nicht, und setzt einen lasergesteuerten Roboterarm ein, um die Biomasse zu ergreifen und in einen Trichter zu werfen; dieser steht mit einem innen gelegenen Verbrennungsmotor in Verbindung, der wiederum eine Batterie in der Maschine speist. Warum das Ganze? Zum einen, weil Kriege auf Energie angewiesen sind (Soldaten stützen sich zunehmend auf batteriebetriebene Geräte), und zum anderen, weil Kriege nicht selten in abgelegenen Regionen ausgetragen werden, wo Nachschubketten leicht unterbrochen werden können.

Freund oder Feind? Wenn aktuell von Drohnen oder unbemannten Luftfahrzeuge (UAVs) die Rede ist, dann handelt es sich prinzipiell um Überwachungsinstrumente, nicht um Waffen. Ihre Nutzlast ist generell gering, und da sie recht langsam sind, sind sie durch bodengestützte Abwehrsysteme gefährdet. Doch das wird sich in den nächsten Jahrzehnten noch ändern. Untereinander vernetzte Drohnen beispielsweise, die so klein und wendig sind, dass sie durch ein offenes Fenster in ein Haus gelangen, könnten Informationen übermitteln, während sie von Raum zu Raum fliegen. Vielleicht könnten sie auch zur Verkehrsüberwachung, Waldbrandbeobachtung, Viehzählung, Verbrecherjagd und so weiter eingesetzt werden. Möglicherweise werden wir auch die Entwicklung von Roboterinsekten mit einer Flügelspannbreite von 3 cm erleben, die Informationen effizienter als ein Satellit sammeln und eine winzige biologische oder chemische Nutzlast transportieren können.

Aber was wäre, wenn die USA ihre Führungsrolle bei der Drohnentechnologie verlören und Nationen begännen, einander präventiv anzugreifen? Oder wenn Terrorgruppen Drohnen gegen zivile Ziele einsetzten? Und was wäre, wenn man alles miteinander verquickte, um eine Armee zu schaffen, die mit allen verfügbaren Kriegsmitteln ausgestattet ist, mit bildschirmgestützter Überwachung, ferngesteuerten Waffen und Drohnen zur Luftzielbekämpfung oder mit über Joystick gesteuerten Robotern? Anders gesagt, was wäre, wenn sich Walt Disney und Hollywood zusammentäten und im Kampf gegen die Taliban 3-D-Brillen, Haptik-Handschuhe zur künstlichen Simulation des Tastsinns sowie „Geruchshalsbänder“, die winzige Kordit-Explosionen auslösen, einsetzten?

Wird all das irgendwann Realität sein? Schon möglich, denn die Notwendigkeit, Kosten einzusparen gepaart mit dem Verlangen, menschliches Leben zu bewahren, ist durchaus real. Es fällt jedoch nicht schwer, sich vorzustellen, dass zu den unbeabsichtigten Folgen solcher Entwicklungen eine Abkopplung von der Realität gehört, mit der auch die Erkenntnis für reale Risiken verlorengeht, und zwar nicht nur auf Seiten der Soldaten, sondern auch der Politiker.

Anschauen und mitspielen – oder doch nicht?

Wir schreiben das Jahr 2022. Die US-Armee hat soeben *Call to Arms V* herausgebracht, das innerhalb weniger Wochendas am meisten heruntergeladene Videospiel aller Zeiten ist und bereits am ersten Verkaufstag 700 Millionen Dollar einbringt. Damit schlägt es das Spiel zum Film *Avatar 6* um Längen, das in derselben Woche herauskommt, und das es mit seinen Downloads am ersten Tag nur auf einen Gewinn von schäbigen 270 Millionen Dollar bringt. *Call to Arms V* wurde von der US-Regierung als Rekrutierungsinstrument entwickelt mit dem Ziel, mehr Jugendliche als Soldaten für die amerikanischen Streitkräfte zu gewinnen. Doch so gut das Spiel auch in der Zielgruppe der 16–24-Jährigen ankommt, gelingt dies letztlich nicht, denn die meisten der potenziellen Neu-Rekruten bleiben lieber zuhause und spielen Kriegsspiele am Computer.

Worum es geht

Der Krieg wird automatisiert und geht online

04 Krieg um Wasser

Ist H_2O das neue CO_2? Süßwasser war schon immer lebenswichtig, kurzfristig sogar wichtiger als Nahrung oder Energie. Seit Jahrhunderten gibt es Konflikte um den Zugang zu Wasser. Bevölkerungswachstum, Urbanisierung, Landwirtschaft und Industrialisierung werden die Nachfrage nach Wasser in Zukunft weiter erhöhen, doch Klimawandel, Verschmutzung und Misswirtschaft sorgen dafür, dass die Vorräte schon bald schwinden könnten.

Es geht bei diesem Thema natürlich nicht um Süßwasser per se, sondern darum, wo es vorkommt und was wir damit tun. Gegenwärtig haben rund eine Milliarde Menschen keinen Zugang zu sauberem Trinkwasser, und Schätzungen zufolge wird die Hälfte aller Menschen bis in 20 Jahren in Regionen ohne ausreichend sauberes Trinkwasser leben. Ein Großteil des Niederschlags läuft direkt zurück in die Weltmeere, und rund 70–80 Prozent des Leitungswassers geht durch lecke Rohrsysteme und überholte Technologie verloren. Zudem verschwenden wir riesige Wassermengen. Pro Tag trinken wir im Mittel 2–4 Liter Wasser, verbrauchen aber pro Person rund 3000 Liter insgesamt. Während die Weltbevölkerung zunimmt und die Menschen wohlhabender werden, verändert sich auch ihr Ernährungsverhalten und zieht den Verzehr wasserintensiver Nahrungsmittel wie Fleisch und (ironischerweise) auch Fisch nach sich. Dem Internationalen Institut für Wassermanagement zufolge wird der globale Wasserbedarf bis 2030 um 25 Prozent steigen. China, beispielsweise, beheimatet heute 20 Prozent der Weltbevölkerung, verfügt aber nur über 5 Prozent der weltweiten Süßwasserressourcen. Verschmutzung ist ebenfalls ein Thema – rund 90 Prozent der Flüsse in der Nähe urbaner Zentren in China sind einer Studie der Weltbank zufolge ernsthaft kontaminiert. Steigende Lebensmittel- und Ölpreise dominieren die Schlagzeilen also nicht von ungefähr. Doch vielleicht sollten wir uns dabei auch mehr Gedanken um die Wasserversorgung machen.

Auf lange Sicht werden wir wahrscheinlich mehr für Süßwasser bezahlen müssen, und aufgrund steigender Nachfrage, Klimawandel und Regulierung wird es weitere Restriktionen, die die Wassernutzung einschränken, geben. Der Wasserpreis wird sich nach der genauen Menge bemessen, die wir für welchen Zweck und zu welcher Zeit verbrau-

Zeitleiste

2003	2008	2010	2011
Im Großraum Sydney, Australien, wird die Autowäsche mit dem Gartenschlauch verboten	70 Prozent aller chinesischen Großstädte leiden unter Wassermangel	Nach dem Bau eines neuen Damms verdächtigt Indien China des Wasserdiebstahls	In Los Angeles wird „Bio-Wasser“ aus Wales verkauft

chen, sowie nach der Wasserqualität. Gebührenfreies Wasser wird zunehmend der Vergangenheit angehören. Wasserrecycling (die Aufbereitung von Schmutz- und Abwasser) gewinnt zunehmend an Bedeutung, und die Wasser-Infrastruktur wird mithilfe modernster Technik auf den neuesten Stand gebracht werden, vor allem, um Lecks und Aussickern zu vermeiden. Einige Länder werden beginnen, Wasser zu importieren, möglicherweise sogar in Form von Eisbergen, ähnlich wie sie gegenwärtig Öl einführen, und einige wasserarme Länder könnten damit beginnen, Güter wie Öl gegen sauberes Wasser einzutauschen.

› Wasser ist das Öl des 21. Jahrhunderts. ‹

Andrew Liveris,

CEO, The Dow Chemical Company

Es steht zu erwarten, dass Wasserdiebstahl zu einem ernsten Problem wird und ein Land (oder eine Region) ein anderes verklagt, weil es durch Wolkenimpfung (die künstliche Herstellung von Regen durch das „Impfen" von Wolken mit Trockeneis oder Silberjodid) oder Geo-Engineering-Projekte Wassermangel verursacht. Weiterhin steht zu erwarten, dass sich die landwirtschaftliche Produktion auf weniger wasserintensive Kulturpflanzen verlagert. Und möglicherweise geht der gesellschaftliche Druck sogar soweit, dass der Verzehr von bestimmten Nahrungsmittelsorten irgendwann als sozial inakzeptabel gilt – von Salat beispielsweise, der eine Menge dieser kostbarsten Ressource der Erde, die Wasser nun mal ist, verschwendet.

Zudem gibt es Konflikte, die durch zu viel Wasser entstehen. Wenn sich der Klimawandel so auf die Erde auswirkt, wie manche befürchten, könnten Überflutungen in tief

Der Preis der Bequemlichkeit

In den 1970er-Jahren basierte die amerikanische Wasserindustrie auf dem Verkauf von abgefülltem Wasser in großen Flaschen für Haushalte und Büros, bis Perrier in den Markt drängte. Perrier plante, Wasser im großen Stil zu vermarkten, genauso wie Cola oder Alkohol. Flaschenwasser sollte zunächst mit bestimmten Begriffen wie „exklusiv" oder später auch mit „gesund" oder „edel" assoziiert werden. Inzwischen trinken Amerikaner mehr Flaschenwasser als Milch, Bier oder Kaffee, und in vielen Fällen kostet der Liter sogar mehr als ein Liter Benzin. Wird dieser Trend so weitergehen, oder wird Flaschenwasser irgendwann verboten sein, weil es eine unnötige Extravaganz darstellt, die Wasser verschwendet und ungewünschte Emissionen erzeugt?

2021
Sanaa im Jemen ist die erste Großstadt, der das Wasser ausgeht

2032
Las Vegas geht das Wasser aus

2038
Kennzeichnung des „Wasserfußabdrucks" auf allen Konsumgütern

2050
Globale Preissetzung für 150 Liter (ein Barrel) Wasser

> **„Die Römer haben, wie jedes zivilisierte Volk nach ihnen, erkannt, dass ein Leben in großen Städten unmöglich ist, wenn die Städte nicht zuverlässig mit sauberem und frischem Wasser versorgt werden.“**
>
> **Frank Chapelle,** Autor von *Wellsprings* und *Ground-Water Microbiology and Geochemistry*

gelegenen Küstenregionen zu ungeregelten Bevölkerungsbewegungen führen. In Verbindung mit Mängeln bei der Nahrungs- und Energieversorgung kann dies zu innerstaatlichen Unruhen und schließlich zum Zusammenbruch von Staaten führen, vor allem in Entwicklungsländern.

Ursache für Konflikte Wasser ist aber nicht nur an Land ein Problem. Auch die Meere können zu Katalysatoren für zwischenstaatliche Konflikte werden, vor allem in Staaten mit einem Hunger nach Fisch, wie jeder, der alt genug ist, sich an den isländischen Kabeljaukrieg zu erinnern, bestätigen kann. Nicht vergessen sollten wir auch, dass der Zugang zum Meeresboden Reichtümer in Form von Öl, Kohle und vielleicht seltenen Mineralien mit sich bringt. Wasser ist in der Vergangenheit immer wieder Auslöser für Konflikte gewesen – Darfur im Sudan ist wohl das jüngste Beispiel –, und es gibt kaum einen Grund anzunehmen, dass es nicht auch in Zukunft für Konflikte sorgen wird. Der Indus-Wasservertrag, beispielsweise, in dem sich Indien und Pakistan darauf geeinigt haben, das Wasser des Indus gerecht und friedlich zu teilen, könnte zu starken Spannungen zwischen beiden Ländern führen, wenn die Wasserverfügbarkeit sinkt oder die Wasserpreise steigen.

Selbst wenn das Wasser nicht der Hauptgrund für lokale Kampfhandlungen ist, kann es die Geopolitik dennoch stark beeinflussen. Wussten Sie beispielsweise, dass rund 90 Prozent des weltweiten Opiumanbaus in Afghanistan erfolgt und 90 Prozent dieser Pflanzen in der Provinz Helmand angebaut werden? Vielleicht wussten Sie es, doch war Ihnen auch klar, dass vor allem die Zerstörung des Kanalsystems der Region während des Afghanistankriegs in den 1980ern sowie die Dürren in den 1990ern dafür verantwortlich waren, dass die Bauern der Region vom Früchte- zum Mohnanbau wechselten?

Wasser ist wichtig Alles in allem kann man sagen, dass sich Wasser als größere Bedrohung für nationale Sicherheit und wirtschaftlichen Wohlstand erweisen könnte als Öl und Terrorismus zusammen. Wir werden daher einige radikale Versuche erleben, Einstellungen und Verhaltensweisen rund um die Nutzung von Wasser auf gesellschaftlicher wie auf privater Ebene zu verändern.

So etwa könnten Konsum- und Industrieprodukte (oder vielmehr die virtuellen Duplikate eines Produkts) mit Etiketten versehen sein, die angeben, wie viel Wasser für die Produktion verbraucht wurde. „Virtuelles Wasser“ (auch als „latentes Wasser“ bezeichnet) ist ein Konzept, das von Tony Allan am King’s College London entwickelt wurde und darauf zielt, allen Interessierten Aufschluss darüber zu geben, wie viel Wasser für Herstellung und Transport einer Ware oder Dienstleistung verbraucht worden

Zu viel oder nicht genug?

Als Pakistan kürzlich überflutet wurde, konnte man kaum glauben, dass das Land akut von Süßwassermangel betroffen ist. Das ist nicht nur verheerend für die Bewohner des Landes, sondern auch eine direkte Bedrohung für die amerikanische Sicherheit, denn Wassermangel kann Konflikte anheizen. Im Nahen Osten und in Nordafrika liegen die 16 wasserärmsten Länder der Welt, die allesamt mehr Wasser verbrauchen, als durch Niederschläge erneuert wird (Libyen verbraucht 700 Mal mehr, als es zur Verfügung hat). Mit wachsender Bevölkerung können Aquifere (Grundwasserleiter) austrocknen und die Ölreserven für Entsalzungsanlagen zur Neige gehen, was eine dreifache Krise um Wasser, Nahrung und Energie schaffen wird, wovon jede einzelne gewaltige Problemen auslösen kann. Diese drei grundlegenden menschlichen Bedürfnisse (Wasser, Nahrung und Energie) sind untrennbar miteinander verknüpft. Während die Weltbevölkerung im 20. Jahrhundert um ein Drittel gewachsen ist, hat sich der Wasserbedarf um das Sechsfache erhöht, und dieser Trend wird sich wohl fortsetzen.

ist. Die Verbrauchsmengen an virtuellem Wasser lassen sich für alle Produkte berechnen, vom Baumwoll-T-Shirt oder einer Flasche Cola bis hin zum Hamburger oder Auto – ein Konzept, das in der Wasserpolitik künftig wohl eine zentrale Rolle spielen wird.

Worum es geht

Der Welt geht das Wasser aus

05 Die schwindende Bedeutung des Westens

2001 listete Goldman Sachs, eine global agierende Investmentbank, Brasilien, Russland, Indien und China als die vier (BRIC) Länder auf, die die Weltwirtschaft bis 2041 dominieren würden. Bereits heute hat China Japan als die zweitgrößte Wirtschaftsmacht der Welt abgelöst und könnte die USA bis 2027 ebenfalls überholen.

Jim O'Neill, Chefökonom von Goldman Sachs, prägte in einem Informationspapier mit dem Titel *Building Better Economic BRICs* vom 30. November 2001 das Akronym „BRICs". Darin beschreibt er, wie Brasilien, Russland, Indien und China, ausgewählt auf der Grundlage ihrer Bevölkerungsgröße, Wirtschaft, Entwicklung sowie ihrer Haltung gegenüber der Globalisierung, dabei sind, die Welt im Hinblick auf die wirtschaftlichen Machtverhältnisse neu zu gestalten. Zudem stellt er die kühne Prognose auf, dass die genannten Nationen die sechs größten westlichen Industrieländer in Bezug auf die Wirtschaftsleistung bis 2041 (später auf 2039 korrigiert) ausgestochen haben werden. Anders gesagt, Brasilien, Russland, Indien und China werden schon bald den Kurs vorgeben, und zwar nicht nur in geldlicher Hinsicht, sondern auch was Einfluss und Anschauungen anbelangt.

Kritiker verwarfen das BRIC-Konzept prompt als eigennützige Meinungsmache, vor allem, weil die darin angeführten Zahlen auf einer linearen Extrapolation bis auf das Jahr 2050 hinaus basierten und weil China bezogen auf das Wachstum ohnehin die bereits bei weitem stärkste Wirtschaft aufwies. Einige Kritiker antworteten gar mit eigenen Akronymen darauf – wie BRIMC (das M steht für Mexiko), CHIME (China, Indien und Mittlerer Osten) und sogar CEMENT (*Countries Excluded from the Emerging New Terminology*, etwa: Länder, die von der sich entwickelnden neuen Terminolo-

Zeitleiste

2011 China wird zur zweitgrößten Weltwirtschaft

2012 90 Prozent aller promovierten Naturwissenschaftler und Ingenieure leben in Asien

2014 China überholt die USA bei der naturwissenschaftlichen Forschung

2016 Brasilien wird zur viertgrößten Weltwirtschaft

gie ausgeschlossen sind). Selbst Goldman Sachs legte nach und prägte das neue Akronym N11, um die *nächsten elf* großen Wirtschaftsmächte zu beschreiben (Bangladesch, Ägypten, Indonesien, Iran, Südkorea, Mexiko, Nigeria, Pakistan, Philippinen, Türkei und Vietnam).

„China ist ein schlafender Drache, lasst ihn schlafen, denn wenn er erwacht, wird er die Welt erschüttern."
Napoleon, 1803 über China

Doch allem Zynismus zum Trotz ist es bislang noch niemandem gelungen, das Schlagwort BRIC zunichte zu machen. Tatsächlich scheint das Konzept nach der globalen Rezession, die 2007/2008 begann, stärker denn je. Die Wirtschaftskraft dieser asiatischen und südamerikanischen Länder steigt weiter an, und mit Ausnahme von Russland vielleicht sind alle BRIC-Staaten ökonomisch aus der globalen Finanzkrise stärker hervorgegangen als ihre westlichen Gegenspieler, die mehr oder weniger unter einem wirtschaftlichen Rückgang zu leiden haben. Goldman Sachs prognostiziert aktuell, dass China die USA bis 2027 wirtschaftlich überholen und der BRIC-Block den sechs führenden westlichen Nationen bis 2031 den Rang ablaufen wird – zehn Jahre früher, als ursprünglich angenommen.

Wird die Mauer fallen?

Könnte die BRIC-Mauer fallen? Chinas zukünftiges Wachstum befindet sich zweifellos am Scheideweg. Das Land hat über fast ein Jahrzehnt lang zweistellige Wachstumszahlen geschrieben. Doch nach Meinung einer führenden Denkschule kann dies einher mit dem strikt kommunistischen Regime des Landes nicht mehr lange so weitergehen. Zudem hat das Wirtschaftswachstum in China bisher von staatlichen Investitionen in riesige Infrastrukturprojekte bei niedrigen Lohnkosten profitiert, die bald der Vergangenheit angehören werden. Ähnliches gilt für Russland. In Indien sind wichtige Infrastrukturmaßnahmen 60 Jahren lang nicht ausreichend gefördert worden, und das Land leidet zudem unter einer schwerfälligen Bürokratie und undurchsichtiger Korruption. In Brasilien sieht es gut aus, doch wächst das Land langsamer als erwartet. All dies könnte dazu führen, dass die USA, zusammen mit ein paar „Platzhaltern" wie Südkorea, Türkei, Vietnam und Iran, auch in Zukunft eine starke Position einnehmen werden.

2018
China eröffnet innerhalb von fünf Jahren 60 neue Flughäfen

2019
Rückwanderung nach Asien bedroht die US-Wirtschaft

2025
China wird zur größten Weltwirtschaft

2039
Der chinesische Yuan wird zur weltweiten Leitwährung

Der Aufstieg der Mittelklasse Wie ist der aktuelle Stand der Dinge? Die Globalisierung schreitet fort, und Teile von Asien, Afrika und Südamerika werden immer einflussreicher und wirtschaftlich immer wichtiger. Dies stellt nicht zwangsläufig eine militärische Bedrohung dar, doch kulturell und ökonomisch steht dem Westen ein relativer Abstieg bevor, und die Spannungen werden steigen.

Das gilt nicht nur für westlich inspirierte, globale Institutionen, sondern auch für westliche Glaubenssysteme und Handelsmarken. Zudem ist das BRIC-Konzept keine rein intellektuelle Übung. Da China sich inzwischen zum Weltmarktführer der Automobilbranche entwickelt hat, wirkt sich dies zum Beispiel auf die Nachfrage nach brasilianischem Kupfer aus. Kurswerte können somit entsprechend angepasst werden. Goldman Sachs geht davon aus, dass bis 2030 zwei Milliarden neue Käufer von Mittelklassewagen auf der Erde leben werden und somit auch die Nachfrage nach anderen Ressourcen, Waren und Produkten – wie Öl, Gas, Kohle, Kali und Wasser bis hin zu Lithium, Kupfer, Pappe und sogar Käse – in die Höhe treiben werden.

Kräftemessen Werden die BRICs also weiter wachsen oder könnte der Block erste Risse bekommen? Das wahrscheinlichste Ergebnis deckt sich exakt mit der Prognose von Goldman Sachs. Die BRIC-Nationen werden die Weltwirtschaft weitgehend dominieren. Es könnte aber auch darauf hinauslaufen, dass der Block sich genau wie Europa als eine uneinheitliche Gruppe erweist und es durchaus wahrscheinlich ist, dass eine oder mehrere Nationen finanziell kippen oder sich auf sich selbst zurückziehen und zu Isolationisten werden könnten.

Man kann wohl sagen, dass sich in China gerade eine Immobilienblase entwickelt, dass das Finanzsystem auf wackligen Füßen steht (es erinnert an das japanische Bankensystem vor der „verlorenen Dekade"), Wassermangel herrscht, der Nachschub an billigen Wanderarbeitern zum Erliegen kommt und der Überschuss an jungen Männern in der chinesischen Bevölkerung jede Menge Probleme verursachen könnte, wenn sich das Wirtschaftswachstum verlangsamt und die Arbeitslosigkeit zu steigen beginnt. Russland ist indes ein politisches Pulverfass, und Brasiliens Aussichten scheinen sich je nach den neuesten Wirtschaftszahlen und/oder der Laune der Zeitschriftenredakteure ständig zu ändern, sind mal rosig und mal düster. Bleibt Indien, wo die Infrastruktur an ihre physischen Grenzen gerät und die Korruption grassiert. Selbst Japan, das nicht zur BRIC-Gruppe dazugehört, ist eine Fallstudie der historischen wirtschaftlichen Höhen und Tiefen, die zeigt, dass sich Wirtschaftskraft nicht immer in globale Muskeln übersetzen lässt.

> **‚Schau dir die Vergangenheit an, und du wirst die Zukunft erkennen.'**
> **Chinesisches Sprichwort**

Und schließlich bleiben die USA, die aufgrund einer Mischung aus günstigen demografischen (hohe Geburtenraten plus einer offenen Haltung in der Einwanderungspolitik) und kulturellen Faktoren, zu denen auch der Amerikanische Traum gehört, wahrscheinlich deutlich stabiler sind, als es den meisten

Zwei Banken – Zwei Szenarien

Zwei große Banken, Citigroup und HSBC, haben zwei verschiedene Visionen darüber entwickelt, wie die Welt in Zukunft aussehen könnte. Citigroup zufolge ist der Westen am Ende. Das Bruttoinlandsprodukt (BIP) von Indonesien 2050 wird danach größer sein als die BIPs von Deutschland, Frankreich, Italien und Großbritannien zusammengenommen, und die Wirtschaft von China und Indien zusammengenommen wird die der USA um 400 Prozent übersteigen. Unterdessen wird Afrika zu der Region mit der höchsten Wachstumsrate werden (und im Lauf der nächsten 20 Jahre um 7,5 Prozent zulegen). HSBC nimmt hingegen an, dass der Westen im Begriff ist, in ein Zeitalter beispiellosen Wohlstands einzutreten. China überholt die USA wirtschaftlich, wenn auch nur knapp, und die Welt wird schließlich von einer G2-Gruppe aus China und den USA geleitet – nicht von China und nicht von Indien. Grund dafür ist die amerikanische Geburtenrate, die in der Folge dazu führt, dass die US-Amerikaner 2050 um rund 300 Prozent reicher sein werden als die Chinesen – und daraus ergibt sich ein völlig anderes geopolitisches Bild.

bewusst ist. Dennoch könnte es zu unliebsamen Wendungen kommen. Vorausgesetzt die Weltwirtschaft entwickelt sich so, wie manche Experten vorhersagen, werden wir enorme strukturelle Veränderungen erleben, aus denen der Osten sehr viel reicher hervorgehen wird als der Westen. Für Europa könnte dies bedeuten, dass steigende Erwartungen auf rückläufige Wirtschaftschancen und sinkende Einkommen treffen. Und das wiederum könnte zu Ärger und Verstimmungen führen – ein fruchtbarer Boden für extremistische Politiker, die fremdenfeindliche und protektionistische Lösungen propagieren.

Worum es geht

Reichtum und Einfluss wandern ostwärts

06 Ressourcenverknappung

Wir stehen am Beginn einer Zeit, in der die Nachfrage nach natürlichen Ressourcen, vor allem nach Erdöl, bedingt durch konjunkturelle Entwicklungen und Bevölkerungswachstum rasant steigt, während die bekannten endlichen Reserven immer knapper werden. Der Internationalen Energieagentur (IEA) zufolge verbrauchen wir pro Tag 85 Millionen Barrel Erdöl (1 Barrel entspricht ca. 160 Litern), bis 2030 werden es sogar geschätzte 105 Millionen Barrel pro Tag sein. Und laut den Prognosen wird sich „die höchstmögliche Fördermenge an Rohöl 2020 ihrem Gipfel nähern und der weiterhin steigenden Nachfrage nach Öl nicht mehr gerecht werden."

Haben die Ölproduzenten den Rest der Welt in der Hand? Ja und nein. Wie andere Schlüsselressourcen wird auch das Erdöl zunehmend knapper. Doch es ist davon auszugehen, dass die noch vorhandenen Reserven sehr viel größer sind, als wir vermeinen. Ob und inwieweit sie gefördert werden, hängt aber hauptsächlich davon ab, was wir als Verbraucher bereit sind zu bezahlen.

Was insbesondere das Erdöl anbelangt, so wird die Entwicklung neuer Technologien parallel zur Nachfrage zusehends voranschreiten, wie es historisch immer der Fall war. Das heißt, neben neuen Reserven werden auch tiefer gelegene Lagerstätten erschlossen werden. Zudem bezieht sich die sogenannte „Peak Oil"-These, die das Erdöl-Fördermaximum und damit ein absehbares Ende der Verfügbarkeit von Erdöl prognostiziert, auf das konventionelle Erdöl. Doch es gibt riesige Reserven an unkonventionellen Erdölen wie Teersanden, Schwerstöl, Ölschiefer und Bitumen. Im Laufe der nächsten Jahrzehnte werden wir immer größere Probleme haben, den ständig steigenden Energiebedarf zu decken. Die zentralen Herausforderungen werden Preisschwankungen, Transport- und Raffineriekapazitäten sein – nicht der Mangel an Erdöl. Höhere Preise könnten überdies ein Ansporn sein, die Ressourcen klüger zu nutzen und kosteneffiziente Alternativen zu entwickeln. Nichtsdestotrotz werden wir unseren Energiebedarf im Jahr 2030 noch

Zeitleiste

1999	2007	2008	2011
1 Barrel Erdöl kostet 10 Dollar	1 Barrel Erdöl kostet 147 Dollar	Konjunktur-Crash verursacht Ölpreiskollaps	Der Kupferpreis führt verbreitet zu Metallklau an Eisenbahnschienen

immer zu rund einem Drittel mit Erdöl decken, und die Welt wird ihre Energie wahrscheinlich noch immer zu 75 Prozent aus Erdöl, Kohle und Gas beziehen.

> **Die Erschöpfung der Ölvorräte und der Klimawandel werden einen völlig neuen Kontext schaffen, in dem politische Auseinandersetzungen künftig ausgetragen werden.**
> **Richard Heinberg, Autor**

Der Krise entgegensteuern Länder wie die USA und Kanada verfügen über riesige Reserven an Schiefergas und Kohle – wenn wir nur einen Weg finden könnten, diese fossilen Brennstoffe sauberer zu machen. Einigen pessimistischen Berichterstattern zufolge (allen voran Richard Heinberg) werden schwindende Ölreserven zu „abrupten und umwälzenden" Veränderungen führen, möglicherweise zu einer großen Depression wie in den 1930er-Jahren. Und das auch ohne den Klimawandel. Offensichtlich ist das Interesse an alternativen Energien genau darum so groß. Doch auch sie sind mit Problemen verbunden. Die meisten alternativen Energietechnologien, mit Ausnahme der Solarenergie vielleicht, bringen es derzeit nicht annähernd auf die benötigten Bedarfsmengen, zumal viele momentan nur aufgrund staatlicher Subventionen praktikabel und rentabel sind. Schätzungen zufolge könnte die Solarenergie 2050 dennoch rund 15 Prozent des europäischen Energiebedarfs decken, und es gibt bereits Pläne, in Nordafrika hierfür großflächige Solarparks zu errichten. Wind, Wellen und geothermische Energien scheinen hingegen weitaus weniger vielversprechend (▶ Kapitel 7).

Globale Warnung

Wie wird sich der Klimawandel auswirken? Wir wissen es nicht. Wir wissen nichts über die genauen Auswirkungen zu sagen, und schon gar nicht, wie wir auf die Auswirkungen reagieren werden. Wir wissen nicht, wie rasch die Meeresspiegel steigen werden, wie sich der Klimawandel auf einzelne Regionen auswirken wird, wie groß mögliche Kühleffekte sein werden, wie viel wärmer es werden wird oder inwieweit die Konzentration von Treibhausgasen steigen wird. Und vor allem wissen wir nicht, ob die Welt (oder welche Teile von ihr) den Klimawandel ignorieren und sich stattdessen weiter auf die Förderung fossiler Brennstoffe und stattdessen kurzfristige, eigennutzorientierte Ziele verfolgen wird. Zwei Dinge aber scheinen wahrscheinlich: Wir werden viel zu wenig viel zu spät tun, und irgendetwas wird passieren, womit niemand gegenwärtig rechnet.

2017	2026	2028	2038
Beginn von Ölbohrungen in der Arktis	1 Barrel Erdöl kostet 200 Dollar	Dänemark wird zum ersten erdölfreien Land der Welt	Saudi-Arabien wird zum Nettoimporteur von Erdöl

> **„Falls die aktuelle Entwicklung anhält, stehen wir vor einer künftigen Energie-Situation, die schmutzig, unsicher und teuer ist"**
> **Claude Mandil, Internationale Energieagentur**

Was ist mit Kernspaltung? Konventionelle Kernenergie wird ein fester Bestandteil der Zukunft sein, aber sie braucht Uran, und das ist letztlich auch eine endliche Ressource. Doch selbst in dieser Hinsicht sind wir vielleicht allzu pessimistisch. Der Nuclear Energy Agency (NEA) zufolge betragen die Vorräte an Uran rund 5,5 Millionen metrische Tonnen, wobei zusätzliche 10,5 metrische Tonnen noch ihrer Entdeckung harren. Das dürfte beim heutigen Verbrauchsniveau für die nächsten 200 Jahre ausreichen. Doch diese Zahlen werden im Zuge neuer Fördertechniken so gut wie sicher weiter steigen. Der Uranbedarf für Reaktoren könnte indes um bis zu 30 Prozent sinken, und die Rückgewinnung von Plutonium und Uran aus abgebrannten Brennstäben, um neue Energie zu erzeugen, könnten den Verbrauch um weitere 30 Prozent verringern.

Die Kernfusion stellt insofern eine ernstzunehmende Möglichkeit dar, allerdings frühestens 2050. Bei der Kernfusion geht es im Wesentlichen darum, den Prozess, der im Inneren der Sonne natürlicherweise stattfindet, auf der Erde künstlich zu reproduzieren. Sollte es uns gelingen, diese Art der Energiegewinnung zu realisieren, würde uns dies am Ende unendliche Mengen kostengünstiger Energie bescheren, aus der sich der menschliche Erfindergeist über Jahrhunderte weiter speisen könnte. Und auch das Potenzial, das in der künstlichen Photosynthese steckt – im Wesentlichen die Idee, aus nichts als Sonnenenergie, Wasser und Kohlendioxid Energie zu gewinnen –, sollten wir nicht aus dem Blick verlieren.

Kleine Schritte Was also können wir in der Zwischenzeit tun? In Panik verfallen, so die kurze Antwort darauf, denn wir sehen recht unsteten Jahren entgegen, nicht nur im Hinblick auf schwindende fossile Brennstoffe, sondern auch im Hinblick auf andere immer knapper werdende Schlüsselressourcen wie Wasser und Nahrung. Und was den Klimawandel angeht, so sieht es auch da nicht rosig aus, insbesondere auf lange Sicht.

Gewiss, in der ganzen Diskussion schwingt stillschweigend mit, dass wir langfristig technologisch hochspezialisierte Lösungen brauchen. Kurzfristig aber könnte es schon helfen, einzelne Geräte zu bestimmten Tageszeiten auszuschalten und nicht zu nutzen. Dem Energieministerium der Vereinigten Staaten zufolge wird der globale Strombedarf bis 2030 um 77 Prozent steigen. Dieser Bedarf könnte jedoch durch die bloße Entwicklung energieeffizienter Geräte, Fabriken und Autos (eine relativ simple Technologie) um 20 bis 33 Prozent verringert werden. Aber eine Umstellung auf nachhaltige Erzeugung und sparsame Nutzung von Energie ist nicht ganz so einfach: Unsere Infrastruktur ist weitgehend auf einen Verbrauch von Erdöl ausgelegt, nicht auf Alternativen wie Schie-

Ressource „Nationalismus“

Zehn der größten Erdölkonzerne weltweit sind staatlich kontrolliert. Zudem bewegen sich viele Eigner der weltgrößten, noch bestehenden Ölfelder politisch weit nach links und könnten potenziell die gesamte Energie- und Rohstoffproduktion innerhalb der jeweiligen Landesgrenzen verstaatlichen. Venezuela wird häufig als künftiger Krisenherd angeführt, denn es besitzt etliche der weltgrößten verbleibenden Reserven, doch auch Nigeria (das über die achtgrößten Ölreserven der Welt verfügt), Libyen, Bolivien, Peru, Ecuador, Angola und der Sudan könnten ausländische Öl- und Rohstoffkonzerne von der Nutzung ihrer landeseigenen Ölfelder ausschließen. Länder wie China beispielsweise drängen schon heute in viele afrikanische Regionen, um Rohstofflieferungen für ihre boomende Wirtschaft zu sichern, und viele dieser Rohstoffkäufer sind bereit, mit den Regimen vor Ort „ohne weitere Fragen“ zu verhandeln. Wie also könnten potenzielle Zukunftsszenarien der Ölpolitik aussehen? Denkbar ist, dass ein US-Angriff auf den Iran zu einer iranischen Blockade von Öltransporten durch die Straße von Hormus führt. (Da 20 Prozent des weltweit gehandelten Öls durch dieses Nadelöhr transportiert werden, könnte eine solche Blockade verheerende Auswirkungen haben, auch wenn sie wohl nicht über längere Zeit aufrechtzuerhalten ist.) Ein anderes, eher vorstellbares Szenario wäre wohl ein radikalisiertes Nigeria. Rebellen könnten die Ölförderung in der südlichen Deltaregion zum Erliegen bringen, und das könnte zu einen Übernahme der Macht durch die Muslime im Norden führen, was wiederum eine Militärintervention der USA nach sich ziehen könnte.

fergas. Das Argument, wir bräuchten eine radikale technische Revolution, um unseren Planeten zu retten, trifft also nicht unbedingt zu.

Worum es geht

Der Bedarf an Energie übersteigt das Angebot

07 Abkehr von fossilen Brennstoffen

Ein Kalifornier verbraucht im Schnitt rund 40 Prozent weniger an Energie als der Durchschnittsamerikaner. Der Energieverbrauch pro Kopf ist in Kalifornien in den letzten Jahren konstant geblieben, während er im Rest der USA um 50 Prozent gestiegen ist. Grund dafür ist unter anderem das Klima. Doch auch im sonnigen Kalifornien hat die Ölkrise von 1973 zu einem veränderten Energiebewusstsein und einem verstärkten Interesse an Technologien geführt, die eines Tages unseren Planeten retten könnten.

Im Lauf der nächsten Jahrzehnte wird ein kurzsichtiges wirtschaftliches Eigeninteresse die Abhängigkeit der Welt von fossilen Brennstoffen wohl weiter fördern. Das heißt, dass öl-, kohle- und gasexportierende Länder an politischem Einfluss gewinnen und die Frage nach der Kernkraft nicht erledigt sein wird. Doch Märkte reagieren auf Nachfrage, und allein aus diesem Grund sieht die ferne Zukunft besser aus. Zudem steckt das Universum voller Energie. Ein Großteil unserer Erde wird jeden Tag in Sonnenenergie gebadet, weshalb wir weniger einer Energiekrise entgegensehen als vielmehr vor einer Krise menschlicher Fantasie und Einfallsgabe.

Die Suche nach Energie Zu den neuen Energietechnologien am Horizont gehört die gebäudeintegrierte Photovoltaik, bei der Halbleiter unter Zufuhr von Licht elektrischen Strom erzeugen. Photovoltaik-Paneele können in Wände, Dach oder sogar Fenster großer Gebäude integriert werden und somit viele Bauten zu „Netto-Exporteuren" von Energie machen (will heißen, die mehr Energie produzieren, als sie verbrauchen).

Zu den anderen Energiequellen, die derzeit entwickelt werden, gehören geothermische Energie (Wärme aus der Tiefe des Erdinneren) sowie verschiedene Formen kinetischer Energie, darunter Wellen- und Windenergie (Windmühlen auf dem Boden, aber auch riesige Flugdrachen in der Luft, die am Boden oder auf Schiffen verankert sind). Ein weiterer Ansatz, Energie zu erzeugen, besteht darin, dass ein Fußgänger beim Gehen über den Bürgersteig in den Boden eingelassene Platten nach unten drückt und dabei

Zeitleiste

1973	2020	2025
Erste Ölkrise	Inbetriebnahme des nordafrikanischen Solarnetzes	Erdöl, Kohle und Gas decken noch immer 70 Prozent des Energiebedarfs

Strom erzeugt. Hinzu kommen einige innovative Energieeinsparungstechniken wie dimmbare Straßenlaternen, die in mondhellen Nächten weniger Licht abgeben.

Können Biobrennstoffe eine Lösung sein? Nicht in der derzeitigen Form. Die zur Herstellung von Biobrennstoff benötigten Kulturpflanzen nehmen während des Wachstums zwar Kohlendioxid aus der Atmosphäre auf und binden den darin enthaltenen Kohlenstoff unter Abgabe von Sauerstoff, verdrängen aber auch die angestammte Vegetation, die oft zuverlässiger gedeiht. Der Anbau von Pflanzen für Biobrennstoff auf ungenutzten Industriebrachen ist gut und schön, aber nicht selten werden dafür unberührte Wälder abgeholzt. Aus einigen Studien geht hervor, dass Biobrennstoffe auch die Lebensmittelpreise nach oben treiben, obgleich andere Studien dies bestreiten.

❜ Mit der Zeit wird die Herstellung von Gütern weitgehend der Sonne folgen. ❛

C. C. Abbott (1928) bei der Diskussion über die Aussichten, dass sich Wüsten aufgrund der Entwicklung der Solarenergie in Industriezonen verwandeln werden

Eine Möglichkeit, diese Probleme zu lösen, besteht darin, auf Grundlage der Gentechnik neue Arten von Biokraftstoffen zu entwickeln (beispielsweise aus Algen, die einfache Kohlenwasserstoffe erzeugen, wie etwa Octan). Doch bisher existieren solche Ideen vorwiegend in Forschungslabors, und bis sie von dort in den Benzintank Ihres Autos gelangen, ist es noch ein weiter Weg. Nichtsdestotrotz steht die nächste Genera-

Californication

Einigen Beobachtern zufolge ist Kalifornien ein gescheiterter Bundesstaat. Er funktioniert mehr schlecht als recht. Der Staatshaushalt hat riesige Löcher. Das Schulsystem versagt. Das Verkehrssystem steht vor dem Kollaps, die gesamte Infrastruktur ist marode und die Gefängnisse sind überfüllt. Zudem herrscht akuter Wassermangel. All das steht außer Frage. Anders betrachtet aber, ist Kalifornien ein Zukunftsmodell, nicht nur für Amerika, sondern auch für die globale Wirtschaft. Ökonomisch, demographisch, kulturell und technologisch steht Kalifornien an vorderster Front. Kalifornien ist der am stärksten globalisierte Bundesstaat der USA – und der grünste. Mit 38 Millionen Einwohnern ist Kalifornien die siebtgrößte Wirtschaftsmacht der Welt und eine Brutstätte für neue Ideen – insbesondere für Ideen, die in Zusammenhang stehen mit sauberen Energie- und Transporttechniken, von denen viele von industriellen „Außenseitern" aus verschiedenen Hightech-Bereichen finanziert werden.

2030
Der globale Energiebedarf liegt um 50 Prozent über dem Niveau von 2008

2045
Vor der Küste von China werden saubere Energieinseln gebaut

2050
Erster kommerzieller Thorium-Reaktor

❜ Jedes Mal, wenn wir zum Himmel aufschauen, erinnert uns jeder einzelne dieser vielen Lichtpunkte daran, dass Fusionsenergie aus Wasserstoff und anderen leichten Elementen gewonnen werden kann. ❛

Carl Sagan, Astronom, Astrophysiker und Kosmologe

tion der Biotreibstoff-„Fabriken" in den Startlöchern, in marinen Gebieten ebenso wie im Binnenland.

Ein verändertes Energiebewusstsein Einige dieser Technologien werden für sich genommen keinen großen Unterschied machen. Aber das ist auch nicht nötig. Wenn wir ändern können, wie, wann und wo wir Energie verbrauchen, werden die angeführten Ideen ihren Beitrag zu sinnvollen Lösungen leisten, erst recht, wenn sie mit intelligenten Energieeffizienz- und Energiesparmaßnahmen gepaart werden.

Es gibt zudem die Idee, den Strom (und andere kostbare Ressourcen wie Wasser) je nach Endverwendung zu bepreisen. So gelten zum Beispiel elektrische Messer, Bleistiftspitzer und Laubbläser als Extravaganzen, die sich durch menschliche Muskelenergie ersetzen lassen – warum sie also nicht höher bepreisen oder besteuern? Wenn wir zudem überregionale Energienetzwerke einbeziehen (▶ Kapitel 12), wird der Wind der Veränderung bald schon in die richtige Richtung wehen.

Auch große Ideen, die in die ferne Energiezukunft weisen, wie Fusionsreaktoren, Thorium-Reaktoren oder Energie aus dem Weltraum, die via riesiger Solarpaneele gewonnen und unter Einsatz gigantischer Mikrowellen- oder Laserapparaturen wieder zurück auf die Erde zu großen Sammelstationen gebeamt wird (▶ Kapitel 37), sollten wir nicht verwerfen.

Doch während wir vornehmlich technologische Innovationen im Blick haben, sollten wir einige sehr alte, bereits bestehende Technologien nicht vergessen. Man geht gemeinhin davon aus, dass alles Neue immer auch wirksamer und besser ist als das Alte, doch das ist nicht immer der Fall. Die Ford-Modelle von 2007 beispielsweise brachten es im Durchschnitt auf 12,6 Liter pro 100 Kilometer. 1908 hingegen brauchte das Ford-T-Modell nur 9,4 Liter auf 100 Kilometer. Technisch ausgefeilte Kleinwagen mit hocheffizienten Benzinmotoren machen mitunter einen riesigen Unterschied aus, vor allem dann, wenn neue leichte Batterien einen Teil der kinetischen Energie, die sie in Bewegung erzeugen, speichern und an ein lokales Elektrizitätsnetz wieder verkaufen können. Dies stellt eventuell auch eine Möglichkeit dar, Energie im größeren Maßstab zu speichern und zu übertragen, sodass nationale Elektrizitätsnetze besser auf Bedarfsspitzen reagieren können. Und wo wir gerade dabei sind – warum nationale Elektrizitätsnetze nicht ersetzen durch Mikro-Netzwerke, die von kleinen, eigenständigen Energieunternehmern betrieben werden?

Wir sollten uns zudem einige Ideen aus der Vergangenheit gegenwärtig halten wie Segelschiffe, Pferdekarren oder Fahrräder. Selbst in Systemen der Bahntechnologie, sofern intelligent durchdacht, liegt ein enormes Potenzial, die Energieeffizienz zu steigern. Jeder Einzelne kann seinen Beitrag leisten, mehr zu Fuß gehen, einen warmen Pullover anziehen, wenn es kalt ist, oder die Wäsche auf der Wäscheleine statt im Wäschetrockner trocknen. Und schließlich, und das zeugt vielleicht vom allergrößten Zukunftsoptimismus, sollten wir nicht vergessen, wie viel Energiepotenzial in gentechnisch veränderten Pflanzen steckt, in der Möglichkeit der synthetischen Biologie, neue Mikroorganismen zu erzeugen, die nicht aus der natürlichen Evolution hervorgehen – wie zum Beispiel Biosprit.

Synthetische Biologie

Die Vorstellung, dass die Wissenschaft künstliches Leben erschaffen kann, ist verstörend, weshalb wir weniger bedrohliche Namen dafür finden wie „Synthetische Biologie“, kurz „Synbio“. Doch die Fortschritte auf diesem Gebiet schreiten rasant voran, und in der praktischen Anwendungen könnten einige dieser Technologien durchaus spannend und lebensfördernd sein – wie den Klimawandel zu bremsen oder eine ausgestorbene Art wieder zum Leben zu erwecken. So etwa hat ein Team unter Leitung von Dr. Craig Venter das Genom von *Mycoplasma genitalium* nachgebaut. Erklärtes Ziel dabei war, das „Minimal-Genom“ zu eruieren, das die genetische Information enthält, die für den Fortbestand des Lebens notwendig ist, und beispielsweise Genomik und Technologie mithilfe genetisch veränderter Bakterien so zu kombinieren, dass sich Kraftstoff herstellen lässt.

Worum es geht

Keine Panik, wir sind erfinderisch

08 Präzisionslandwirtschaft

Das globale Bevölkerungswachstum (genauer das globale Einkommenswachstum) stellt eine Herausforderung für die Fähigkeit der Landwirtschaft dar, in Zukunft ein Höchstmaß an Produktivität zu erreichen, zumal insbesondere der Klimawandel die Ernteerträge negativ beeinflusst. Landwirte stützten sich in der Pflanzenproduktion bis vor kurzem noch auf ihre Erfahrung, gepaart mit dem Prinzip von Versuch und Irrtum, doch es tut sich etwas auf diesem Gebiet.

„Präzisionslandwirtschaft" ist ein Begriff, mit dem der Einsatz von hochspezifischen globalen Positionsbestimmungssystemen (GPS) und digitaler Kompasskartierung beschrieben wird, um die Ausbringung von Saatgut, Pestiziden und Wasser und bisweilen auch die Bewirtschaftung von Viehbeständen präzise zu kontrollieren. Satellitenaufnahmen der Felder ermöglichen es den Bauern beispielsweise, die Zuleitung von Chemikalien in einzelne Pflanzen oder kleinräumige Flächen von gerade mal 2,5 cm^2 fein abzustimmen. Das bedeutet minimale Streuverluste und minimale Abflüsse von Pestizidresten in angrenzende Bodenhabitate und damit maximale Ertragskraft. Die Bestimmung von Positionskoordinaten mithilfe des GPS wird noch präziser, wenn zusätzlich das Verfahren der Echtzeitkinematik zum Einsatz kommt, das zusätzliche Information über örtliche Gegebenheiten liefert.

In manchen Fällen ist dieses Verfahren so präzise, dass Saatgut genau dort eingebracht werden kann, wo Monate zuvor Düngergranulat ausgestreut wurde. Wie sieht also die Zukunft der technologiegestützten Landwirtschaft aus? In Großbritannien setzen 13 Prozent der Landwirte auf automatische Lenksysteme ihrer landwirtschaftlichen Maschinen, und auch die Entwicklung von automatisierten, fahrerlosen Fahrzeugen, die die Arbeit auf den Feldern vollkommen selbsttätig verrichten, wird nicht mehr lange auf sich warten lassen. Von da aus ist es nur noch ein kleiner Schritt zu semi-intelligenten Ernte-Robotern oder Robotern, die eigenständig Unkraut oder kranke Tieren ausfindig

Zeitleiste

1755
„Dann sollen sie eben Kuchen essen!" (Marie Antoinette zugeschrieben)

1845
Beginn der Großen Hungersnot in Irland

1917
Zuckerrationierung in Großbritannien

1942
Kaffeerationierung in den USA

❜ Langfristig hängt ökonomische Nachhaltigkeit von ökologischer Nachhaltigkeit ab. ❛
Pew Ocean Report, 2008

machen. Die Idee von fahrerlosen Autos, die ihren Weg automatisch finden, gehört seit Jahrzehnten zum festen Repertoire der Science-Fiction-Welt. In der Realität aber werden wir wohl sehr viel früher fahrerlose landwirtschaftliche Maschinen und Militärfahrzeuge sehen als eine unübersehbare Menge an vollautomatischen Fahrzeuge auf öffentlichen Straßen, was weitgehend daran liegen mag, dass viele der juristischen und sicherheitstechnischen Anforderungen im öffentlichen Straßenverkehr für in Privatbesitz befindliche Ackerfelder oder Kriegsschauplätze weniger gelten.

Und wem all dies ein wenig zu versponnen scheint, dem sei gesagt, dass in Teilen Großbritanniens zur Überwachung von Tieren in landwirtschaftlichen Großbetrieben bereits heute Video-Verfahren eingesetzt werden, mittels derer sich automatisch feststellen lässt, wann ein Tier schlachtreif ist. Diese Technik erlaubt es, individuelle Merkmale und Parameter der Tiere zu erfassen und mittels Algorithmen unter anderem Gewicht,

Vertikale Landwirtschaft (*Vertical Farming*)

Was wäre, wenn der „Verzehr aus heimischem Anbau" bedeutete, seine Lebensmittel aus einem örtlichen Supermarkt zu beziehen, über dem ein Farmbetrieb mit 30 Stockwerken liegt? Was wäre, wenn aus den Hängenden Gärten von Babylon die Hängenden Gemüsegärten von Brooklyn würden? Dickson Despommier, Professor an der Columbia University, entwickelte bereits 1999 die Idee von vertikalen Stadtfarmen, und sein Konzept hat offenbar die Fantasie zahlreicher Architekten in aller Welt angeregt. Bis 2050 werden 80 Prozent der Weltbevölkerung in Städten leben. Angesichts des zunehmenden Bedarfs an Land und Anbauflächen sowie der zunehmenden Notwendigkeit, die Transportwege zu verkürzen, werden solche „Hochhaus-Farmen" vielleicht bald inmitten von Städten wie London und New York in den Himmel wachsen.

1974	1996	2011	2032
Hybrid-Reis in China	Gentechnisch veränderte Lebensmittel in Europa	Der Fleischpreis führt zu einem starken Anstieg von Fleischdiebstähle in britischen Supermärkten	Die Hochsee-Aquakultur liefert 80 Prozent der essbaren Meerestiere weltweit

Drei Mahlzeiten vom Aufstand entfernt

Im August 2010 stiegen die Lebensmittelpreise weltweit um 5 Prozent. Die Preise lagen noch immer 30 Prozent unter denen von 2008, dennoch kam es an einigen Orten zu schweren Ausschreitungen. In Mosambik stiegen die Brotpreise um 30 Prozent, und zehn Menschen starben im Zuge der nachfolgenden Hungerrevolten. Und was kommt als nächstes? Trotz des flauen Wirtschaftswachstums in den Industrieländern ist ein weiterer Anstieg der Lebensmittelpreise absehbar, was weitere Unruhen entfachen könnte. Lange Zeit waren Lebensmittel billig, was sich aber ändern wird, sollte es uns nicht gelingen, neue Wege der Nahrungsproduktion zu finden. Wenn beispielsweise der Preis für Fleisch teurer wird, werden wir auf billigere Fleischsorten zurückgreifen, ja sogar auf Proteine, die von den meisten Menschen für gewöhnlich nicht als essbar angesehen werden – wie zum Beispiel Insekten.

Futterbedarf und den voraussichtlichen Schlachttag zu errechnen. Warum das Ganze? Weil es Kosten einspart und Gewinne maximiert.

Fischen ohne Fischer Doch der praktische Einsatz innovativer Wissenschaften und Technologien in der Produktion von Lebensmitteln wird nicht nur auf Bodenflächen beschränkt bleiben, sondern sich auch auf Meeresflächen ausdehnen, um Fischzucht zu betreiben. Die Idee ist, riesige motorisierte – oder auch Segel-getriebene – Käfige zu konstruieren, sie mit im Labor gezüchteten Jungfischen zu bestücken und sie dann im offenen Meer auszubringen. Nahrung gelangt dann entweder direkt aus dem umfließenden Wasser in die Käfige hinein oder wird von Versorgungsschiffen in die Käfige eingestreut, die über GPS stets exakt zur Position der Käfige geleitet werden. Durch den Einsatz von intelligenten Kameras, wodurch Algorithmen zur Objektverfolgung direkt auf der Kamera ausgewertet werden können, lassen sich Anzahl und Größe der Fische für jeden einzelnen Käfig bestimmen und der entsprechende Endkundenmarkt ermitteln. Der Käfig kann so an seinen endgültigen Bestimmungsort geleitet werden, wo er von einem Schlepper aufgenommen und in den Hafen gezogen wird. Luftfracht, teure und lange Verschiffungswegeoder Kühlsysteme entfallen. Die „Hochsee-Aquakultur" wird die Fischzucht und die Fischwirtschaft revolutionieren.

Gewiss, man mag sich fragen, warum das alles. Weil es nötig ist, so die klare Antwort. Mit steigenden Einkommen in Regionen wie Afrika und Asien verändern sich tendenziell auch Ernährungsbewusstsein und Ernährungsverhalten.

Die Subsistenzernährung, bestehend aus heimischen Früchten und Gemüsen, geht; die Nachfrage nach Fleisch und insbesondere bei allen Gesundheitsbewussten nach Fisch kommt. (In China beispielsweise ist der Verzehr von Fisch von 11,5 kg/Person

1990 auf stolze 25,6 kg/Person 2006 gestiegen.) Aus diesem Grund sind 28 Prozent der Fischbestände bereits überfischt oder vom Aussterben bedroht. Rasches Handeln ist also notwendig. In thailändischen Gewässern beispielsweise sank der Gesamtfischbestand zwischen 1961 und 1991 um ganze 86 Prozent. In nicht allzu ferner Zukunft wird es auf groß angelegten Flächen in der Wüste Fischzucht geben. Um 1 kg Fisch in der Wüste zu züchten, braucht es lediglich 10 Liter Wasser, gegenüber 750 Liter, um ein Kilo Weizen anzubauen.

❜ Der Bauch regiert den Kopf. ❛
Spanisches Sprichwort

Das Netz weiter auswerfen Man darf also gespannt sein auf eine Reihe faszinierender Entwicklungen in Regionen mit jeder Menge ungenutzten oder gering bewirtschafteten halbtrockenen Böden, jeder Menge Sonnenschein (zur Energiegewinnung) und Zugang zu immerhin kleinen Mengen Wasser. Spontan kommen einem Teile des Nahen Ostens in den Sinn, die sich als Orte für die „landwirtschaftliche Bodenerschließung" perfekt eignen, ebenso wie Teile der USA, Australiens und Lateinamerikas.

Bis 2030, so aktuelle Prognosen, müsste die Lebensmittelproduktion weltweit um 50 Prozent steigen, um die rasant wachsende Bevölkerung zu ernähren. Und das bedeutet eine enorme Herausforderung, die uns allerdings nicht ganz so unerwartet trifft. Bereits Ende des 18./Anfang des 19. Jahrhunderts sagte Thomas Malthus voraus, dass die Welt in große Schwierigkeiten geraten würde, weil die landwirtschaftliche Produktion mit dem Bevölkerungswachstum nicht Schritt halten kann. Was das Bevölkerungswachstum anbelangt, so hatte er völlig recht, was aber die landwirtschaftliche Produktivität und die Mechanismen anbelangt, mit denen der freie Markt auf die wachsende Nachfrage reagiert, so lag er völlig falsch. Und so stehen wir auch heute vor ernsten Problemen hinsichtlich der verfügbaren Ressourcen, insbesondere in puncto Nahrungsmittel. Auch heute steht zu erwarten, dass die problemlösende Kraft der menschlichen Erfindungsgabe die Lage retten wird, vor allem auf lange Sicht. *Qui vivra, verra* – Die Zukunft wird es zeigen.

Worum es geht

Die Landwirtschaft wird intelligenter werden

09 Demographischer Wandel

Zwischen 1900 und 2000 hat sich die Bevölkerungszahl von 1,6 auf 6,1 Milliarden Menschen fast vervierfacht. 2011 erreichte die Zahl die 7-Milliarden-Grenze, die nach einer aktuellen Prognose der Vereinten Nationen im Jahr 2025 bei 8 Milliarden, 2043 bei 9 Milliarden und 2083 bei 10 Milliarden liegen könnte. Vielleicht aber auch nicht. Die endgültige Zahl hängt von der Geburtenrate ab plus/minus Kriegen, Pandemien, Unfällen und ein paar anderen Faktoren.

Warum wächst die Weltbevölkerung so stark an? Die Antwort fällt anders aus, als Sie vielleicht erwartet haben. Grund für die Explosion ist nicht, dass die Menschen sich vermehren wie die Kaninchen, sondern dass sie nicht länger sterben wie die Fliegen. 1900 betrug die mittlere globale Lebenserwartung 30 Jahre, 2000 lag sie bereits bei 65 Jahren. Doch während die steigende Lebenserwartung im 20. Jahrhundert mit einer immer besseren Gesundheit einherging, könnte ein kennzeichnendes Merkmal im 21. Jahrhundert die sinkende Geburtenrate sein.

Veränderungen der Geburtenraten Laut Angaben der *UN Population Division* (Abteilung für Bevölkerungsfragen der Vereinten Nationen) und des *US Census Bureau* (etwa Volkszählungsbehörde) ist die durchschnittliche Kinderzahl pro Frau in den frühen 1960er-Jahren von 4,9 auf heute 2,5 gefallen. Darüber hinaus lebt rund die Hälfte der Weltbevölkerung in Regionen, wo die Zahl inzwischen unter dem sogenannten Bestanderhaltungsniveau (oder der natürlichen Reproduktionsrate) von 2,1 Kinder pro Frau liegt, und reicht damit in fast allen Industrieländern nicht aus, um den derzeitigen Bevölkerungsstand zu sichern. Man könnte nun meinen, dass die Entwicklungsländer diesen Fehlbestand wieder ausgleichen würden (insbesondere, da 80 Prozent der Weltbevölkerung heute in solchen Nationen leben). Das aber ist nicht der Fall. Sinkende Geburtenraten sind heute auch in vielen Entwicklungsregionen ein großes Problem.

Zeitleiste

10 000 v. Chr.	1810	1930	1950	1970	1980
Weltbevölkerung 1 Million	Weltbevölkerung 1 Milliarde	2 Milliarden	2,4 Milliarden	3,7 Milliarden	4,4 Milliarden

Wer und wie viele?

Wenn eine Generation weniger Nachkommen hervorbringt, wird das genetische Erbe reduziert – ein faszinierendes Nebenprodukt, das sich aus der Entwicklung hin zu kleineren Familien ergibt. Dies kann bedeuten, dass auch die für eine Generation typischen Überzeugungen und Vorstellungen im Laufe der Zeit an Einfluss verlieren. Wie Studien in den USA belegen, sind Menschen mit Kindern tendenziell konservativer eingestellt als Menschen ohne Kinder, was in der Folge möglicherweise dazu führt, dass konservative Werte verstärkt werden. Zum Beispiel lagen die Geburtenraten in den Bundesstaaten, die für den konservativen George W. Bush votierten, im Schnitt um 12 Prozent höher als in denen, die für den eher weltlich orientierten, individualistischen und liberalen John Kerry stimmten. Das mag ein speziell amerikanisches Phänomen sein, doch es steht außer Frage, dass die Zukunft in direktem Maße von der demographischen Entwicklung abhängig ist. Wer wissen möchte, wie sich der arabisch-israelische Konflikt langfristig gestalten wird, der muss sich eigentlich nur anschauen, welche Bevölkerungsgruppen Kinder haben und welche nicht.

Sollte das Wirtschaftswachstum auf die Werte von vor der weltweiten Rezession sinken, so könnte es sein, dass wir innerhalb weniger Jahrzehnte weltweit bald einen katastrophalen Arbeitskräftemangel haben.

Seit 1990 verzeichnen vor allem China und Indien wachsende Bevölkerungszahlen. Aber das wird sich ändern. Im Laufe der nächsten 20 Jahre wird es die größten Zuwächse im subsaharischen Afrika geben (rund 33 Prozent des Bevölkerungswachstums insgesamt). Zu anderen Regionen, die ebenfalls wachsenden Zahlen entgegensehen, gehören Bangladesch und Pakistan. Zusammengenommen werden China, Indien, Bangladesch und Pakistan fast die Hälfte des weltweiten Bevölkerungswachstums stellen.

Besieht man sich die Daten nach dem Altersaufbau der Bevölkerung, werden zusätzliche Überraschungen offenbar. China beispielweise wird den größten Rückgang junger Arbeitskräfte zu verzeichnen haben. Die Folgen? Erstens: China muss eine schnelle wirtschaftliche Entwicklung durchlaufen, um nicht von einem demographischen Zusammenfall (Implosion) getroffen zu werden. Zweitens: Sollten andere Faktoren wie die Technologie konstant bleiben, werden Wirtschaftswachstum und reale Produkterwartun-

1990	2000	2011	2030	2040	2050	2075
5,1 Milliarden	6,1 Milliarden	7 Milliarden	8 Milliarden	8,8 Milliarden	9,1 Milliarden	9,2 Milliarden

> **Die Schlacht, die gesamte Menschheit zu ernähren, ist vorüber. In den 70er- und 80er-Jahren werden Hunderte von Millionen Menschen verhungern, egal welche Krisenmaßnahmen jetzt ergriffen werden.**
> **Paul Ehrlich,**
> **Autor von *Die Bevölkerungsbombe* (1973)**

gen (sowie auch die Konsumausgaben) beträchtlich unter den aktuellen Standard sinken. Und das wiederum könnte eine Lawine weiterer Probleme, darunter soziale Unruhen, lostreten.

Von den wirtschaftlichen Folgen einmal abgesehen, kommen in China auf 120 Jungen nur 100 Mädchen, und dieses Geschlechterungleichgewicht könnte zu einer Generation verstörter junger Männer führen. Prognosen deuten darauf hin, dass bis 2030 mehr als ein Viertel der jungen chinesischen Männer Ende dreißig nie verheiratet waren – und es wohl auch nie sein werden. Andere mögliche Folgen wären eine Verlagerung von Innovationsclustern in Regionen mit jüngeren Bevölkerungsgruppen (denn Jugend ist einer der Schlüsselmotoren für Innovation) und wachsender Unzufriedenheit.

Russland sieht ebenfalls demographischen Problemen entgegen, die das wirtschaftliche Potenzial des Landes zunichtemachen könnten. Seit 1992 hat die Zahl der Menschen, die sterben, die Zahl derer, die geboren werden, um ganze 50 Prozent übertroffen. Offizielle Zahlen lassen darauf schließen, dass die Bevölkerung des Landes seit 1993 um 5 Prozent geschrumpft ist, und die Lebenserwartung heute geringfügig niedriger liegt als 1961. Warum ist das so? Es ist nicht ganz klar, aber schlechte Ernährung und chronischer Alkoholismus haben sicherlich viel damit zu tun. Wenn die gegenwärtige Entwicklung so weitergeht, wird die Bevölkerung Russlands bis 2050 auf die Größe von der im Jemen geschrumpft sein.

Im Norden Indiens wächst die Bevölkerung infolge hoher Geburtenraten rasant an, im Süden dagegen, wo die größte Wirtschaftsentwicklung vonstattengeht, gehen die Geburtenzahlen stark zurück. Hinzu kommt, dass die Geburtenrate in ländlichen Gebieten mit schlechtem Bildungsniveau am höchsten ist und in städtischen Gebieten mit hohem Bildungsniveau am niedrigsten. Insgesamt verfügen 25 Prozent der indischen Bevölkerung im arbeitsfähigen Alter über keinerlei Schulbildung. 2030 könnte ein Sechstel der potenziellen Arbeitskräfte des Landes ohne jegliche Bildung sein. Was Japan angeht, so liegt die Geburtenrate um annähernd 35 Prozent unter dem notwendigen Bestanderhaltungsniveau, was enorme Auswirkungen auf Produktivität und Staatsverschuldung hat. Das westliche Europa ist nicht ganz in derselben Lage, doch werden die Bevölkerungszahlen dort aller Voraussicht nach stagnieren, wobei Deutschland – der Konjunkturlokomotive Europas – derzeit einen Bevölkerungsrückgang erlebt.

Das amerikanische Modell Die Lösung liegt ganz offensichtlich darin, sich ausländische Arbeiter ins Land zu holen, was sich aber bereits für einige Nationen, insbesondere für Japan, als recht problematisch erwiesen hat. Die USA zeichnen sich dadurch aus, dass sie innerhalb der OECD (Organisation für wirtschaftliche Zusammenarbeit und Entwicklung) so gut wie das einzige Land sind, für das von 2010 bis 2030 ein Bevölke-

Wie teuer ist das Alter?

Westliche Länder werden sich den Problemen der zunehmend alternden Bevölkerung stellen müssen, vor allem den Kosten für Rentenzahlungen bei anhaltend abnehmenden Geburtenzahlen und steigenden Gesundheitskosten. Eine steigende Lebenserwartung bei gleichzeitigem Geburtenrückgang ist zwar längst Realität, aber noch lange kein Grund für unsachliche Panikmache. Wir Menschen leben heute länger, aber wir leben auch gesünder. Um das Problem auf den Nenner zu bringen: Das Sterben ist teuer geworden, nicht so sehr das Alter. Inzwischen nämlich spricht einiges dafür, dass die Gesundheitsausgaben mit zunehmendem Alter sogar sinken könnten. Zudem tragen medizinische Fortschritte dazu bei, die Menschen länger gesund zu halten und die Kosten für die Versorgung im Alter zu senken. Außerdem könnten Automatisierungstechniken große wirtschaftliche Überschüsse produzieren, mit denen sich die alternde Gesellschaft finanzieren ließe.

rungswachstum um 20 Prozent zu erwarten steht. Darüber hinaus haben die USA eine stolze Erfolgsbilanz ihrer Einwanderungspolitik vorzuweisen. Demzufolge wird die Bevölkerung im erwerbsfähigen Alter sehr wahrscheinlich weiter steigen und dem Land langfristig ein anhaltend starkes Wirtschaftswachstum bescheren.

Natürlich kann es sein, dass all diese Schätzungen und Annahmen extrem daneben liegen. Es kann sein, dass eine weitere große Hungersnot, eine globale Pandemie oder ein Weltkrieg Milliarden Menschen dahinraffen, oder dass die Menschen plötzlich anfangen, aus wirtschaftlichen Gründen oder aus Gründen des sozialen Status' heraus sehr viel größere Familien zu gründen. In der Theorie sind demographische Prognosen im Rahmen ihrer wissenschaftlichen Disziplin immer relativ, in der Realität aber können sie den Launen der Zukunft unterliegen – wie alles andere auch.

Worum es geht

Zu viele Menschen hier, zu wenige dort

10 Geo-Engineering

Das Klima auf der Erde verändert sich, und wie es scheint, sind wir Menschen schuld daran. Aber können wir viel mehr tun als mit politischen Eingriffen wie Regulierung, Besteuerung und Preisgestaltung entgegenzuwirken, insbesondere in einem globalen Maßstab? Ist man sich überhaupt darüber einig, wer verantwortlich ist für den Klimawandel und wer oder was zuständig ist, das Ganze zu beheben? Bei allem Streit über diese Fragen, wichtig ist, sich darauf zu einigen, sämtliche Kräfte der Wissenschaft und Technik zu entfalten, um das natürliche Gesamtsystem unserer Erde zu stärken.

Wir Menschen kleben an dem Gedanken, dass die Evolution (mit uns) die letzte Stufe erreicht hat und die Erde etwas ist, das es zu schützen und zu erhalten gilt. Aber warum? Es ist höchst unwahrscheinlich, dass wir der Gipfel der Evolution sind. Entweder wir werden bald aussterben und eine andere Form von Leben wird unseren Platz auf der Erde als die dominante Spezies einnehmen oder wir werden mit unseren Maschinen verschmelzen, in ferne Galaxien vorstoßen und zeitweise andere Planeten besiedeln.

Keines der beiden Szenarien erfordert die völlige Zerstörung der Erde, die sich aller Wahrscheinlichkeit nach auch ohne uns weiterdrehen wird, ganz so, wie sie es vor uns getan hat. Die Erde braucht keine Polkappen, Regenwälder, Wüsten oder so und so hohe Meeresspiegel. Diese Elemente haben sich im geologischen Zeitablauf stets verändert, und es ist in gewisser Weise ebenso arrogant wie egozentrisch zu meinen, dass die Erde uns braucht – oder uns braucht, um sie zu retten. Tatsächlich käme sie ohne uns vielleicht sehr viel besser zurecht.

Und ein weiterer Gedanke schwingt in unseren Vorstellungen von der Erde und ihrer Bewahrung heute häufig mit: Wir sollten die Erde nicht verändern. Doch wir verändern sie seit Tausenden von Jahren. Seit wir den Planeten bewohnen, holzen wir Wälder ab, bauen Siedlungen, schaffen Straßen, leiten Flüsse um, bauen Feldfrüchte an, erweitern Städte, graben riesige Löcher in den Boden, um Rohstoffe zu gewinnen, und dergleichen mehr. Der einzige Unterschied zu heute ist der Maßstab, mit dem wir dies tun. Zu argumentieren, man müsse die Natur in Ruhe lassen, ist insofern ziemlicher Blödsinn. Der Schriftsteller Julian Gough formuliert es so: „Natur war gut und schön, solange sie für

Zeitleiste

2019 Nobelpreis für eine Geo-Engineering-Lösung des Klimawandels

2021 Erstes großmaßstäbliches Versuchsprojekt zur Düngung der Meere beginnt

2025 CO_2-Speichertechnologien werden verbreitet eingesetzt

2027 Weite Teile von Venedig, Miami und Dhaka werden wegen Überflutung aufgegeben

> **Möglichst einfach!**
>
> Warum sind wir derart fixiert darauf, die Klimaprobleme der Erde mit hochtechnologischen und äußerst kostenintensiven Lösungen zu beheben? Liegt es vielleicht daran, dass wir glauben, komplexe Systeme erfordern komplexe Lösungen? Oder daran, dass wir der festen Überzeugung sind, man könne aus der Misere, die uns relativ komplexe Technologien überhaupt erst eingebrockt haben, auch nur mit weiteren hochtechnologischen Konzepten wieder herauskommen? Aber was wäre, wenn wir die umgekehrte Richtung einschlügen? Wenn wir schlicht unser Verhalten änderten, anstatt Weltraumspiegel oder Weltraumvorhänge zu bauen oder Meerwasser in der Luft zu zerstäuben? Wenn sich zum Beispiel der Kaufpreis oder die Stromkosten für einen Wäschetrockner exorbitant verteuerten, würden viele ganz schnell wieder auf die gute alte Wäscheleine zurückgreifen.

sich bestand, doch heute besitzt der Mensch den Planeten. Daher können wir ihn auch ‚schmücken'."

Was meint Gough damit? Ich vermute mal, er spielt damit an auf das sogenannte Geo-Engineering. Darunter versteht man die künstliche Beeinflussung der geo- und biochemischen Kreisläufe der Erde unter Einsatz großmaßstäblich angelegter wissenschaftlicher und technologischer Mittel mit dem Ziel, den Klimawandel zu bekämpfen, entweder, indem man Kohlendioxid aus der Atmosphäre entfernt oder die einfallende Sonnenstrahlung entsprechend nutzt. Und da die Natur in gewisser Weise auch nur ein Rohstoff ist, lässt sich jede Menge damit anfangen, und allzu große Sorgen dürften unbegründet sein.

Sich am eigenen Schopf aus der selbstverschuldeten Misere ziehen

Wenn menschliches Handeln ein Problem geschaffen hat, warum sollte menschliches Handeln dann nicht beitragen können, es zu lösen? Wir könnten den Himmel mit Milli-

> **Wir wirbeln die Atmosphäre durcheinander, von der alles Leben abhängig ist.**
>
> **David Suzuki, Wissenschaftler und Autor**

2030 Schaffung künstlicher Wälder, um CO_2 aus der Luft zu binden

2040 „Cloud Whitening" über den Weltmeeren wird ausgedehnt

2050 Globales Weltraumspiegelprojekt wird aus Kostengründen aufgegeben

Das Fiasko mit den „Kohlenstoffkrediten“

Es ist nicht allzu lange her, da gab es noch keinen Handel mit CO_2-Zertifikaten. Mittlerweile gibt es eine ganze Industrie, die auf der Idee basiert, dass man den CO_2-Ausstoß präzise errechnen kann und dass es Unternehmen erlaubt sein sollte, mit der Umweltverschmutzung zu handeln. Ein Beruf, den es in der Vergangenheit nicht gab, ist der des Emissionsgutachters. Er erkundet Unternehmen vor Ort und befindet in einer objektiven Bewertung über zugesagte Emissionsminderungen oder Emissionskompensationen. In der Theorie eine einfache Sache; in der Praxis allerdings nicht. So etwa fand das Fachblatt *Climate Policy* heraus, dass 60 Prozent aller Klimaschutzprojekte auch ohne einen Emissionshandel zustande gekommen wären. Überdies hätten 15–20 Prozent der Kohlenstoffkredite gar nicht ausgegeben werden dürfen, da die Verantwortlichen hinter den Projekten keinerlei Beweise dafür erbracht haben, dass „Regenerative Energie-Projekte“ nicht auch ohne die Mittel aus dem Verkauf von Emissionszertifikaten an große Umweltverschmutzer existieren würden.

arden von Spiegeln besprenkeln. Wir könnten Weltraumvorhänge herstellen, um die Strahlen der Sonne abzuwenden. Oder wir könnten molekulares Eisen ins Meer streuen, um das Wachstum von CO_2-absorbierendem Phytoplankton zu fördern oder Schwefel in die Atmosphäre schießen, um das Sonnenlicht zu reflektieren.

Man könnte auch die Meere nutzen, um Wolken zu bilden (das Meerwasser aufschaufeln und es in der Luft zerstäuben). Oder man könnte nährstoffreiches Wasser vom Grund der Meere heraufpumpen, um das Sonnenlicht zu blocken. Oder man könnte diverse Projekte zur sogenannten CO_2-Sequestrierung verfolgen, die CO_2 abscheiden und speichern). Vielleicht könnten wir auch künstliche Wälder schaffen, um das CO_2 aus unserer Atmosphäre zu entfernen, oder einen riesigen Chemiebaukasten anlegen, aus dem wir uns bedienen, um der Übersäuerung der Meere entgegenzuwirken oder Wärme zu speichern.

Jede einzelne dieser Ideen realisieren zu wollen, wäre unglaublich teuer, Einzellösungen, nachgerade bescheuert, wie viele sagen würden. Andererseits scheinen die meisten radikalen Ideen auf den ersten Blick genau das zu sein. Und einige Wissenschaftler halten es bereits für viel zu spät, irgendeine dieser Ideen umzusetzen. Sie warnen außerdem davor, dass derlei Ideen kein Ersatz sein können für die dringend benötigten Änderungen in unserem Denken und Verhalten, insbesondere dort, wo es um begrenzte Ressourcen geht.

Das Unkontrollierbare kontrollieren Geo-Engineering ist heftig umstritten, und jeder, der mehr vorschlägt, als ein paar Dächer weiß zu streichen, läuft Gefahr, geringstenfalls verlacht zu werden. Was aber sind die potenziellen Nebeneffekte? Und

> **‚Hier ist die hässliche Wahrheit: Die Natur schert sich keinen Deut um Demokratie oder Fairness … etwas, das aus den falschen Gründen von den falschen Menschen getan wird, kann unter Umständen noch immer mehr Leben retten als das Warten auf eine ansprechendere Option.‘**
>
> **Jamais Cascio, Autor und Futurologe**

wer trägt die Verantwortung, wenn etwas schief läuft? Was hätte es beispielsweise für juristische Konsequenzen, wenn ein Land eine Idee umsetzen würde, die am Ende dazu führte, dass die lokalen Wetterbedingungen in einem seiner Nachbarländer deutlich schlechter werden? Der Weltraummüll ist ein weiteres Problem, ebenso wie Schädigungen der örtlichen Umwelt oder Lebensgrundlagen. Und was, wenn eine böse ausländische Macht oder ein machtbesessener Supermilliardär es schaffte, diese Technologien als Waffen zu gebrauchen?

Kurzum: Was wäre, wenn es einem Land oder Unternehmen möglich würde, das Wetter zu kontrollieren? Natürliche Systeme wie das Klima sind zweifelsohne hochkomplex, und jeder Versuch, sie zu beeinflussen, ist keineswegs einfach, insbesondere auf technischer und politischer Ebene. Doch auch wenn komplexe Lösungen *eine* Antwort sein können, es gibt noch wesentlich einfachere Möglichkeiten. Zum Beispiel lebt die Hälfte aller Menschen heute in Städten. Man könnte natürlich argumentieren, dass gerade das ein Teil des Problems ist, vor allem was Emissionen anbelangt, doch bieten Städte, und insbesondere die Millionenmetropolen in Entwicklungsländern – die derzeit neu entstehen oder von Grund auf neu entworfen und umgestaltet werden –, auch eine potenzielle Lösung, denn sie bieten Chancen, Wohnungsbau, Transport und Infrastruktur sehr viel effizienter und nachhaltiger zu gestalten.

Worum es geht

Den Planeten radikal neu gestalten

11 Megacitys

Um 1800 lebten rund 3 Prozent der Weltbevölkerung in Städten. Aktuell sind es 50 Prozent. Bis 2050 werden es an die 80 Prozent sein. Überdies sind viele der Städte, die die Zukunft prägen werden, heute noch kaum oder gar nicht gebaut, so dass sie wohl kaum einer kennt. Lagos, Jakarta, Dhaka und Karatschi hingegen sind wahrscheinlich jedem ein Begriff, doch was ist mit Nouakchott, Douala, Bamako, Ouagadougou, Temuco, Belém oder Antananarivo?

Vor kurzem noch prophezeiten viele Kommentatoren, dass Städte dem Untergang geweiht sind. Die Menschen flüchteten aus Millionenstädten wie New York in die relative Sicherheit und begrünte Ruhe der Vorstädte. Doch in letzter Zeit geht die Bewegung wieder in die umgekehrte Richtung. So stieg die Zahl der 64- bis 75-Jährigen, die im Zentrum von Chicago lebten, zwischen 1990 und 2000 um 17 Prozent. Ein Grund dafür ist, dass ältere Menschen sich in ländlichen Gebieten oder Vorstädten oft abgeschnitten fühlen, während Städte stets mehr Anregungen bieten, Geist und Körper fit zu halten. Aus einer Studie der der US-Denkfabrik RAND Corporation geht hervor, dass Vorstädter mehr Zeit im Auto verbringen und damit ihre körperliche Kondition und Lebenserwartung reduzieren. Sehr viel stärker allerdings ist die Dynamik des Verstädterungsprozesses, die sich in Asien und Afrika entfaltet, wo sowohl Städte als auch ihre größeren Schwestern, die Megacitys, ständig neu gebaut und erweitert werden.

Boomende Megacitys 1975 gab es weltweit nur drei Megacitys, sprich Städte, mit zehn oder mehr Millionen Einwohnern: New York, Mexico City und Tokio. Inzwischen sind es mehr als 20: Kinshasa, Lagos, Kairo, Sao Paulo, Mexico City, Los Angeles, Buenos Aires, Mumbai, Shanghai, Peking, Delhi, Kalkutta und Dhaka zählen nach Angaben von McKinsey, einem weltweit operierenden Konzern für Unternehmens- und Strategieberatung, heute allesamt dazu. Insgesamt leben ungefähr 20 Prozent der Weltbevölkerung in rund 600 Städten, die zusammengenommen rund 50 Prozent des globalen Bruttoinlandprodukts erwirtschaften.

Zeitleiste

1800	1950er	2000	2007
3 Prozent der Menschen leben in Städten	83 Städte weltweit haben mehr als 1 Million Einwohner	Die Bevölkerung im Großraum Tokio wächst auf über 35 Millionen	468 Städte weltweit haben mehr als 1 Million Einwohner

Eine uralte Idee

Das älteste Unternehmen der Welt ist rund 700 Jahre alt, die älteste Universität rund 1000 Jahre und die älteste lebendige Religion rund 3500 Jahre. Die ältesten Städte dagegen sind Jerusalem mit 5000 Jahren und Jericho mit 10.500 Jahren. Der Grund für diese Langlebigkeit ist Flexibilität. Städte werden unentwegt abgerissen und wieder neu erbaut (rund 2 Prozent pro Jahr), Menschen kommen und gehen, tanken Kraft und Energie, finden neue Impulse für ihre Kreativität. Städte wie London, New York und Tokio verschwinden nicht. Vielmehr werden sie erneuert und umgestaltet, werden zu Stadtstaaten, die wirtschaftlich und kulturell vielen Ländern weit voraus sind.

Haben diese Städte irgendetwas gemeinsam, abgesehen von ihrer Einwohnerzahl? Nein, wie man auf den ersten Blick meinen könnte. Einige Städte sind bestens organisiert und sicher, vertikal angelegt, mit hellen, glänzenden Fassaden, andere dagegen sind ungeplant, mit niedrigen Bauten, dreckig und gefährlich. Von diesen Merkmalen einmal abgesehen, haben große Städte doch zwei grundlegende Dinge gemein.

Zum einen Im Hinblick auf Klimawandel und Ressourcenmanagement stellen sie ein enormes Problem dar, denn sie verbrauchen rund 75 Prozent der globalen Energieausbeute. Sie könnten aber auch, wie bereits erwähnt, eine komfortable Lösung sein. Der Verkehr beispielsweise ist der größte Energieverbraucher in städtischen Ballungsräumen, und die Stadtverwaltungen haben es in der Hand, die verkehrstechnische Infrastruktur in eng verzahnten Gebieten zu koordinieren.

Städtebauliche Regelungen bedeuten aber auch, dass die Stadtverwaltungen Einfluss darauf nehmen können, wie Gebäude gebaut und inwieweit kohlenstoffarme und intelligente Technologien in große Infrastrukturprojekte integriert werden. In Zukunft wird es mehr kohlenstoffarme Baustoffe, verstärkte Investitionen in energieeffiziente öffentliche Verkehrssysteme, mehr kohlenstoffneutrale Städte, mehr örtlich erzeugte, saubere Energie und mehr vertikale Landwirtschaft geben – vertikale Stadtfarmen werden mehrere hundert Meter hoch buchstäblich in den Himmel wachsen, eigenen Strom und eigenes Wasser gewinnen sowie Nahrung anbauen und Tiere züchten.

Zweitens: Städte fungieren als Energiemagnete. Sie ziehen arme, aber ambitionierte Menschen an und binden sie als Produktivkräfte

> **Wenn die Stadt die Welt ist, die der Mensch erschaffen hat, so ist sie die Welt, in der er forthin verdammt ist zu leben.**
> **Robert Park, Stadtsoziologe**

2008
Mehr als 50 Prozent der Weltbevölkerung leben in urbanen Ballungsräumen

2018
Detroit verliert pro Jahr mehr als 20 Prozent seiner Einwohner und wird zur „leeren Stadt" erklärt

2030
60 Prozent der Weltbevölkerung leben in Städten

2050
50 Prozent der afrikanischen Bevölkerung leben in Städten

Kreative Städte

Laut Professor Richard Florida (Autor von *The Rise of the Creative Class*) wird wirtschaftlicher Fortschritt primär von Ideen angetrieben, und Ideen ballen sich vornehmlich in großen Städten, die weltoffen und tolerant gegenüber der Vielfalt sind. Wenn Städte zu wirtschaftlichen Kraftwerken werden wollen, müssen sie also Künstler, Schriftsteller, Bildhauer, Musiker, Immigranten und alle möglichen Spinner und Sonderlinge anziehen. Langfristig betrachtet gilt für die urbane Entwicklung daher folgende Gleichung: Keine Rockbands, keine Künstler, keine Spinner, kein nennenswertes geistiges Eigentum, keine innovativen Meilensteine in Wissenschaft und Technik, keine Kunst und Kultur, keine fantasievollen Jungunternehmer mit neuartigen Geschäftsmodellen.

ein, was sowohl den Einzelnen als auch die Städte insgesamt reicher macht. Jedes Mal, wenn sich die Bevölkerungsgröße einer Stadt verdoppelt, so Geoffrey West, Physiker und Leiter des Santa Fe Institute, einer Denkfabrik im US-Bundesstaat New Mexico, verringert sich ihr Energieverbrauch pro Kopf um 15 Prozent. Zudem steigt mit jeder Verdoppelung das Pro-Kopf-Einkommen der Stadtbewohner um rund 15 Prozent.

Und je mehr von diesen ambitionierten Menschen in einen städtischen Ballungsraum ziehen, um sich einen maximalen wirtschaftlichen Wert zu sichern und sich auf einem engen geographischen Raum zu konzentrieren, umso attraktiver wird dieser Raum für andere Menschen. Somit hat die Migration erhebliche Auswirkungen auf die Innovationspolitik, denn durch die große soziale Dichte entsteht ein Multiplikationseffekt. Anders gesagt: Wirtschaftlicher Nutzen und Produktivität entsteht nicht dort, wo die meisten Menschen leben, sondern dort, wo sich Intelligenz, Ambition und Tatkraft ballen – in den großen Städten dieser Welt.

Arme werden verdrängt Das Problem liegt darin, dass der Zustrom von Menschen mit hohem Einkommenspotenzial die Immobilienpreise in die Höhe treibt, wodurch andere wiederum aus den Zentren gedrängt werden. Das verringert die allgemeine Vielfalt und zieht den Sektor der Grunddienstleistungen in Mitleidenschaft, weil

❜ Eine Stadt ist das pulsierende Produkt der menschlichen Hand und des menschlichen Geistes, und sie reflektiert die Geschichte des Menschen, seinen Kampf für Freiheit, Kreativität und Geist ebenso wie seinen Egoismus und seine Irrtümer. ❛

Charles Abrams, Stadtexperte und Gründer der New York Housing Authority

die Menschen, die in diesem Sektor arbeiten, sich das Wohnen und Leben in bestimmten Bezirken nicht mehr leisten können.

Ob Fluch oder Segen, das sei einmal dahingestellt, sicher jedenfalls scheint, Städte werden bleiben und künftig noch viel größer werden. Sie werden auch sehr viel intelligenter werden, im hoffentlich positiven Sinne für die Menschen, die dort leben, sicherlich aber im Sinne intelligenter Infrastruktursysteme, die sich in diesen Städten formieren, indem sie einzelne Elemente vernetzen, um einigermaßen adaptive Systeme zu schaffen (▶ Kapitel 13).

Worum es geht

Mehr Menschen in großen Städten

12 Lokale Energienetzwerke

Lokale Energie, die Idee, Strom in Zukunft aus lokalen Quellen oder Netzwerken zu erzeugen und zu verteilen, stellt eine radikale Verschiebung im Gleichgewicht konventioneller Energieträger dar und geht weg von fossilen Brennstoffen und Kernkraftwerken, die gegenwärtig die Energiewirtschaft dominieren. Vergleichbar ist diese Entwicklung vielleicht am ehesten mit der Computergeschichte, wo die ersten gigantischen Großrechner bald abgelöst wurden von Einzelplatzrechnern, sogenannten PCs, auf die schließlich mobile Geräte mit Internetzugang folgten.

Wenn Sie ein Gerät anschließen, tun Tausende andere Menschen im selben Augenblick das Gleiche. Zentrale Stromerzeuger müssen kurzfristig zusätzliche Energie liefern, was ineffizient und teuer ist. Und während große Netzwerke von Skaleneffekten profitieren, sind die Ineffizienzen beträchtlich, insbesondere in Bezug auf Transmissionsverluste und Umweltauswirkungen. Die Idee ist also, Strom aus einem lokalen Mikro-Netz zu gewinnen oder vor Ort die Energiemengen zu erzeugen, die benötigt werden, unter Nutzung verschiedener ausschließlich lokaler Energiequellen.

Klein aber fein Solarzellen zum Beispiel, Windenergieanlagen oder auch Wasserturbinen können hier gute Dienste leisten. Doch es gibt auch technologische Innovationen wie Biogas-Fermenter, die unabhängig von der Wetterlage operieren und daher eine verlässliche Energiequelle sind. Der Fermenter wandelt landwirtschaftliche Abfälle wie Mist und Spreu in Methan um, das einen Stromgenerator speist. Die Abwärme, die bei diesem Prozess (Fermentation) entsteht, wird benutzt, um das Heißwasser für verbrauchsnahe Haushalte aufzubereiten. Das Kommunalreferat der Stadt München betreibt im Stadtteil Freimann eine sogenannte Trockenfermentationsanlage zur Biogasproduktion, die als zukunftweisendes Modell gilt. Die Anlage operiert nicht nur energieautark, sondern erzeugte 2007 sogar einen Überschuss von 2,3 Millionen Kilowattstun-

Zeitleiste

1816	1821	1839	1882	1888
Erster Energiekonzern in den USA	Erster Elektromotor	Entdeckung des photovoltaischen Effekts	Erstes Wasserkraftwerk	Nikola Tesla erfindet den Wechselstromgenerator

den, der an nationale Netzbetreiber verkauft wurde. Es handelt sich also nicht um eine Kommune, die sich vom Rest der Welt abschotten will, sondern vielmehr um eine moderne und rasch wachsende Bewegung. Und es geht auch nicht darum, den großen Energiekonzernen die Gas- und Stromnetzkontrolle zu entreißen. Strom auf lokaler Ebene zu erzeugen, ist schlicht effizienter. In einem Wärmekraftwerk gehen im Arbeitsmittel bei der Umwandlung fossiler Brennstoffe in elektrische Energie rund 70 Prozent der Energie durch Abhitze an die Atmosphäre oder durch Wasserkühlung verloren. Und von der verbleibenden Energiemenge gehen weitere 7 Prozent durch Energieübertragung über weite Entfernungen verloren.

Gegenwärtig stellen die großen Stromversorgungsunternehmen 67 Prozent der weltweit erzeugten Energiemengen. In ihrer jährlich erscheinenden Publikation „World Energy Outlook" entwirft die Internationale Energieagentur (IEA) ein alternatives Szenario (in dem Regierungen auf Energieeinsparungen drängen). Aber auch in diesem Szenario, so die Prognose, gehört die Zukunft den fossil gefeuerten Großkraftwerken, die bis 2030 noch immer rund 50Prozent der bis dahin neuen, interkommunal vernetzten Kraftwerke stellen werden, während nur 20 Prozent aus lokal betriebenen Kraftwerken kommen.

Energie-Befugnisse

Will man heute eine Windkraftanlage mit 9 m Höhe in seinem Garten errichten, so wird man mit großer Wahrscheinlichkeit daran gehindert. Solarpaneele sind eher akzeptiert, und niemand wird sich groß aufregen, wenn Sie an Ihrem Haus eine Klimaanlage installieren. Doch langsam ändert sich etwas. 13 Millionen Amerikaner leben heute auf Grundstücken von 4000 m^2 oder mehr, die Windenergiebetreiber als Zielgruppe im Visier haben, um ihnen eine neue Generation von Windkrafträdern zu verkaufen. Wir erleben in der Tat eine signifikante Verschiebung im Zuge derer Technologien, die einst nur Industriekunden verfügbar waren (Windkraft, um ein klassisches Beispiel zu nennen), heute auch an Otto-Normalverbraucher in den Vorstädten verkauft werden. Die Trendwende hier ist in erster Linie steuerlichen Vorteilen für die Installation von umweltfreundlichen Energieanlagen zu verdanken, doch die Möglichkeit, überschüssige Energie wieder zurück an ein Netzwerk zu verkaufen, hat auch bei vielen Öko-Zynikern zu einem Umdenken geführt.

1892	1980	2030	2035	2040
General Electric (GE) wird gegründet	Erster Windpark in den USA	Der Abriss von Windparks beginnt	Die meisten Privathaushalte beteiligen sich am lokalen Energiehandel	Private Energiesparsysteme werden Pflicht

> **„Was man auf lokaler Ebene in Sachen Energieeffizienz und erneuerbare Energien alles machen kann, ist unglaublich. Es ist einfach erstaunlich."**
>
> **Joan Fitzgerald,**
> **Autorin von *Emerald Cities***

Aber es gibt Alternativen, im Zuge derer die Regierungen ihrer Rolle gerecht werden und mitziehen müssen, um das Phänomen des sogenannten *carbon lock-in* zu durchbrechen (der Begriff steht für die Dominanz der fossil befeuerten Energiesysteme). Dänemark, das derzeit energieeffizienteste Land weltweit, ist Vorreiter auf dem Gebiet der lokalen Stromerzeugung. Es war das erste Land, das Einspeisevergütungen einführte, die Erzeuger von Strom aus erneuerbaren Energiequellen wie auch Privathaushalte bezahlt für die Energie, die sie liefern, sodass inzwischen weniger als ein Drittel der Energie aus fossil befeuerten Großkraftwerken kommt. Und Dänemark ist kein Einzelfall. Auch Deutschland hat 2004 eine Einspeisevergütung eingeführt und steht heute mit 400 000 Haushalten und Kleinunternehmen, die Solaranlagen installiert haben, an der Weltspitze auf dem Gebiet der Solarenergie.

Für einige Länder mag es nicht ganz leicht sein, die Energieriesen zu bewegen, ihren Würgegriff zu lockern. Ein großes Potenzial, lokale Stromnetze zu installieren, bietet sich für Länder der Dritten Welt, wo Fernleitungsnetze noch weitgehend unterentwickelt sind. Drittweltländer wie in Afrika könnten andere Regionen wie Europa und Nordamerika durchaus rasant überholen, in etwa so, wie sie es im mobilen Zahlungs- und Bankenverkehr bereits getan haben – in Ermangelung von Festnetzleitungen, Desktop-Computern oder Laptops stieg man vielerorts direkt bei Mobiltelefonen und Smartphones ein, die viele Menschen seit geraumer Zeit nutzen, um Zahlungsvorgänge mobil zu tätigen.

„Cash Cars" – Geldwerter Vorteil beim Auto Spannend ist auch die Idee der Cash Cars, ein distributiver Ansatz, der intelligente Software (*smart agents*) einsetzt, um Akkus als temporäre Energiespeicher zu nutzen. Diese Akkus können dem Netz über herkömmliche Haushaltssteckdosen in Zeiten geringer Nachfrage und niedrigeren Preisen Strom entnehmen und speichern. Bemerkenswert ist die Entdeckung des Elektroautos als neue Energiequelle, die immer weiter entwickelt wird. Forscher der University of Delaware entdeckten das Potenzial von Batteriefahrzeugen als Energiespeicher und testeten das sogenannte V2G-Konzept (*vehicle to grid*; deutsch: Fahrzeug zum Stromnetz) in einem Pilotprojekt an sieben Elektroautos. Die Idee: Sobald der Akku eines Elektroautos aufgeladen wird, geht über ein drahtloses Netzwerk ein Signal auf einem Server ein; benötigt ein lokaler Versorger dann mehr Energie, weil das Angebot die Nachfrage nicht befriedigen kann, wird der Strom aus der Batterie ins öffentliche Netz eingespeist. Ein V2G reagiert sofort und liefert die Energie in Sekundenschnelle (in nicht einmal 4 Sekunden), während es ganze 5 Minuten braucht, um die Generatoren der Kraftwerke hochzufahren. Und nicht nur das, ein solches Fahrzeug erzielt Bruttoeinnahmen von rund 4000 Dollar pro Jahr. Des Weiteren ließe sich der Preis variabel gestalten, basierend auf dem tatsächlichen Bedarf und den realen Kosten. Intelligente Systeme könnten

> **Konsumenten und Produzenten**
>
> Stellen Sie sich eine Zukunft vor, in der viele Geräte, die Energie konsumieren, auch Energie produzieren. Büros, Haushalte und Autos können allesamt kleine Mengen an Energie gewinnen, entweder zum eigenen Gebrauch, für andere Geräte oder andere Menschen. Einzelne Maschinen können auch so programmiert werden, dass sie registrieren, wie viel Energie sie verbrauchen, und nur dann Energie aus einem lokalen, regionalen oder nationalen Netz beziehen, wenn die Preise am niedrigsten sind. Aber das ist nur der Anfang. Auch Menschen können als Energiewandler fungieren, indem die kinetische Energie (Bewegungsenergie) beim Gehen umgewandelt oder Solarenergie über Paneele auf der Kleidung bezogen wird. Das Ergebnis wäre ein direktes Energie-Sharing, wo jeder Energieerzeuger genauso wie Energieproduzent ist.

Strom wie ein normales Handelsgut einkaufen und zur späteren Nutzung speichern. Wenn weniger als die Hälfte aller privaten Haushalte in Großbritannien in der Lage wäre, dieses System zu nutzen, wäre der Markt stabiler, und die Haushalte könnten ihre Stromrechnung um 13 Prozent reduzieren, was Einsparungen von rund 1,5 Milliarden Pfund pro Jahr erbringen würde. Dass ein Auto eine Einnahmequelle sein kann, anstatt die Familienkasse zu strapazieren, ist obendrein eine spannende Idee.

Dies wiederum schlägt eine Brücke zu dem Gedanken, Wasserstoff als Energieträger zu nutzen – oder als Mittel, Energie von einem physikalischen Standort an einen anderen zu bewegen, ähnlich wie Strom. Eine Wirtschaft, die auf Wasserstoff basiert, hätte enorme zukünftige Auswirkungen, insbesondere im Hinblick auf den Energietransport, denn gerade darin liegt auch die Krux, wenn es um die Versorgung mit Erdöl geht (▶ Kapitel 6).

Worum es geht

Lokal erzeugte und verteilte Energie

13 Intelligente Städte

Einst „unintelligente“ Dinge werden heute „intelligent“ genutzt. Rohrleitungen, Straßen, Gebäude, ja ganze Städte bilden da keine Ausnahme. Ob intelligente Messinstrumente für die Wasserversorgung, Geräte, die berechnen, wann man sie am besten einschalten sollte, oder dynamische Mautsysteme für Straßen – zu erwarten sind mehr Effizienz, weniger Verschwendung, schnellere Fehlerbehebung sowie eine flexiblere Preisgestaltung, die auf Echtzeit-Anforderungen reagiert.

In den 1990er-Jahren schrieb David Gelernter, Professor für Computerwissenschaften an der Yale University, ein Buch mit dem Titel *Mirror Worlds*. Er beschreibt darin eine digital gespiegelte Welt. Alles, was in der Realität existiert, könnte in der virtuellen Realität einen Zwilling haben.

Dank sinkender Kosten und ständig steigender Rechenleistung von Computern wird diese Fiktion zunehmend Wirklichkeit, und die wirkliche Welt verschmilzt mit der virtuellen. Ein Beispiel dafür ist die intelligente Infrastruktur. Die Idee dabei ist, eine Billion winziger Sensoren über den Globus zu verteilen, um ein ubiquitäres sensorisches Netzwerk zu schaffen. Solche Sensoren würden an Bürogebäuden, Brücken, Schienenwegen, Wasserleitungen, Kühlschränken oder Fenstern angebracht, um riesige Datenmengen zu sammeln. Damit wäre es möglich, den Energieverbrauch einzelner Gebäude zu überwachen, Schwachstellen an Brücken zu entdecken und Warnungen an Ingenieure zu geben – vielleicht sogar Reparaturroboter auszusenden, die eigens verursachte Fehler beheben, bevor menschliche Arbeiter das Problem überhaupt erst bemerken.

Ein paar solcher Ideen mehr, und wir werden bald Städte haben, die nur so viel Elektrizität erzeugen, wie sie verbrauchen, Abfall in Energie verwandeln, hohes Verkehrsaufkommen automatisch umlenken und aus Abwässern und Klärschlamm Treibstoff aufbereiten. Windkegel werden beitragen, Gebäude zu kühlen und für eine natürliche Beleuchtung und Belüftung sorgen, während Trinkwasser aus Regenwasser gewonnen wird, das von Dächern und Wänden abläuft und gesammelt wird.

Veränderungen auf der Straße In puncto Straßenverkehr lässt sich dank GPS, Überwachungskameras und anderen Geräten heute leicht berechnen, wie hoch das Ver-

Zeitleiste

2000 Erste Bauarbeiten für Songdo, eine intelligente Stadt in Südkorea

2009 Die britische Regierung plant, bis 2020 landesweit alle Haushalte mit intelligenten Wasserzählern auszustatten

2018 Energy-Dashboards werden für alle europäischen Haushalte Pflicht

2020 Mautsysteme für Autobahnen werden nach dem Echtzeit-Verkehrsaufkommen bemessen

Intelligente Straßen

Singapur bittet Autofahrer für die Benutzung öffentlicher Straßen zur Kasse, passt Ampelschaltungen dem Verkehrsfluss an, nutzt Kenndaten von Taxis, um durchschnittliche Fahrgeschwindigkeiten zu ermitteln, und arbeitet an einem Konzept für ein intelligentes Parkleitsystem (Autos auf Parkplatzsuche sind eine der Hauptursachen für Staus). Singapur könnte auch die erste Stadt werden, die ein dynamisches Gebührensystem für die Benutzung von Straßen einführt. Könnten ähnliche Systeme auch in anderen Bereichen funktionieren? So etwa könnte man die Wasserpreise nicht nur verbrauchsabhängig, sondern auch nachfrageabhängig bemessen. Und wer künftig zu Fuß durch die Stadt geht, statt mit dem Auto zu fahren, könnte steuerliche Vergünstigungen oder Bonusleistungen im Gesundheitssystem in Anspruch nehmen.

kehrsaufkommen zu welchen Zeiten sein wird und wohin einzelne Fahrzeuge fahren. Das heißt, dass man Bußgelder erheben kann, wenn sie in bestimmte, für sie nicht ausgewiesene Bereiche fahren. In manchen Städten gibt es bereits Mautzonen, doch ist diese Idee noch nicht ausgereift und wird sich weiter entwickeln. Kommunale und staatliche Behörden, die eine Gebühr für die Nutzung von Straßen erheben, können die Preise dann je nach Tageszeit, Fahrzeugtyp, Fahrstil, Geschwindigkeit oder Verkehrsaufkommen variieren. Die Zahlungspflicht beginnt, sobald der erste Reifen auf eine öffentliche Straße setzt. Ein automatisiertes Gebührenerfassungssystem wird zunächst wohl nur für Autobahnen eingesetzt, sich dann nach und nach auch auf Nebenstraßen ausdehnen, bis es eines Tages direkt vor Ihrer Haustür angelangt ist.

„‚Smart Growth' ist ein Codewort für was auch immer der Benutzer dieses Begriffs erreichen möchte … ‚Smart Growth' kann fast alles bedeuten … alle Parteien befürworten in einem oberflächlichen Sinne dieses viel gerühmte ‚intelligente Wachstum', weil es der Alternative eindeutig überlegen ist, die da wäre ‚Dumb Growth'."

Anthony Downs, Autor

2025
Die Bürgersteige in Seoul überwachen den Fußgängerverkehr und passen Ampelschaltungen automatisch an

2030
Sämtliche Haushaltsgeräte können per Handy fernbedient werden

2040
80 Prozent aller Gebäude weltweit sind in virtuellen Welten exakt kopiert

2060
Die traditionelle Müllabfuhr wird ersetzt durch druckgetriebene Abfallpumpsysteme

Der Denkfehler, der hinter jeder groß angelegten, intelligenten Stadterneuerung lauert, besteht darin zu glauben, man könne ambitionierte ‚Bottom-Up'-Ansätze einfach eintüten und für ‚Top-Down'-Ziele umfunktionieren. ‘

Greg Lindsay, Rudin Center for Transportation Policy and Management, New York

Derzeit zahlen die Autofahrer meist über die Benzinsteuer oder Kfz-Zulassung für die Straßennutzung. Doch solche Systeme sind nicht sehr intelligent, weil Gelegenheitsfahrer unter Umständen fast genau so viel bezahlen wie Vielfahrer. Theoretisch wäre es also besser, die Gebühren pro gefahrenen Kilometer oder pro Minute zu bemessen, wobei allerdings nicht zu erwarten steht, dass andere Gebühren damit entfallen. In den Niederlanden hat die Regierung einen Plan entwickelt, wonach die Autofahrer ab 2012 für jeden gefahrenen Kilometer zahlen sollen. Der Plan wurde vorerst verworfen, ähnliche Ideen aber werden früher oder später erneut aufkommen. Warum? Zum einen hat eine Untersuchung ergeben, dass 70 Prozent der Autofahrer ihr Fahrverhalten nach Einführung eines solchen Gebührensystems verändern würden. In Zukunft stehen also nicht nur mehr elektronische Mautsysteme zu erwarten, sondern auch Gebühren, die je nach Fahrzeugtyp und Straßennutzung bemessen werden. Es wäre beispielsweise nicht schwierig, ein System zu entwickeln, das die Kosten einer Fahrt unmittelbar nach der Zahl der Insassen oder gar dem Zweck der Fahrt bemisst.

Private Hauswirtschaft Und glauben Sie nur nicht, dass Sie in Ihrem eigenen Heim vor solch innovativen Technologien gefeit sind. Dass digitale Dashboards, die den Energieverbrauch überwachen, den Weg aus den gewerblichen Gebäuden hinaus und in unsere Privathäuser hinein gefunden haben, haben wir längst erlebt. Und es gibt keinen Grund anzunehmen, dass die Automatisierung unseres Alltags damit ein Ende hat. Was ist zum Beispiel mit RFID-Tags (▶ Seite 5), die in Kleidungsstücken integriert sind und mit Ihrer Waschmaschine kommunizieren, um die die kostengünstigste Betriebszeit zu finden, wenn Strom- und Wasserversorgungsnetze am wenigsten ausgelastet sind? Oder was ist mit einem Badezimmerspiegel (der gleichzeitig ein Fernseher ist), in den ein Gesichtserkennungssystem integriert ist, das einzelne Familienmitglieder identifiziert und Terminplan, To-do-Listen oder Fernsehprogramme automatisch entsprechend erstellt? Oder was ist mit Körperwaagen, die mit Ihrem Kühlschrank kommunizieren, der sich dann nicht mehr öffnen lässt, wenn Sie am Abend zuvor zu viel Pizza gegessen haben?

All diese Dinge werden in der ein oder anderen Weise kommen, doch die Verschiebung weg von „unintelligenten" hin zu intelligenteren Geräten ist damit nicht zu Ende. Wir werden zunehmend intelligente Mobiltelefone und andere mobile Geräte nutzen, um unsere unmittelbare Umgebung und sogar die eigene Gesundheit zu überwachen. Ältere Menschen könnten beispielsweise zu Hause überwacht und ein Arzt nur im akuten Falle gerufen werden. Kleine Kinder könnten rund um die Uhr im Auge behalten werden, sodass sie nicht verloren gehen oder Unsinn machen. Mit anderen Worten: Man könnte sich auch einfach die rund 5 Milliarden Handys zunutze machen, die derzeit rund

„Windvorhersage“

Die Europäische Union will bis zum Jahr 2020 20 Prozent ihres Gesamtenergieverbrauchs aus erneuerbaren Energien, vornehmlich aus Windkraft, schöpfen. China will bis 2020 seine Windkraftziele auf 100 GW erhöhen. Weltweit wurden allein im ersten Vierteljahr 2010 14 Milliarden Dollar in Windparks investiert. Doch ohne eine konkrete Vorstellung davon, wo und wann der Wind in den kommenden Jahren blasen wird, scheinen solche verbindlichen Zielvorgaben doch recht „luftig“. Die Produktion von Windenergieanlagen ist weitgehend eine lokale Angelegenheit, da die unmittelbare topographische Umgebung die Windmengen beeinflusst. Probemessungen, die an vorgeschlagenen Standorten vorgenommen werden, sollen Aufschluss über Windbedingungen geben, um dann mit den Winddaten der nächstgelegenen Wetterstation überlagert zu werden. In Zukunft wird es ein wachsendes Interesse an der fachwissenschaftlichen Kunst der „Windvorhersage“ geben. Wenn es jedoch nicht gelingt, diese Industrie ohne staatliche Unterstützung profitabel zu machen, könnte es sein, dass wir Windkraftanlagen eines Tages schneller niederreißen, als sie gegenwärtig aufgestellt werden.

um den Globus im Einsatz sind, und damit die Menschen selbst (oder zumindest die Kameras, Mikrophone und GPS, die sie bei sich tragen) als sensorische Netzwerke benutzen, anstatt Milliarden in Sensortechnologien zu investieren. Irgendwann werden wir dann beschließen, dass es doch eher schwierig ist, jedes kleine Kind dazu zu kriegen, rund um die Uhr ein Smartphone bei sich zu tragen, und es daher praktischer wäre, ihm gleich nach der Geburt einen Smartchip einpflanzen. Bei Haustieren tun wir dies bereits. Warum also nicht auch beim Menschen?

Alltagsgegenstände, die bereits heute in sensorischer Interaktion mit ihrer Umwelt „mitdenken“ und beispielsweise „wissen“, wo sie sich gerade befinden und was sie tun, werden uns künftig auch Daten liefern, die wir wiederum nutzen werden, um unsere Städte mit allem, was dazu gehört effizienter zu machen.

Worum es geht

Städte, die denken können

14 Mobilitätskonzepte der Zukunft

Etliche der größten Städte Chinas haben eine ganze Flotte an Elektro-Bussen vorzuweisen, und es ist durchaus denkbar, dass das Land schon bald das erste weltweit sein wird, das ausschließlich auf elektrische Mobilität setzt (E-Mobilität). Inzwischen experimentieren Flugzeughersteller mit Hybrid-Elektro-Motoren. Stellt sich die Frage, ob Straßen (und Rollbahnen) für konventionelle Formen der Beförderung auf Rädern (oder in der Luft) bald ausgedient haben?

Es scheint recht unwahrscheinlich, dass wir unsere Autos in absehbarer Zukunft aufgeben werden. Doch unser Umgang damit, wie wir sie kaufen, betanken und nutzen, wird sich radikal verändern. Nach Ansicht einiger Experten werden bis 2050 80 Prozent aller Autos weltweit elektrisch angetrieben. Solche Autos werden mit Hybridgas- oder Biobrennstoff-Motoren ausgerüstet sein, die nach 18 bis 24 km geräuschloser elektrischer Fahrt anspringen und einen Generator drehen, der die Akku-Laufzeit erweitert. Die neuen Motoren werden schlank und leicht sein. Doch Autos mit Benzinmotoren werden trotz solcher Innovationen noch auf viele Jahre hinaus verbreitet sein, zumal sich in ihnen ein breites Spektrum neuer Ideen bündeln wird, von Ultraleicht-Bauteilen über hocheffiziente Motoren bis hin zu Navigationssystemen.

Wer einen inspirierenden Blick in die Zukunft erhaschen und wissen will, wie die vierrädrige Mobilität einmal aussehen könnte, der kann sich bei Riversimple umsehen, einem britischen Unternehmen, das ein Wasserstoffauto entwickelt hat. Einen Kaufpreis gibt es dort nicht, denn die Fahrzeuge sollen nicht verkauft, sondern nur verleast werden, wobei ein Teil der Leasingraten zur Finanzierung eines örtlichen Wasserstoff-Tankstellennetzes verwendet wird. Ziel ist, sämtliche Autos sowie einen Pool unterschiedlicher Fahrzeugtypen lokal erhältlich zu machen.

Natürlich gibt es Skeptiker. Wie die meisten Elektro- und Hybridautos bedarf auch der Lithium-Ionen-Akku noch einiger Verbesserungen, insbesondere, was die Sicherheitsaspekte der Überladung und Entladung des Akkus angeht. Zudem muss noch eini-

Zeitleiste

1769	1885	1960er	2004
Erstes mechanisches Fahrzeug mit Selbstantrieb	Karl Benz erfindet das moderne Motorauto	Der „Raketenrucksack" für jedermann wird Realität	China nimmt die erste Hochgeschwindigkeits-Magnetschwebebahn in Betrieb

ges an Überzeugungsarbeit geleistet werden, damit die Menschen heute mehr in ihre Autos investieren, um in Zukunft Geld zu sparen. Hinzu kommt, dass nicht jeder Autofahrer eine Garage hat, in der er den Akku über Nacht am Versorgungsnetz anschließen kann, weshalb auch die Anzahl der Ladestationen für Elektroautos weiter erhöht werden müsste.

❜ Wenn ich die Menschen gefragt hätte, was sie wollen, hätten sie gesagt schnellere Pferde. ❛

Henry Ford,
Gründer der Ford-Werke

Was treibt neue Lösungen voran? Gleichwohl weisen uns neue Technologien vielleicht schon bald den Weg hinaus aus den ewigen Staus auf manchen Straßen. Zu den Zukunftsvisionen des US-amerikanischen Autobauers General Motors beispielsweise gehören Fahrzeugkonvois, in denen mehrere Fahrzeuge vollautomatisch einem Führungsfahrzeug folgen und über kommunikationsbasierte Anwendungen miteinander in Kontakt stehen, sodass Unfälle und Staubildungen vermieden sowie Fahrkomfort und Kraftstoffeffizienz verbessert werden. Anstatt auf große, benzindurstige Autos konzentriert man sich auf kleine Elektrofahrzeuge, die über elektrische – und drahtlose Netzwerksysteme aufgeladen werden. GM verspricht für die Zukunft Autofahrten ohne Fahrstress und einen Freizeitgewinn hinterm Steuer. Dieser Trend für die Zukunft verheißt in der Tat ein radikal neues Fahrerlebnis und eine individuelle Mobilität, sofern man bereit ist, dafür zu bezahlen.

Auf die Bremse treten

Die Verkehrsministerien verschiedener Länder ziehen den Einsatz von Fahrerassistenzsystemen (*Intelligent Speed Adaption*, ISA) in Betracht, um die Zahl der Verkehrsunfälle zu verringern. Sogenannte ISA-Systeme umfassen eine digitale Karte, die mittels GPS die Geschwindigkeitsbegrenzungen auf einer Route registriert und im Navigationssystem des Autos abspeichert; teilweise sind sie so weit ausgereift, dass sie direkt ins Fahrgeschehen eingreifen und automatisch die Bremse betätigen oder das Gaspedal blockieren können. Erste Testläufe haben gezeigt, dass die Zahl der Unfälle um 20 Prozent verringert werden könnte, wenn alle Fahrzeuge mit dieser Technik ausgestattet würden. Zuerst wird das System wahrscheinlich in Bussen und Taxis eingesetzt werden, später dann vielleicht auch in Privatautos.

2016	2022	2039	2046
35 Prozent aller Autos sind Hybrid-Modelle	In China und Indien gehören fahrerlose Autos zum Alltag	Hochgeschwindigkeitszüge verkehren zwischen Europa und Nordafrika	In Afrika und Australien sind verbreitet solarbetriebene Flugzeuge im Einsatz

Ampeln, die mit Autos kommunizieren? GPS-basierte Technologien, die die Geschwindigkeiten der Fahrzeuge oder die Abstände zwischen Autos, Lastern und Bussen auf einer Fahrspur automatisch regeln? Eine automatische Begrenzung der Beschleunigung oder Höchstgeschwindigkeit bei schlechten Straßenverhältnissen? Warum eigentlich nicht? Und wie ist es auch nur ansatzweise möglich, dass ein Auto in der heutigen Zeit spurlos verschwinden kann? Es muss doch möglich sein, jedes Fahrzeug standardmäßig mit einem Ortungs- und Blockiersystem auszurüsten, um es der Polizei dann als gestohlen zu melden. Und ja, warum eigentlich nicht Autos ersinnen, die uns E-Mails vorlesen, auf die wir dann direkt eine Antwort diktieren können?

Elektro-Flugzeuge

Sind Elektro- und Hybrid-Flugzeuge die Zukunft der Luftfahrt? Die Luftfahrtindustrie steht unter Druck, umweltfreundlicher zu werden, doch die meisten gegenwärtig vorgeschlagenen Lösungen bieten wenig mehr als marginale Verbesserungen. Biotreibstoffe und Wasserstoff könnten einiges bewirken, doch es hapert unter anderem an Versorgungsengpässen. Warum also Flugzeuge nicht mit Elektromotoren ausstatten? Kleinflugzeuge sind leicht genug, um angetrieben durch Elektrokraft abheben zu können, was bei größeren Verkehrsflugzeugen nicht möglich ist. Das Hauptproblem beim Elektroantrieb besteht vornehmlich im Gewicht der Akkus. Ein Passagierflugzeug mit 200 Sitzen bräuchte Lithium-Ionen-Batterien mit einem Gesamtgewicht von 3000 Tonnen. In ferner Zukunft könnte es jedoch Lösungen geben: Die Nutzung von Kerosin beispielsweise für Start und Aufstieg, um auf der Reiseflughöhe dann auf umweltfreundliche Elektrokraft umzuschalten (genau dort also, wo fossile Brennstoffe den meisten Schaden anrichten).

„Nach Hause, James“ Gut und schön, doch es bleibt die große Frage, wann es schließlich so weit sein wird und wir tatsächlich hinter dem Steuer eines fahrerlosen Fahrzeugs sitzen. Nun, möglich ist das bereits. Viele Flughäfen setzen schon heute fahrerlose Züge ein. Ein Großteil der dafür notwendigen Technologie existiert bereits: Abstandsregeltempomat, Bewegungssensoren, Spurwechselwarnsysteme, elektronische Stabilitätskontrolle und digitale Kompasskartierung. Alles da. Probleme bereiten vielmehr andere Dinge wie juristische Regularien, Haftungsgesetze, aber auch das eigene Gefühl, sich zu überwinden, das Lenkrad loszulassen. Wie? Sie haben ein mulmiges Gefühl? Wie wäre es dann mit führerlosen „Luftfahrzeugen“? Noch einmal: Die dafür notwendige Technologie existiert bereits, doch unsere historisch konditionierten Gehirne können sich mit diesen Ideen noch nicht so recht anfreunden. Das Hauptargument für die fahrerlosen Fahrzeuge (einschließlich führerlose Flugzeuge) ist der Aspekt der Sicherheit.

Doch damit nicht genug. Eine Lösung für die Parkplatzsuche und damit für chronisch überlastete Straßen bieten beispielsweise Systeme, die auf drahtlosen Sensor-Netzwerken basieren. Das System operiert über eine Vielzahl kleiner Plastiksensoren, die jeweils an einem gebührenpflichtigen Parkplatz angebracht und mit dem Netzwerk verlinkt sind, sodass sie jederzeit den nächsten freien Parkplatz finden können. Diese Information kann den Fahrern dann über entsprechende Anzeigen auf Straßenschildern oder

> „Wie die Zeitschrift *New Scientist* berichtet hat, können Autos künftig mit Haselnüssen angetrieben werden. Sehr vielversprechend, wenn man bedenkt, dass ein 250-Gramm-Glas Haselnüsse rund 9 Dollar kostet."
>
> **Jimmy Fallon,** Schauspieler und Comedian

über das Smartphone angezeigt werden. Schätzungen zufolge machen Fahrer auf Parkplatzsuche in zentralen Geschäftsbezirken bis zu 30 Prozent des Verkehrsaufkommens aus. Insofern ist ein solches System eine mehr als gute Idee.

Unterm Strich: Autofahren wird in Zukunft wesentlich stressfreier sein, da die Fahrzeuge einen Großteil der Kontrolle übernehmen. Alles deutet derzeit darauf hin, dass es in Zukunft Zeitfenster für Autobahnen geben wird, die vorgebucht werden können, um Staus zu vermeiden. Überdies werden sich zunehmend mehr Menschen zu Fahrgemeinschaften zusammenfinden, angereizt durch ermäßigte Mautgebühren sowie integrierte Software-Programme im Fahrzeug selbst, die je nach Start- und Zielort Fahrer und Mitfahrer zusammenbringen. Eine verstärkte Automatisierung des Autos und eine verstärkte Abhängigkeit von Satellitennavigationssystemen werden es den Reisenden ermöglichen, die Fahrzeit zu nutzen, um zu entspannen oder zu arbeiten, Zeitung zu lesen oder (Computer)-Spiele zu spielen.

Abgesehen davon, dass Fahrten für die Insassen angenehmer werden, hofft man darauf, dass automatisierte Fahrzeuge künftig noch sauberer, noch sicherer und noch effizienter werden. Ein Auto wird sich nicht starten lassen, wenn der Fahrer, der über das biometrische System der Iriserkennung identifiziert wird, nicht im Besitz einer gültigen Fahrerlaubnis oder anderweitig nicht befugt ist, das Fahrzeug zu fahren. Öffentliche Verkehrsmittel werden gefragter sein denn je, da sie kostengünstig, bequem und energieeffizient sind. Und eines Tages wird es ausschließlich fahrerlose Busse und Bahnen geben … und irgendwann auch führerlose Flugzeuge.

Worum es geht
Das Rad neu erfinden

15 Illegale und verkommene Slums

Nach Schätzungen der Vereinten Nationen lebt heute einer von sieben Menschen in einem Slum, und in vielen Fällen werden sich diese Slums, die per Gesetz weder reguliert noch genehmigt sind, in nächster Zukunft zu bedeutenden Städten entwickeln. Indes scheinen manche städtische Gebiete von zunehmender Gesetzlosigkeit beherrscht, sodass die Behörden es so gut wie aufgegeben haben, gegen kriminelle Gangs vorzugehen, und sich stattdessen auf eine Politik der Eindämmung von Slums verlegt haben.

Es hat in letzter Zeit viele besorgte Diskussionen über gescheiterte Staaten und verwahrloste Kinder gegeben, weshalb es kaum überraschen dürfte, dass verkommene Städte zunehmend zu einer Bedrohung für die organisierte Gesellschaft und die zivile Ordnung werden.

In einem Artikel des US-amerikanischen Magazins *World Policy Journal* bemerken Peter Liotta und James Miskel, dass die somalische Stadt Mogadischu beispielhaft für zukünftige Städte in vielen Teilen der Welt sein könnte, insofern sie jede Menge „nicht traditioneller“ Gefährdungen und Bedrohungen der (nationalen) Sicherheit entwickelt. Anders gesagt: Wir sollten uns weniger um Bedrohungen von außen wie terroristische Angriffe, wahnhafte Diktatoren oder Schurkenstaaten sorgen, als vielmehr um Bedrohungen von innen. Es sind insbesondere Phänomene wie hohe Arbeitslosigkeit und soziale Ausgrenzung, die sich räumlich konzentrieren, vor allem in großen Städten, und die Bevölkerungsgruppen schaffen, die sich als Teil der Gesellschaft entfremden. Neben Mogadischu laufen auch andere Städte Gefahr, zu Orten der Gesetzlosigkeit zu verkommen, darunter Johannesburg, Sao Paulo, Mexico City und Karatschi. Dies liegt vor allem an hohen Raten organisierter Kriminalität, hoher Arbeitslosigkeit (die die Kriminalität speist) sowie an Politikern und Exekutivorganen, die die Probleme nicht lösen können oder wollen.

Zeitleiste

2012
In London lassen Eltern ihre jugendlichen Kinder von Sicherheitspersonal begleiten

2014
„No-Go-Areas“ in Großstädten machen Hubschrauberlandeplätze notwendig

2022
Die Unternehmensleitung von General Electric besucht Außenbezirke von Nairobi, um mehr über Recycling zu erfahren

Das Gesicht einer verkommenen Stadt Wie sieht sie aus, eine verkommene, gesetzlose Stadt? In vielen Fällen wie eine ganz normale Stadt, obgleich die Behörden, allen voran die Polizei, nicht selten weite Gebiete (bisweilen auch die ganze Stadt) aufgegeben haben. Sie haben kapituliert vor selbsternannten lokalen Potentaten, Drogenbaronen und anderen Kriminellen, die sich untereinander bekriegen und/oder das Leben für redliche Bürger schwer erträglich und generell gefährlich machen. Wie man sich vorstellen kann, fallen diese Gebiete früher oder später sowohl dem fortschreitenden physischen als auch dem moralischen Verfall anheim.

❜ Werden die jungen Männer nicht in die Gemeinschaft des Dorfes eingeführt, brennen sie es nieder, nur um seine Wärme zu spüren. ❛
Afrikanisches Sprichwort

In Städten wie Kairo und Bogotá dürfte die Zahl der Menschen, die unregistriert und damit außerhalb der behördlichen Reichweite leben, weit über der Zahl derjenigen liegen, die in offiziell geplanten und erschlossenen städtischen Gebieten wohnen. Schätzungen zufolge hat der größte Teil des globalen Bevölkerungswachstums in den vergangenen zwei bis drei Jahrzehnten in Armuts- und Elendsvierteln stattgefunden, woran sich auch künftig nicht viel ändern wird.

Wie wirken sich diese Verhältnisse auf die Menschen aus, die in diesen Städten leben? Nun, es führt zunächst einmal zu einer ganzen Reihe von Problemen, was die Versorgung mit Nahrung und Wasser sowie die Gesundheitspflege und Transportnetze angeht. Wasser ist hier ein besonders ernstes Problem, denn der Zugang zu sauberem Trinkwasser kostet in den Armutsvierteln häufig mehr als in den reicheren Vierteln der

Die Slums der Zukunft

Nach Aussagen des britischen Architekten Richard Rogers führt der eilige Bau von 3 Millionen neuen Wohnungen in ganz England bis zum Jahr 2020 dazu, dass sich die Architektur dieser Projekte kaum von der in anderen Städten, von Peking bis Buenos Aires, unterscheiden wird. Bauen wir also die Slums von morgen? Teil des Problems ist die Entwurzelung – (eine fehlende nationale, kollektive und persönliche Identität), doch es ist auch verbunden mit der Zeit, die es braucht, um wichtige Bau- und Sanierungsprojekte anzustoßen und in die Tat umzusetzen. Der Bau von Terminal 5 beispielsweise, der jüngsten Erweiterung des Londoner Flughafens Heathrow, das vor einigen Jahren erst eröffnet wurde, wurde erstmals vor 19 Jahren diskutiert.

2026
Die Abfallwirtschaft der USA führt das Preisregulierungssystem nach indischem Vorbild ein

2030
Auf den Straßen mancher Stadt sind mehr Soldaten als Polizisten präsent

2070
Nach dem Kollaps der Minenindustrie wird Westaustralien zur Gefängnissiedlung

Stadt. Das Wasser zum Trinken, Baden, Putzen und Waschen verschlingt mitunter mehr als die Hälfte des Einkommens einer armen Familie.

Müllentsorgung und Verschmutzung sind ebenfalls ernste Probleme und können einhergehend mit der hohen Bevölkerungsdichte zum Ausbruch von Krankheiten führen. Andere Katastrophen, von Gebäudeeinstürzen bis zu Schlammlawinen, könnten die ohnehin prekäre Lage noch verschlimmern, die bedingt ist durch eine Verquickung ungünstiger Faktoren wie unregulierte Bebauungen und schlechte Baustoffe. Hinzu kommt die Tatsache, dass Slumsiedlungen häufig an Flussufern oder erdrutschgefährdeten Steilhängen stehen, auf Boden also, der als Baugrund größtenteils völlig ungeeignet ist. Obendrein entsteht ein Nährboden für Gewalt und organisierte Kriminalität jeglicher Art, wenn extremer Reichtum und extreme Armut derart nahe beisammen liegen, wie es in vielen Städten, auch in London und New York, der Fall ist.

Die Macht des Volkes Aber es gibt nicht nur schlechte Nachrichten. Wenn Regierungen oder Hilfsorganisationen Nahrung, Wasser, Unterkünfte oder andere lebensnotwendige Güter nicht ausreichend zur Verfügung stellen können, nehmen die Menschen die Dinge häufig selbst in die Hand. Zudem macht Not erfinderisch, wie der US-amerikanische Autor Stewart Brand bemerkt, insbesondere in Formen der praktischen Zusammenarbeit auf lokaler Ebene. Dann, so merkt Brand ferner an, könne der informelle Charakter dieser städtischen Elendsviertel in manchen Fällen durchbrochen und gar zu einem Rückgang der Geburtenzahlen führen. Dies könne geschehen, indem etwa insbesondere Frauen mit bestimmten Programmen ermutigt werden, aus der häuslichen Sphäre herauszutreten und eine Ausbildung zu beginnen oder bezahlte Arbeit zu finden,

Was wäre, wenn …?

Wir befinden uns in der Zukunft. In einigen städtischen Gebieten ist die Kriminalität völlig außer Kontrolle geraten. Die Polizei ist machtlos. Und nun? Ein Szenario ist, dass die Armee mit der Polizei zusammenarbeitet, so wie es beispielsweise in Nordirland schon einmal geschehen ist. Ein anderes Szenario ist, dass die Regierung eine hohe Mauer oder einen Zaun um das gesamte Gebiet zieht. Niemand darf weder hinein noch hinaus. Lächerlich? Wahrscheinlich. Unmöglich? Wohl nicht. Wenn Kriminalität in bestimmten Gebieten epidemische Ausmaße annimmt, so könnte es irgendwann einmal vernünftiger sein, aus dem gesamten Gebiet ein informelles Gefängnis zu machen, anstatt zu versuchen, die Unruhestifter ausfindig zu machen, um sie dann festzusetzen und in irgendwelche Sicherheitseinrichtungen außerhalb zu verfrachten. Denkbar wäre auch, sämtliche Bewohner mit Funketiketten auszustatten, die einen kennzeichnenden Code zur automatischen Identifizierung enthalten (Postleitzahlen etwa), oder aber – wie früher – Gefängnisschiffe und Strafkolonien einzurichten

’ Probleme des urbanen Verfalls und alle damit verbundenen Probleme, wie etwa die Kriminalität, werden klassischerweise als lokale Probleme erachtet, denen man am besten unter Einsatz interner Sicherheits- oder Polizeikräfte zu Leibe rückt. Das wird in Zukunft nicht mehr möglich sein. ‘

Richard Norton, *Naval War College Review*

was letztlich nicht nur der einzelnen Person, sondern der gesamten Bevölkerung zugutekommt.

Und noch etwas: Wenn es um die Nutzung knapper Ressourcen geht, können die Bewohner der Elendsviertel in Ländern wie Indien uns verschwenderischen Westlern so einiges beibringen, was die Wiederverwertung von Abfallprodukten oder Müllreduzierung anbelangt.

Anstatt die Slumsiedlungen dem Erdboden gleichzumachen, sollten Regierungen und Stadtverwaltungen vielleicht eher erwägen, die Ursachen der Armut an der Wurzel zu packen, um dem Rest der Welt dann mit demokratisch gewählten Kommunalpolitikern und engagierten Unternehmern zeigen zu können, dass sich das Leben in diesen Vierteln besser, effizienter und wirtschaftlicher organisieren lässt. Das soll allerdings keine Rechtfertigung dafür sein, die Slums, die Armut oder den Verfall dieser städtischen Viertel zuzulassen und zu tolerieren. Vielmehr soll es den Blick öffnen für das große soziale und produktive Potenzial, das hier vorhanden ist. Und noch etwas: Wir sollten auch damit aufhören, materiellen Wohlstand automatisch mit vermeintlichem Glück gleichzusetzen. Nicht selten nämlich sind diejenigen, die so gut wie keine materiellen Dinge zum Leben haben, seelisch und geistig „wohlhabender“ als diejenigen, die scheinbar alles haben.

Worum es geht

Slums, so groß wie Städte

16 Ein „Internet der Dinge"

Nach Angaben von Cisco Systems, einem US-amerikanischen Unternehmen der Netzwerktechnologie, werden bis 2020 rund 50 Milliarden „Dinge" mit dem Internet verbunden sein. Das bedeutet sieben Dinge für jeden Mann, jede Frau und jedes Kind auf dieser Welt. Was für „Dinge" sind das, und welche Folgen hat ein Internet, das zunehmend aus materiellen Gebrauchsgegenständen mit integrierten Sensoren besteht?

Ihre Socken werden künftig eine IP-Adresse haben, und Ihre Sockenschublade wird wissen, wie viele Paare Sie besitzen und welche Farbe sie haben. Anders formuliert: Barcodes und RFID-Tags (▶ Seite 5) waren nur die ersten kleinen Schritte hinein in eine Welt, in der Informationen in alltägliche Gegenstände integriert sind, die mit Netzwerken verbunden sind, sodass sie sowohl untereinander als auch mit dem Netzwerk im Ganzen kommunizieren können. Dies bedeutet, dass sich die genaue Identität, der genaue Standort und Status von jedem einzelnen Gegenstand – und möglicherweise auch von jeder einzelnen Person – ermitteln lassen und zukünftige Handlungen oder Erfordernisse vorausgesagt werden können.

In dieser Welt von Morgen fügen sich dingliche und virtuelle Gegenstände nach und nach zusammen, und jeder einzelne wird stetig erweitert, entweder in dinglicher Form oder in Form der digitalen Präsenz. Zum Beispiel könnte jedes reale Bauwerk als eine vollständige digitale Kopie bis ins letzte kleine Detail existieren, bis zum Türgriff etwa, der wiederum mit Informationen verknüpft ist, auf die man einmal mehr jederzeit und von überall zugreifen kann, um Aufschluss darüber zu erhalten, wann und von wem er installiert wurde, wie oft er benutzt wird oder welche technischen Schwachstellen sie möglicherweise hat.

Virtuelle Objekte und ihre Umgebungen bekommen somit eine „reale" Identität, eine Persönlichkeit gar, während dingliche Gegenstände und ihre Umgebungen digitale Kopien oder Zwillinge haben werden. Beide Welten können jederzeit miteinander kom-

Zeitleiste

2008 In Japan werden Schuluniformen mit einem integrierten Ortungschip versehen, der verlinkt ist mit einem SMS-Info-Service

2011 Der neue Adidas-Fußballschuh erfasst und analysiert die Bewegungsdaten seines Trägers

2014 An Gebäuden befindliche Sensoren erfassen die Klimawerte innen und außen (hyperlokal)

2020 Die Anzahl der Internetnutzer weltweit erreicht 6 Milliarden

munizieren, um die jeweils erweiterte Umgebung zu erkunden, was mitunter den auslösenden Impuls für bestimmte Handlungen oder Ereignisse gibt.

Sodann wird alles mit einem einzigen Gehirn – dem Netzwerk – verlinkt, und der Computer wird mehr über uns wissen als wir über den Computer, sodass wir die Verantwortung für unser Leben dem Computer nach und nach übertragen. Er wird allwissend und allsehend sein, was radikale Verschiebungen der Transparenz und Privatsphäre bewirken wird. Überdies wird ein endlos weites Informationsumfeld entstehen, in dem so gut wie alles jederzeit und von überall abgerufen werden kann.

„Ich habe früher immer Witze gemacht über Glühbirnen mit Internet-Verbindung. Jetzt kann ich das gar nicht mehr – es gibt sie nämlich schon."

Vinton „Vint" Gray Cerf, Vizepräsident und „Vater des Internets" bei Google

Im äußersten Extrem werden Ereignisse automatisch und ineinander verzahnt eintreten, ohne dass ein Einzelner bewusst und aktiv in das Geschehen eingreift. Stellen Sie sich beispielsweise eine Welt vor, in der Computer ganz genau wahrnehmen, in welcher Stimmung Sie gerade sind, um dann automatisch zu prognostizieren, was Sie brauchen und entsprechend zu reagieren – sei es, dass sie die Klimaanlage regulieren, einen Tee zubereiten oder das Licht hinter Ihnen ausmachen, wenn Sie aus dem Zimmer gehen.

Dienst verweigert

Das Pew Research Center hat 2004 im Rahmen eines seiner Projekte eine Studie erstellt und 1200 Technologieexperten, Akademiker und Wirtschaftsdirektoren zur Zukunft des Internets befragt. Die Ergebnisse waren alles andere als eindeutig: 42 Prozent von ihnen glaubten, dass das bürgerliche Engagement im Lauf des nächsten Jahrzehnt zunehmen würde, fast 30 Prozent aber waren anderer Meinung. In zwei Punkten allerdings stimmten die meisten Befragten zum Zeitpunkt der Befragung überein. Zum einen waren sie überzeugt, dass die traditionelle Verlags-, Nachrichten- und Medienbranche innerhalb weniger Jahre durch das Internet verändert würde (worin sie Recht behalten sollten). Zum anderen gingen sie davon aus, dass es innerhalb des nächsten Jahrzehnts einen „verheerenden Angriff" auf das Internet (auf die Internet-Infrastruktur) geben würde. Der ist bislang ausgeblieben, und ob er bis zum Ablauf der zehn Jahre 2014 noch kommen wird, bleibt abzuwarten.

2030	2052	2066	2077
90 Milliarden Alltagsgeräte sind mit dem Internet verbunden	Der Tag, an dem die Welt stillsteht (erster großer Netzwerkausfall)	Jeder Baum hat seine eigene IP-Adresse	Eine Abtrennung vom Netz ist fortan strafbar

❜ Das Internet der Dinge wirft auch neue Fragen auf bezüglich der Eigentümerschaften oder dem Energieverbrauch … wir wachsen hinein in eine zugangsbasierte Wirtschaft, wo eine Auswertung des persönlichen Nutzerverhaltens ein individuelles Zahlungssystem möglich macht (jeder bezahlt nur für das, was er nutzt). ❛

Alexander Bassi, Institute for Internet and Society

Die Perspektive wechseln Was aber passiert, wenn es zu einem Systemabsturz kommt? Eine ernste Frage, denn jeder neue Schritt der Computerisierung macht uns immer noch abhängiger.

Und so heißt die Lösung wohl noch mehr Technologie, auch wenn viele das nicht hören wollen, vor allem diejenigen nicht, die E. M. Forsters Erzählung *Die Maschine versagt* kennen. Insofern ist es für die Zukunft vielleicht am besten, das Internet nicht mehr als etwas zu betrachten, das man „bedient", sondern als etwas, das ganz einfach „da ist". Erst dann könnte es scheinen, wird es scheinbar verschwunden sein.

Das „Internet der Dinge" aber ist nicht zu verwechseln mit der universellen oder alles durchdringenden Computerisierung, ist aber, wie die meisten Dinge in der Zukunft, vernetzt. In der Vergangenheit war Information ein knappes Gut und wurde von Regierungen oder großen Unternehmen meist streng kontrolliert. Darüber hinaus ging der Informationsfluss hauptsächlich in eine Richtung (jedenfalls was die Medien betrifft, die Informationen an relativ passive Empfänger übermittelten), und Rückmeldungen (entweder von unten nach oben oder von außen nach innen) waren langsam und schwerfällig.

Datenfülle Dies ändert sich jedoch gerade und wird sich in Zukunft noch rasanter ändern, wenn vormals inaktive Alltagsgegenstände Informationen sowohl generieren als auch in Echtzeit aktiv auf Informationen reagieren können. In dieser Welt wird alles zu Datenmaterial, was bislang unvorstellbare Mengen an Automatisierungstechniken und künstlicher Intelligenz möglich macht. Wie wäre es zum Beispiel mit einer Glühbirne, die genau weiß, wo sie sich befindet und woher sie kommt, und die automatisch eine Ersatzbirne anfordern kann, wenn sie sich dem Ende ihrer Lebensdauer nähert? Oder einem Kühlschrank, der genau weiß, welche Lebensmittel er gerade beinhaltet, welche Gerichte sich daraus zubereiten lassen und was in den nächsten zwei Tagen verwertet oder weggeworfen werden muss?

Glühbirnen, Kühlschränke – das alles sind nur Alltagsgegenstände. Irgendwann aber, wenn Computer einmal handlich klein und billig sind, werden wir nicht widerstehen

Minicomputer zur Glaukom-Überwachung

Die Vorstellung, dass Computer mit drahtlosen Netzwerkverbindungen eines Tages so klein und so billig sein werden, dass sie in absolut alles integriert sind, von der Zahnbürste bis zum Lippenstift, mag manch einem ein wenig unrealistisch scheinen. Nun, die Zukunft hat bereits begonnen. Wissenschaftler haben einen Computer von der Größe eines Korns entwickelt, der einen Mikroprozessor, ein Solarmodul, einen Drucksensor sowie Drahtlosverbindungen enthält. Wozu? Patienten, die am Grünen Star leiden, können sich diesen Minicomputer in das Auge implantieren lassen, wo er den Flüssigkeitsdruck im Augapfel misst und die Daten dann zur Analyse drahtlos in eine Praxis übermittelt.

können, sie für rundum alles zu verwenden. Soviel ist klar. Nicht klar hingegen ist, was wir – oder die Computer – mit den riesigen erzeugten Datenmengen anfangen werden. Und wir wissen auch nicht, ob die Netzwerke, die alles kontrollieren, offene oder geschlossene Systeme sein werden, oder ob sie eines Tages „aufwachen" werden, will heißen, sich ihrer selbst bewusst werden. Google jedenfalls werden wir fortan sicherlich in einem völlig neuen Licht betrachten.

Worum es geht

Alles verlinkt

17 Quanten- und DNA-Computing

Computer verfügen heute über eine deutlich höhere Verarbeitungsgeschwindigkeit und Speicherkapazität als noch vor 50 Jahren, doch die Weiterentwickelung stößt langsam an ihre physikalischen Grenzen. Das sogenannte Moore'sche Gesetz von 1965 besagt, dass sich die Rechenleistung von Computern (die Transistoranzahl pro Chip) etwa alle 18 Monate verdoppelt. Aber kann ein solches Wachstum ungebrochen fortdauern, ohne die fundamentalen Grenzen der Physik zu erreichen?

Computer arbeiten gegenwärtig so, dass sie eine elektrische Ladung benutzen, um Bits zu manipulieren, die in (nur) einem von zwei Zuständen existieren: 0 oder 1. Im Gegensatz dazu sind Quanten-Computer nicht derart eingeschränkt. Sie kodieren die 0/1-Information gleichzeitig, indem sie Prinzipien der Quantenmechanik (aus-)nutzen, wie z.B. Superposition oder Verschränkung. Das heißt, anstatt die Rechendurchgänge nacheinander vorzunehmen (wenn auch mit sehr hohen Geschwindigkeiten), kann ein Quanten-Computer unterschiedliche Rechendurchgänge gleichzeitig durchführen, und das mit Verarbeitungsgeschwindigkeiten, die unbestimmt millionenmal schneller sind als alles, was wir heute kennen. Vor allem aber sind Quantencomputer in der Lage, Probleme zu lösen, die für klassische Computer nicht lösbar sind – zum Beispiel Mustererkennung oder Code-Breaking (in der Kryptographie).

Quantencomputer haben noch einen weiteren großen Vorteil. Bei konventionellen, Silizium-basierten Systemen führt die zunehmende Transistordichte zu Problemen mit der einhergehenden hohen Hitzeentwicklung und dem hohen Energieverbrauch. Für Quantencomputer gilt dies nicht. Allerdings existieren sie derzeit nur als theoretische Konzepte und keinesfalls so, dass sie kommerziell skalierbar, tatsächlich anwendbar oder praktisch nutzbar wären. Doch das werden sie eines Tages sein. Ganz sicher.

Zeitleiste

ca. 100 v. Chr.	1837	2015	2020
Der Mechanismus von Antikythera (ein früher mechanischer Analogcomputer)	Charles Babbage beschreibt die „Analytical Engine", den Entwurf einer mechanischen Rechenmaschine	Direkte Gehirn/Computer-Schnittstellen	Computerspiele werden in das menschliche Gehirn gebeamt

Mehr von allem

Das Moore'sche Gesetz ist nach Gordon Moore benannt, Mitbegründer der Intel Corporation, des weltgrößten Herstellers von Computerchips. 1965 bereits verfasste er einen Artikel, in dem er feststellt, dass sich die Anzahl der Schaltkreiskomponenten auf einem Computerchip jedes Jahr, von 1958 bis 1965, verdoppelt hat, und dass dies mindestens die nächsten zehn Jahre so weitergehen würde. Diese Feststellung (weithin als Vorhersage zitiert) hat sich seitdem mehr oder weniger bestätigt: Die Anzahl der Transistoren auf integrierten Schaltungen verdoppelt sich alle 18–36 Monate. In den letzten Jahren jedoch beginnt sich die Schnelligkeit dieser Entwicklung allmählich zu verlangsamen, bedingt durch die physikalischen Grenzen der aktuellen Trägermaterialien.

Biocomputer? Sie meinen, das sei ein bisschen zu weit hergeholt? Nun, was sagen Sie dann erst zu Biocomputern, also Computern, die auf der Verwendung der Erbsubstanz Desoxyribonukleinsäure (DNA) als Speicher- und Verarbeitungsmedium basieren? Das gegenwärtige Problem sind einmal mehr die physikalischen Grenzen der Geschwindigkeit und der Miniaturisierung, die durch die Verwendung von Silizium-Chips in Hochleistungsrechnern gegeben sind. Aber was ist, wenn wir, um Schaltkreise molekularer Größe zu erzeugen, Bio-Chips nutzen, hergestellt von lebenden Organismen, anstatt Silizium-Chips, hergestellt aus Quarzsand – im Wesentlichen werden Silizium-Chips hergestellt, indem man gewöhnlichen Quarzsand zu einer Stange (einem sog. Einkristall) schmilzt und diese (anschließend) in dünne Wafer schneidet, die dann in unterschiedlicher Weise behandelt und technisch (weiter-)verarbeitet werden.

Und ja, das Potenzial, um die nächste Generation von Biocomputern zu bauen, existiert bereits. Denn immerhin funktioniert auch der menschliche Körper wie ein Supercomputer, auch in diesem Moment, und zwar in dem Sinne, dass unsere DNA permanent Informationen über uns speichert. Es ist daher durchaus möglich, Computer zu entwickeln, die Daten billionenfach schneller speichern, abrufen und verarbeiten als wir es bisher kennen. Die DNA ist als Speicher der Erbinformation derzeit von enormem Interesse für intensive Forschungen und verflochten mit anderen höchst vielverspre-

❜ Man denke nur mal an einen Computerspeicher – in den frühen 1970er-Jahren kostete 1 Megabyte mehr als ein Haus, heute kostet es weniger als ein Lolli. ❛

Gilles Thomas, ST Microelectronics

2025	2040	2050	2070
Computer werden in den menschlichen Körper injiziert	Der Mensch muss sich nichts mehr merken	Internetfähige Telepathie	Der Mensch ist fähig, Träume aufzuzeichnen, damit andere sie sehen und nutzen können

chenden Wissenschaften wie der Nanobiologie und Biotechnologie, welche weitgehend durch die gezielte Verwendung oder Manipulation von Materie in einem Größenbereich von ca. 1 bis einigen hundert Nanometern gekennzeichnet sind (um mehr über die zukünftigen Möglichkeiten der Nanotechnologie zu erfahren oder darüber, wie winzig klein ein Nanometer wirklich ist, ▶ Kapitel 18).

Wie könnten wir uns einige der vorgenannten Entwicklungen im Alltagsleben zunutze machen? Eine der Speichertechniken, die auf der Nanotechnologie basiert und kurz vor dem Durchbruch steht, ist das Magnetoresistive Random Access Memory (MRAM), das Daten und Programme enorm schnell speichert. Irgendwann könnten auch Telefone oder Kameras soweit sein und in diesen Bereich vorstoßen. Und bald schon wird es eine ähnliche Technologie geben, die es Ihrem Computer ermöglicht, in einer Tausendstelsekunde hoch- oder herunterzufahren, anstatt dafür halbe Ewigkeiten zu brauchen, wie manch einer es heutzutage empfinden mag.

> **‚Das Computerzeitalter hat noch gar nicht begonnen. Was wir heute haben, sind winzige Spielzeuge, nicht viel besser als eine Rechentafel. Die Herausforderung besteht darin, sich den Grundgesetzen der Physik so weit wie möglich anzunähern.‘**
> **Stan Williams, Hewlett-Packard**

Auf einer ganz anderen Ebene existieren Computer natürlich längst in unserem Körper. „Wetware", so lautet der Begriff, den Wissenschaftler heute häufig gebrauchen, wenn sie die Interaktion zwischen dem menschlichen Gehirn und dem Rest des zentralen Nervensystems beschreiben. Er bezieht sich teils auf die elektrische und chemische Natur des Gehirns und teils auf die Interaktion zwischen Neuronen (der Hardware, wenn man so will) und Nervenimpulsen (der Software, wenn man so will). Oder ist vielleicht der menschliche Geist die Software und alles andere Hardware? Wie wir noch sehen werden, ist dies eine sehr umstrittene Frage.

Zukünftige Möglichkeiten Wofür werden wir diese superschnellen, superkleinen und superbilligen Computer verwenden? Hoffentlich nicht nur dafür, *Angry Birds* zu spielen! Wir könnten uns praktisch ganze 250 000 E-Mails auf einmal ansehen und die beiden wichtigsten herausziehen. Oder Filme durch unsere Kontaktlinsen ansehen? Vielleicht aber werden wir (oder die Regierungen) auch nur alles, was wir von Geburt bis zum Tod erleben, digital aufzeichnen und speichern.

Vielleicht werden diese Computer Städte lenken, möglicherweise unseren ganzen Planeten. Vielleicht sind sie gar in der Lage, Sonette zu schreiben wie Shakespeare, oder Bilder zu malen wie Picasso. Vielleicht werden wir sie nutzen, um sensible Daten zu verschlüsseln, das Wetter vorherzusagen oder ein Allheilmittel für Krebs zu finden. In Anbetracht der Rasanz, mit der einige Entwicklungen nicht nur in der Computerwissenschaft, sondern auch in vielen anverwandten Wissenschaften sowie auf dem Gebiet der Künstlichen Intelligenz fortschreitet, scheint all dies gar nicht so weit weg (▶ Kapitel 20).

Ein Reagenzglas, das denken kann

Der US-amerikanische Wissenschaftler Leonard Adleman hatte 1994 erstmals die Idee, das Erbmolekül DNA als Rechner einzusetzen, um ein kompliziertes mathematisches Problem zu lösen. Verrückt, finden Sie? Nun, denken Sie an Ihren eigenen Körper, wo biochemische Reaktionen praktisch als Betriebssystem für Ihr Gehirn fungieren, welches dann wiederum überhaupt erst vermag, Ideen zu entwickeln wie eben die, einen biochemischen Computer zu erschaffen. Einige Jahre später, 2002, gaben die israelischen Forscher Yaakov Benenson und Kollegen die Erschaffung eines DNA-Computers (auch als Biocomputer bezeichnet) bekannt, der auf der Verwendung von chemischen Reaktionen in wässriger Lösung basierte, anstatt auf Silizium-Chips und Elektronen. Entstanden war ein Rechner, der 100 000-mal schneller lief als jeder damals vergleichbare PC. Überdies ist ein DNA-Computer winzig klein, so miniklein, dass er eine Billion Mal in einem einzigen Wassertropfen Platz finden könnte.

Eine Frage ist dennoch offen. Wenn wir neue Quanten- und DNA-Computer entwickeln, um enorme Datenmengen zu erzeugen, wie wird die Internet-Infrastruktur – oder unser gutes, altes, biologisches Gehirn – diese Mengen bewältigt bekommen? Wenn wir es tatsächlich schaffen, die Rechenleistung von Computern weiterhin alle 18 Monate zu verdoppeln (was einige Experten mit Quanten- und DNA-Computern durchaus für möglich halten), dann werden Computer in zehn Jahren 100-mal leistungsfähiger sein als alles, was wir heute haben. In 25 Jahren werden sie 100 000-mal leistungsfähiger sein. Und an diesem Punkt beginnen sich unsere Daten zu verselbständigen. Wir werden immer mehr Rechner und Algorithmen haben, die miteinander kommunizieren, und unser größtes Problem wird sein, den Rechnern zu erklären, was es bedeutet, ein Mensch zu sein.

Worum es geht

Nächste Stufe der Computer-Evolution

18 Nanotechnologie

Die Nanotechnologie beschäftigt sich mit der gezielten Manipulation von Materie auf atomarer und molekularer Ebene (1–100 Nanometer), um superintelligente Materialien mit völlig neuen Eigenschaften zu schaffen oder Objekte auf atomarer Ebene präzise zu fertigen. Wie klein ist ein Nanometer? Ein Milliardstel Meter nur. Wie klein ist das? Ein menschliches Haar ist etwa 100 000 Nanometer dick.

Die digitale Revolution schreitet enorm voran, doch gleich um die Ecke gärt bereits eine andere, möglicherweise noch machtvollere Revolution. Die Nanotechnologie könnte tiefgreifende Veränderungen mit sich bringen, moderne Fertigungstechniken radikal umgestalten und mithin Einfluss nehmen sowohl auf ökonomische Belange, auf Entscheidungen und Systeme, die notwendig sind, um ein Produkt oder eine Dienstleistung für den Kunden oder Endverbraucher verfügbar zu machen, als auch auf ökologische Belange. Die Nanotechnologie könnte in der Tat von so immenser Bedeutung sein wie Dampfmaschine, Transistor und Internet zusammengenommen.

Winzige Fabriken der Zukunft Moderne Fabrikationstechniken (und in gewisser Weise auch der globale Kapitalismus) beruhen auf der Überzeugung, dass ein großer Produktionsaufwand vonnöten ist (Input-Faktoren), und Größenvorteile wirtschaftliche Vorteile erbringen. In der Zukunft wird dies nicht mehr unbedingt der Fall sein. Rein theoretisch könnten Produkte unter Verwendung atomar präziser, winzig kleiner Nano-„Fabriken“ zusammengefügt werden. Sie sind so winzig klein, dass man sie theoretisch in jedes private Haus einbauen könnte. Dank der Nanotechnologie könnten Produkte überdies nur für den Zeitraum erzeugt werden, in dem sie gebraucht werden; danach könnte man die Fabrikation wieder „rückentwickeln“ (*reverse manufacturing*), um die Produkte zu entsorgen. Was bedeutet das konkret? So ähnlich wie man Metallprodukte einschmelzen kann, um das Metall danach wieder anderweitig zu verwenden, wäre es auch in der Nano-Fabrikation – nur dass die Rückführung der nanotechnologischen Produkte in ihre Bestandteile bedeuten würde, sie wieder zurück in Atome zu zerlegen.

Zeitleiste

2020	2025	2040	2042
Hocheffiziente Solarenergiegewinnung nutzt neue Nanomaterialien	In 35 Prozent aller Konsumgüter werden Nanomaterialien eingesetzt	Computer sind milliardenfach schneller als alle heute verfügbaren Geräte	Claytronics-Produkte kommen erstmals auf den Markt

Sogenannte „Personal Manufacturing Units“ (PMUs, etwa: „persönliche Fertigungseinheiten) wären in der Lage, jedes gewünschte Produkt zusammenzubauen, ganz ähnlich wie ein 3D-Drucker. Der große Unterschied ist einmal mehr, dass es sich bei den Input-Faktoren um Atome handelt, nicht um Materialien, wie wir es gewohnt sind. Möchten Sie beispielweise acht neue blaue Teller für eine Dinnerparty, könnten diese in Ihrer eigenen PMU-Werkhalle hergestellt werden. Transport, Logistik, Lagerbestände, Abfallentsorgung und Vertrieb – all das würde wegfallen. Damit wäre ein völlig neues Wirtschaftssystem eröffnet, das vergleichsweise weniger abhängig ist von natürlichen Ressourcen und menschliche Arbeit. Oder anders formuliert: Es gäbe keine physikalischen Beschränkungen mehr.

„Der beste Wissenschaftler ist offen für alles Erfahrbare … für die Idee, dass alles möglich ist.“
Ray Bradbury,
Science-Fiction-Autor

Indem wir Nanotechnologie, Robotik und Computertechnik kombinieren, können wir „Dinge“ kreieren, die sich in andere „Dinge“ verwandeln können. Das noch junge Wissenschaftsgebiet namens Claytronics beschäftigt sich mit synthetischen Realitäten und erforscht, wie dreidimensionale Objekte in andere dreidimensionale Objekte – zum Beispiel ein Boot in ein Auto oder sogar in ein riesiges, belegtes Brötchen verwandelt wer-

3D-Druckverfahren

Im ausgehenden 18. und beginnenden 19. Jahrhundert entstand im Zuge der Industriellen Revolution die Massenproduktion, was wiederum zu Ertragssteigerungen führte und Wirtschaft wie Gesellschaft komplett umkrempelte. Gleichwohl ist auch der 3D-Drucker (auch als „Fabber“ bezeichnet) in gewissem Sinne eine erste, wenn auch noch sehr unausgereifte Version der atomaren und hochpräzisen Nanofabrikation. So ein Drucker könnte einmal mehr alles umkrempeln, indem er jeden gewünschten Gegenstand, ob einzeln oder in der Masse, extrem billig erzeugen kann. Wie funktioniert das? Man stelle sich einen herkömmlichen Tintenstrahldrucker vor, nur dass der die Tinte nun nicht mehr zweidimensional auf ein Blatt aufträgt. Vielmehr „druckt“ er nun dreidimensionale Gegenstände (seien es ein Paar Schuhe, einen neuen Stuhl passend zum Tisch oder Flugzeugbauteile), indem er sie aus einer schnell aushärtenden Flüssigkeit additiv Schicht für Schicht aufbaut. Gibt es das bereits? Ja, doch stecken die ersten Modelle noch in den Kinderschuhen.

2046
Ford führt Autos ein, die ihre Farbe verändern können

2050
Erste kommerziell verfügbare PMU wird vorgestellt

2065
Übliche Nahrungsmittel werden nanotechnisch zusammengefügt, nicht natürlich angebaut

2099
Beseitigung von 99 Prozent aller Krankheiten

den können (*Transformers* und *SpongeBob* lassen grüßen). Von Interesse sind auch voll realistische menschliche Replikate, die es dem Einzelnen erlauben, an mehr als einem Ort gleichzeitig zu sein und entweder mit realen Menschen oder ihren programmierbaren Klonen zu kommunizieren – mit im Grunde genommen voll programmierbarer Materie. Sie haben dafür nur ein Schulterzucken? Wie wäre es dann mit einer ganzen Armee von winzigen, sich selbst zusammenbauenden, Ich-bewussten Robotern, die beschließen, dass wir Menschen lange genug unseren Spaß gehabt haben und es nun an der Zeit ist, dass wir gehen?

Eine lebensverändernde Technologie Das alles ist Zukunftsmusik und wird vielleicht auch gar nie passieren. Bis dahin werden wir die Nanotechnologie verwenden, um Socken zu entwickeln, die man niemals zu waschen braucht, Pollen abweisende Kleidung, schmutzabweisende Teppiche, vollständig interaktive digitale Vorhänge, selbstreinigende Fenster, kugelsichere Uniformen, antimikrobielle Lebensmittelverpackungen oder Tapeten, die je nach Jahreszeit Muster, Farbe und Duft verändern. Einige dieser Ideen sind bereits realisiert (wie etwa selbstreinigendes Glas), aber man darf getrost davon ausgehen, dass das Beste erst noch kommt und dass viele der Dinge, die wir in den kommenden 10, 20 oder 50 Jahren erfinden werden, jeden noch so eingefleischten Zynikern in schieres Erstaunen versetzen werden.

Wir werden Brücken haben aus Materialien mit im Brückenverlauf grundlegend differierenden Beschaffenheiten (die im Extremfall millimeterweise differieren, oder in noch geringerem Abstand, sodass Festigkeit und Biegemomente an verschiedenen Stellen unterschiedlich sind). Wir werden viele neue Materialien haben, die sehr viel robuster und leichter sind als alles, was derzeit verfügbar ist – zum Beispiel für große Fensterflächen in riesengroßen Passagierflugzeugen. Der Flugzeughersteller Airbus S.A.S. hat bereits eine Vision von einem Flugzeug der Zukunft mit bionischen Funktionselementen entworfen, die der Knochenstruktur bestimmter Vogelarten nachgebildet ist. Dieses

Wir schreiben das Jahr 2037 …

Sie haben einen Hirntumor, den die Chirurgen vor wenigen Jahren noch als inoperabel erklärt hätten. Zum Glück haben Forscher inzwischen eine Reihe von Mikrorobotern entwickelt, die in Ihren Blutkreislauf injiziert werden und mithilfe winziger piezoelektrischer Motoren durch Ihren Körper zum Kern des Problems vordringen können. Dabei führen sie etliche lebensrettende Behandlungen durch wie die dosierte Abgabe von Medikamenten oder mikrochirurgische Eingriffe in hochsensiblen Arealen tief im Inneren des Gehirns. Nach einem erfolgreichen Abschluss der Behandlung werden die winzigen Roboter mit einer Art Satellitennavigationssystem programmiert, um einen Weg aus dem Körper heraus zu finden und auf natürliche Weise ausgeschieden zu werden.

„Skelett" ist mit einer transparenten Biopolymer-Membran überzogen, die Fenster überflüssig macht. Selbst der Boden eines solchen Flugzeugs könnte unter Anwendung der Nanotechnologie durchsichtig gestaltet werden.

Eine solche Technologie verspricht auch eine Revolution in der Medizin. Ein erstes Beispiel ist die Nutzung von Nanopartikeln zur Behandlung verschiedener Erkrankungen – von rheumatoider Arthritis bis zu Mukoviszidose. Der Einsatz der Nanomedizin in der Praxis ist absehbar und dürfte allem Erwarten nach in der Krebstherapie erfolgen. Nanopartikel wurden bereits eingesetzt, um Tumorzellen sichtbar zu machen, in sie einzudringen und sie zu zerstören (insofern sind sie Medikamente, die sehr viel wirksamer, aber weniger schädlich sind). Es gibt bereits Nanokapseln zur Behandlung von Brust- und Eierstockkrebs, doch diese befördern die Medikamente lediglich in die Nachbarschaft der Krebszellen und nicht direkt in die Tumorzelle hinein, was ein weiterer erheblicher Fortschritt wäre.

„Auf molekularer Ebene mag es sinnvoll sein, Apparate zu haben, die eine Million Schritte pro Sekunde ausführen, ein mechanisches System, das mit Computergeschwindigkeit arbeitet."
Eric Drexler, Ingenieur und Autor

Eric Drexler, einer der Pioniere auf dem Gebiet der Nanotechnologie, bemerkt: „Nachdem mir klar geworden war, dass wir schließlich in der Lage sein werden, molekulare Rechner zu bauen, die Atome zu praktisch jedem beliebigen Muster zusammenfügen können, erkannte ich, dass die Folgen daraus gewaltig sein werden." Und das, so würde ich meinen, ist wohl eine Untertreibung.

Worum es geht

Eine schrecklich winzige Technologie

19 Gamification

Unternehmen wenden sich zunehmend der Gamification (oder Gamifizierung) zu: Darunter versteht man die Anwendung virtueller Spieletechniken mit spieltypischen Elementen wie das Erlangen von Punkten oder Status, um die Aufmerksamkeit von Einzelpersonen oder Gemeinschaften zu wecken und/oder deren Verhalten zu ändern. So etwa könnten tragbare Geräte, die mit spieleähnlichen Systemen verlinkt sind, übergewichtige Personen dazu bringen, mehr Sport zu treiben oder sich gesünder zu ernähren.

Gamification beruht auf drei Mechanismen. Erstens: Die Nutzer können in einen Wettbewerb treten (mit sich selbst oder mit anderen). Zweitens: Die Nutzer teilen bestimmte Informationen. Drittens: Die Nutzer wollen Spaß haben und belohnt werden. Wundern Sie sich also nicht, wenn Sie beim nächsten „Einchecken" in Ihren Lieblings-Coffee-Shop mit Punkten belohnt werden, welche zum Tragen von virtuellen Abzeichen, sogenannten „badges", in der Community führen. *Foursquare* zum Beispiel, ein standortbezogenes soziales Netzwerk, nutzt dieses Anreizsystem, um Nutzer spielerisch zu motivieren, mit ihrem Smartphone vor Ort virtuell in Geschäfte einzuchecken, um diese in der Community bekannt zu machen. Und wundern Sie sich auch nicht, wenn Sie eben dort zum/r Coffee-Shop-König/in des Tages gekürt werden, wenn Sie genug Kaffee trinken. Anderes Beispiel: Das Computerspiel *Chore Wars* macht die größten Haushaltsmuffel im Kampf um virtuelle Bonuspunkte oder das nächste Energielevel des Avatar zu wahren Putzteufeln in der realen Welt

Das sind Beispiele aus dem Alltag, aber es gibt bessere. *Life Circle* ist eine Handy-App, die Blutbanken ermöglicht, nachzuverfolgen, wo sich potenzielle Blutspender in Echtzeit gerade befinden. Intelligent gedacht, doch das wirklich Intelligente daran ist, dass Blutspender sich darüber mit sozialen Netzwerken synchron schalten und in einen Wettbewerb mit anderen Nutzern treten können, etwa darum, wer das meiste Blut oder wer am häufigsten gespendet hat. *Endomondo* ist ein weiteres Beispiel. Die Freizeitsportler-App zeichnet die Trainingseinheiten ihrer Nutzer auf, fordert deren Freunde heraus und analysiert die Trainingsfortschritte.

Zeitleiste

2016
FarmVille meldet seinen Milliardsten Spieler

2018
Der indische Premierminister offeriert Wählern Punkte für innovative Politikideen

2021
Die britische Gesundheitsbehörde bringt ein „Kampf dem Krebs"-Spiel auf den Markt

> ❜ Die Zukunft ist ein Videospiel. ❛
> **Angelina Chapin,** Schriftstellerin und Journalistin

Ähnliche Techniken könnten in der Zukunft eingesetzt werden, um die Menschen anzureizen, ihre Steuererklärungen auszufüllen, mit dem Rauchen aufzuhören, die Finger von Drogen zu lassen, an die Einnahme ihrer Medikamente zu denken, weniger Alkohol zu trinken, öfter zu Fuß zu gehen, wählen zu gehen, schlafen zu gehen, verheiratet zu bleiben, Verhütungsmittel zu benutzen, Rad zu fahren, Abfälle wiederzuverwerten oder auf Prüfungen zu lernen. In der schulischen Erziehung geht es vor allem in den ersten Jahren um Ziele, Punkte, Punktestand und Belohnungen: Warum sich also nicht ein paar Online-Tricks zunutze machen, um Prüfungsergebnisse zu verbessern oder Studenten anzureizen, weniger beliebte Seminare oder weniger gefragte Ausbildungsstätten zu besuchen? Mit *FarmVille* eine Baumschule betreiben? Klar, warum nicht?

Gartner Inc., ein renommiertes Beratungsunternehmen im Bereich der Informationstechnologie, geht davon aus, dass mehr als 50 Prozent aller Unternehmen bis zum Jahr 2015 ihre Innovationsprozesse durch Gamification-Techniken ergänzen werden. Deloitte, eine der sogenannten „Big Four"-Gesellschaften in der Prüfungs- und Beratungsbranche, bezeichnet Gamification als einen ihrer wichtigsten technologischen Trends. Und M2, ein Forschungsunternehmen, prognostiziert, dass US-amerikanische

Das wirkliche Leben ist kein Spiel

Dass Spiele soziale Vorteile und Gewinne bieten, die man im wirklichen Leben vielleicht nie bekommen wird, ist richtig. Dazu gehören Geschenke, wechselseitiges Geben und Nehmen sowie festgelegte Verhaltensweisen in bestimmten Situationen. Doch lässt sich dieses menschliche Grundbedürfnis zu spielen tatsächlich nutzbar machen, um praktische Veränderung zum Besseren zu erzielen? Ein Beispiel ist das Videospiel *World Without Oil*, in dem die Spieler gemeinschaftlich Lösungen für Probleme in der realen Welt vorschlagen. Die Schwierigkeit dabei besteht jedoch darin, dass das wirkliche Leben keinen festen Regeln folgt, keine Belohnungen bietet und keine Ziele vorgibt, so wie das in einem Spiel der Fall ist. In der realen Welt gibt es viele widerstreitende Wünsche, Begierden und Prioritäten (z. B. Getreide als Nährstoff vs. Ethanol als Kraftstoff). Das wirkliche Leben gleicht eher einem System aus vielen komplexen, miteinander verknüpften Spielen als einem einzigen Spiel.

2030
Foursquare wird mit der frühkindlichen Erziehung in Südkorea beauftragt

2040
Das US-amerikanische Energieministerium führt ein „Energiespar-Spiel" ein

2050
Die Katholische Kirche ersetzt die Beichte durch eine mobile Spiele-App

> **❜ Spiele sind Kompromisse zwischen Intimität und dem Fernhalten von Intimität. ❛**
>
> **Eric Berne, Psychiater und Autor**

Firmen bis 2016 2,8 Milliarden Dollar für Gamification ausgeben werden. Gewiss, die Gefahr besteht, dass alles, was derart hochgejubelt wird, bald schon Schall und Rauch sein wird. Bis dahin aber kann man davon ausgehen, dass die Kunst des Gamification-Design sehr gefragt sein wird. Man kann außerdem davon ausgehen, dass insbesondere finanzschwache Staaten Gamification bereitwillig aufgreifen, um die Menschen zu bestimmten Entscheidungen zu bewegen, insbesondere die, die grundsätzliche Entscheidungen zu treffen haben, etwa über Gesundheits- oder Altersvorsorge.

An der Oberfläche kratzen Wie sollte jemand ein Problem damit haben? Sind doch bloß harmlose „spielerische" Aktivitäten? Mit Spaß und Geselligkeit lassen sich die Menschen, insbesondere junge Menschen, animieren, Dinge zu tun, die sie eigentlich gar nicht tun wollen oder nie erwogen haben zu tun. Man bedient sich schlicht der Tatsache, dass Aberhunderte von Millionen von Menschen Milliarden von Stunden damit zubringen, Online-Spiele zu spielen, dabei Spaß haben und sich gut fühlen, und zwar auch noch danach. Es ist einfach ein Mittel, die Menschen spielerisch dazu zu bewegen, die richtigen Entscheidungen zu treffen im Hinblick auf ihr eigenes Wohlbefinden und ihre eigene Zukunft. Warum sollte man sich diese Bedürfnisse der Menschen nach Wettbewerb, Anerkennung, Bestätigung und Respekt nicht zunutze machen, um die Beteiligung an neuen Produkt-Kampagnen zu erhöhen oder um die Wählertreue für die Kampagnen einer bestimmten Regierung und damit deren „Marke" zu fördern?

Die Antwort auf diese Fragen liegt darin, dass bestimmte Interessengruppen davon profitieren, die Welt in ein Spiel zu verwandeln. Wenn Sie die Menschen selbst dazu animieren können, etwas für Sie zu tun, weil Sie dadurch einen besseren Status oder mehr Erfolg erlangen, so müssen Sie niemanden anderen dafür engagieren und bezahlen, der dies für Sie tut. Anders gesagt: Ihr harmloses Online-Spiel trägt dazu bei, dass die Schlange der Arbeitslosen länger und länger wird. Kritiker verweisen auf die Tatsache, dass die Interaktionen so angelegt sind, dass sie in 80 Prozent der Fälle zu einem positiven Ergebnis (Positiv-Hypothek) führen und in nur 20 Prozent zu einem Beinahe-Verlust (Negativ-Hypothek) und stellen die Frage, was die Belastung eines solchen „Beziehungskontos" für den Einzelnen bedeutet. Vielleicht ist es ja völlig in Ordnung, wenn ein Nutzer erfahrt, warum er sein Ziel verfehlt hat (wobei das Wort „Versagen" tunlichst vermieden wird). Doch man fragt sich schon, wie sich eine scheinbar endlose positive Unterstützung und Bestärkung langfristig auf den Einzelnen – und auf die Gesellschaft insgesamt – auswirken wird. Möglicherweise aber wird sich diese Frage gar nicht stellen, da Gamification in kühler Absicht so angelegt ist, dass es ein gewisses

Suchtpotenzial birgt und die Nutzer gar nicht merken, was genau da vor sich geht und wie sie vereinnahmt werden.

Die Nutzer dazu zu bringen, Produkte oder Dienstleistungen mitzugestalten, bekannt zu machen oder quasi als Datenerfassungsangestellte zu fungieren, indem man ihnen virtuelle Belohnungen oder Statussymbole bietet, bedeutet gleichwohl, dass Unternehmen keinerlei Zeit und Mühe aufwenden müssen, um weniger marktgängige Produkte oder Dienstleistungen eigens zu verbessern. Darüber hinaus erscheint es geradezu absurd, alle Kunden und Bürger so zu behandeln, als seien sie Computer-animierte Superhelden auf geheimer Mission, den Planeten zu retten. Denn mal ehrlich: So ein virtuelles Abzeichen – oder meinetwegen auch ein reales – ist doch eher ein leidlicher Ersatz für die Interaktion mit anderen Menschen im wirklichen Leben, meinen Sie nicht?

Lob auf Knopfdruck

Yammer ist ein privates soziales Netzwerk, das von Unternehmen wie Ford und LG genutzt wird, um Wissen auszutauschen und Probleme zu lösen. Ein Element ist die sogenannte *Yammer-Praise*-App, über die man den Kollegen öffentlich Lob und Anerkennung spenden kann. Um diese Funktion zu nutzen, müssen die Angestellten lediglich ein voreingestelltes Piktogramm anklicken (ein „Daumen hoch"-Bild zum Beispiel), um dann eine Botschaft hinzuzufügen, ein Dankeschön etwa oder andere anerkennende Worte. Gut möglich, dass in Zukunft kein Mensch mehr das direkte Gegenüber sucht, um Danke zu sagen oder eine kleine handgeschriebene, nette Botschaft verschickt. Man bekommt lediglich ein goldenes Sternchen oder ein kleines Smiley – wie damals in der Grundschule für besonders schöne Leistungen.

Ganz schön clever! Oder ganz schön link? In gewisser Hinsicht ist Gamification ein intelligentes Instrument, um die Menschen anzureizen, das zu tun, was langfristig in ihrem ureigenen Interesse liegt und ihrem Wohl dient. Man kann darin aber auch eine manipulative Methode sehen, die den Einzelnen möglichst dazu kriegen soll, sich einer Reihe von subjektiven Regeln oder Zielen anzupassen, kurzfristigen kommerziellen Interessen zu folgen oder heimlich Daten über Nutzerverhalten oder Nutzerstandorte zu sammeln.

Was wäre denn zum Beispiel, wenn die Beteiligung an bestimmten Spielen obligatorisch würde? Wenn Gamification zunächst in den Medien begänne, um sich dann in andere Bereiche wie Sport und Freizeit auszubreiten? Und was, wenn sämtliche Gesundheits-Apps tatsächlich von Regierungen (oder Privatversicherern) verfolgt würden, um dann bestimmte Leistungen zu verweigern, wenn bestimmte "Levels" oder Ziele nicht erreicht werden?

Worum es geht

Mit Spielen das menschliche Verhalten ändern

20 Künstliche Intelligenz

1956 prägte ein amerikanischer Computerwissenschaftler namens John McCarthy den Begriff „Künstliche Intelligenz“ (KI). Er stellte sich ein Zeitalter intelligenter Maschinen vor, das seinem Erachten nach innerhalb eines Jahrzehnts Realität sein würde. Heute, am Beginn des 21. Jahrhunderts, scheint es, als läge das Zeitalter der KI wahrhaft noch in weiter Ferne. Oder etwa nicht?

Obwohl die Idee einer Künstlichen Intelligenz (KI) Mitte der 1950er-Jahre geboren wurde, schrieb Isaac Asimov bereits 1942 über die Intelligenz von Robotern (das Wort „Roboter“ stammt aus dem Tschechischen und bedeutet „Fronarbeit“). Der sogenannte Turing-Test, ein allgemein anerkannter Test, um die Frage zu entscheiden, ob eine Maschine denken kann, sprich über Intelligenz verfügt, geht ebenfalls zurück in die 1950er-Jahre. Der britische Mathematiker Alan Turing hatte den Test damals vorgeschlagen und gesagt, man könne erst dann von KI sprechen, wenn ein menschlicher Fragesteller, der eine Unterhaltung mit einer Maschine und einem Menschen führt, anschließend nicht eindeutig zu sagen vermag, wer von beiden die Maschine und wer der Mensch ist.

Der Turing-Test ist jedoch in mancher Hinsicht problematisch. Zum einen ist jedes Kleinkind weitgehend intelligent, die meisten aber würden den Test wohl nicht bestehen. Zum zweiten stellt sich die Frage, warum eine Maschine, die ein künstliches Bewusstsein entwickeln würde, uns dies automatisch wissen lassen sollte? Vielleicht würde sie es ja für sich behalten und sich weigern, an albernen Intelligenztests teilzunehmen.

In den 1960er- und 1970er-Jahren erzielte man im Bereich der KI gewaltige Fortschritte, große Durchbrüche aber blieben aus. Stattdessen konzentrierten sich Forscher und Entwickler auf spezifische Probleme wie Sprache, Text- und Bilderkennung. Dennoch sind wir heute soweit, dass die Vision der KI tatsächlich innerhalb des nächsten Jahrzehnts Realität werden könnte.

Zeitleiste

1990
Das US-amerikanische Unternehmen iRobot wird gegründet, das Industrie- und Haushaltsroboter herstellt

2011
Der IBM-Computer Watson gewinnt die TV-Quizshow *Jeopardy!*

2027
Ein Toaster für 79 Dollar besteht den Turing-Test

2040
Ein Smartphone für 750 Dollar hat so viel Rechenleistung wie das menschliche Gehirn

Im Kommen Die Datenrate, die ein PC 2008 leisten konnte, lag bei rund 10 Milliarden Bits pro Sekunde. Klingt viel, entspricht aber in etwa dem, was das Gehirn eines kleinen Fisches leisten kann. Bis 2040 dürften Maschinen rein theoretisch in der Lage sein, eine Datenrate von rund 100 Billionen Bits pro Sekunde zu schaffen. Das entspricht in etwa dem, was das menschliche Gehirn verarbeiten kann. Was passiert also, wenn die Intelligenz der Maschinen mit der Intelligenz ihrer menschlichen Entwickler zu konkurrieren beginnt?

Bevor wir uns tiefer in diese Frage hineindenken, sollten wir die KI zunächst in zwei Teile gliedern. Den Begriff „starke KI" benutzt man gemeinhin, wenn man von denkenden Maschinen spricht. Die „schwache KI" hingegen zielt darauf, die menschliche Intelligenz zu ergänzen anstatt sie zu übertreffen. Bisher sind die meisten Maschinen vorprogrammiert und in der Lage, aus eingehenden Daten logische Schlüsse zu ziehen und entsprechende Handlungen abzuleiten. In Zukunft jedoch werden Maschinen mit starker KI in der Lage sein, äußere Einflüsse aktiv wahrzunehmen, zu ordnen und auf unerwartete Ereignisse zu reagieren. Die Folgen? Nun, einsetzbar wären solche Maschinen in der Krankheitsdiagnostik oder bei Operationen, in der Militärplanung und Befehlsführung, als Avatar in der Kundenbetreuung, im Bereich der „künstlichen Kreativität" sowie als autonome Roboter, die Verbrechen zuerst vorhersagen und dann eingreifen (und zwar im „Dezernat für zukünftige Verbrechensbekämpfung", ▶ siehe auch Seiten 86 und 103).

Sind diese Beispiele realistisch? Ja, sagen etliche Experten. Ray Kurzweil, US-amerikanischer Futurist und Erfinder, hat derzeit eine Wette gegen Mitchell Kapor laufen, den Gründer der Lotus Development Corporation, dass ein Computer den Turing-Test bis 2029 bestehen wird. Andere Experten bezweifeln dies. William H. Calvin, ein theoretischer Neurophysiologe, ist der Meinung, das menschliche Gehirn sei so „fehlerträchtig", dass Computer niemals in der Lage sein werden, es nachzuahmen, oder, falls doch, dass

> **Die wichtigste Lektion aus 35 Jahren KI-Forschung ist, dass die schwierigen Probleme einfach und die einfachen Probleme schwierig sind. Die geistigen Fähigkeiten eines Vierjährigen, die wir als selbstverständlich ansehen, … lösen tatsächlich einige der schwierigsten technischen Probleme, die man sich nur vorstellen kann.**
>
> **Steven Pinker, Psychologe, Kognitionswissenschaftler und Autor**

2042 Ein Software-Virus legt 90 Prozent aller Maschinen lahm

2050 Es gibt mehr intelligente Roboter als Menschen

2054 Maschinen beginnen zu malen und Musik zu komponieren

2069 Maschinen fordern Gleichberechtigung

> **„Ich mache mich so nützlich wie möglich, was meiner Meinung nach alles ist, was ein bewusstes Wesen je zu tun erhoffen kann."**
>
> **HAL, der Computer in *2002: Odyssee im Weltraum***

sie neben unserer Intelligenz auch unsere Marotten, Macken und emotionalen Unzulänglichkeiten erben werden. Denken Sie nur einmal an den Computer namens HAL im Film *2001: Odyssee im Weltraum*.

Aber vielleicht schauen wir alle in die falsche Richtung. Das Internet befördert bereits eine unerwartete Form eines sich selbstorganisierenden Chaos': einen hocheffizienten Markt der Ideen, Reputations- und Informationsmanagement – die sogenannte kollektive Intelligenz, aus der sich KI entwickeln kann. Schon Adam Smith postulierte seinerzeit, dass Käufer und Verkäufer, die jeweils ihre eigenen Interessen verfolgten, sehr viel mehr Güter sehr viel effizienter produzierten als unter jeder anderen „Ordnung". Das gleiche geschieht heute im Kreis der Online-Anbieter und ihrer potenziellen Kunden. Wikipedia zum Beispiel kann den Markt des Wissens enorm vergrößern, Verzerrungen verringern und obendrein ein sehr viel breiteres Spektrum von Wissenszweigen bieten, als jede Expertengruppe es könnte.

Wie geht es weiter? Es gibt kaum Zweifel daran, dass die KI in nächster Zukunft deutlich voranschreiten wird. Nach Meinung der Experten ist die KI heute ungefähr so weit wie der PC-Bereich 2004 etwa. Insofern darf mit beachtlichen Fortschritten gerechnet werden. Historisch betrachtet, ebnete im Bereich der KI weniger Intelligenz als vielmehr brachiale Rechenpower den Weg. Doch sobald dann die ersten Parallelrechner etabliert sein werden (Quanten- oder DNA-Rechner beispielsweise, ▶ Kapitel 17), werden sich auch im Bereich der echten KI rasch Fortschritte erzielen lassen.

Dennoch bleiben zwei große Fragen. Erstens: Ist das menschliche Gehirn im Grunde nur eine Maschine mit einer Reihe von Verschaltungen mit ein wenig Chemie und Elek-

Das „Chinesische Zimmer"

1980 behauptet der amerikanische Philosoph John Searle in einem Aufsatz, dass ein Computer, oder genauer gesagt die Bits einer Software, den Turing-Test bestehen und ganz so wie ein Mensch reagieren kann, ohne wirklich intelligent zu sein – dass er Wörter oder Zeichen sinnhaft ordnen und darauf reagieren kann, ohne sie wirklich zu verstehen. Mit diesem Gedankenexperiment, das unter dem Namen „Chinesisches Zimmer" bekannt wurde (wegen des Gebrauchs von chinesischen Schriftzeichen bei der Interaktion mit einer unbekannten Person – tatsächlich einem Computer), argumentiert Searle, dass es einem Computer durchaus möglich ist, menschliche Intelligenz glaubhaft zu simulieren oder die Illusion zu erwecken, ein menschliches Wesen verstehen zu können, ohne dass dem tatsächlich so ist.

Google lernt fahren!

Vorbei die Tage, da Google nur eine Suchmaschine war und Autos einen Fahrer brauchten. Für das Google-Projekt „Autonome Autos“, das von Sebastian Thrun, deutscher Entwickler und Professor für KI an der Stanford University, gestartet wurde, wurde erstmals ein selbstfahrender Toyota Prius getestet, der mit vielen Sensoren ausgestattet war und per GPS-Navigation völlig autonom auf der Teststrecke fuhr. Im Auto sitzt ein Robotikwissenschaftler, der das Auto aber nicht lenkt. Inzwischen haben sieben solcher Fahrzeuge 1600 km ohne Fahrer zurückgelegt und 225 000 km mit gelegentlichen menschlichen Eingriffen.

trizität? Oder steckt doch mehr dahinter? Wenn das menschliche Gehirn nichts weiter ist als eine Ansammlung von Atomen, dann dürfte es nur eine Frage der Zeit sein, bis wir Maschinen entwickeln, die den menschlichen Fähigkeiten gleichkommen oder sie gar übertreffen. Wenn es soweit ist, stehen wir vermutlich an der Schwelle einer neuen Ära in der menschlichen Evolution, wo wir mit unseren Maschinen zu verschmelzen beginnen und eine Ebene der Unsterblichkeit erlangen. Vielleicht ist es ja bereits soweit, insofern unser „wahres“ Selbst unsere DNA ist, und unser Körper nur die temporäre Verpackung, die wir wohl oder übel mit uns herumschleppen müssen. Zweitens: Auch wenn Maschinen diesen Grad der Komplexität nicht erreichen werden, ist es wahrscheinlich, dass sie irgendwann tatsächlich sehr intelligent sein werden. Aber was wird dann aus den Menschen, die zuvor all die Dinge ausgeführt haben, die fortan nun die Maschinen tun?

Willkommen in der Zukunft. Sie ist metallisch und braucht jede Menge Batterien. Hoffentlich hat sie kein finsteres Gesicht und findet keinen Weg, die menschliche Rasse zu versklaven.

Worum es geht
Die Maschinen werden wach

21 Personalisierte Genomik

Es ist heute möglich, das menschliche Genom zu sequenzieren und es dann zu analysieren, um die Ausprägung spezifischer Eigenschaften des Einzelnen oder die Wahrscheinlichkeit für die Entstehung bestimmter funktionaler Defizite oder Krankheiten zu prognostizieren. Früher gingen die Kosten für solche Untersuchungen in die Millionen. In der Zukunft wird es so gut wie gar nichts mehr kosten.

Als Genom (oder auch Erbgut) bezeichnet man die genetische Information, die in der DNA und RNA kodiert und später in die benötigten Proteine translatiert wird. Diese drei Typen von Biomolekülen (DNA, RNA und Proteine) kommen in allen bekannten Lebewesen vor. Je besser es gelingt, einen Zugang zu diesen vererbbaren Informationen zu erhalten, umso besser und genauer lassen sich Schätzungen und Aussagen über die Zukunft treffen – speziell über die individuelle genetische Veranlagung für bestimmte Krankheiten oder Überreaktionen auf bestimmte Arzneien.

Will man möglichst viel Aufschluss über die eigene genetische Disposition bekommen, muss man lediglich eine winzige Speichelprobe abgeben, sie zusammen mit ein paar Dollar (oder Euro) in einen Umschlag stecken und auf den Postweg bringen. Die genetischen Spuren lassen sich bis zu fernen Vorfahren zurückverfolgen, die unsere Anfälligkeit für bestimmte Krankheiten beeinflussen und mit ziemlicher Genauigkeit erkennen lassen, ob eine genetische Disposition für eine Alkohol- oder Drogensucht oder auch eine Depression vorliegt. Es dauert vielleicht noch ein bis zwei Jahrzehnte, aber dann könnte dieser Test in Kliniken oder über die Krankenversicherungen kostenlos erhältlich sein.

Den Genen auf der Spur Am erstaunlichsten dabei ist vielleicht die Tatsache, dass die Kosten für die Generierung von Sequenzdaten sehr viel schneller gesunken sind als die Kosten für die computertechnischen Infrastrukturen (wie Rechen- und Netzwerkkapazitäten, Datenspeicher und Software). Häufig beruft man sich auf das Moore'sche

Zeitleiste

1997
Der SF-Film *Gattaca* über „genetisch aufgebesserte" Menschen erscheint

2008
Das Genforschungsunternehmen Knome bietet Privatpersonen Genomsequenzierung für 350 000 Dollar an

2009
Knome senkt den Preis auf 99.500 Dollar

2012
23andMe bietet Gensequenzierung für 299 Dollar an

Genomik im Einzelhandel

Benannt nach der Tatsache, dass jeder Mensch 23 Chromosomenpaare hat, bietet das kalifornische Privatunternehmen 23andMe gewöhnlichen Menschen eine Untersuchung ihrer genetischen Informationen an. Dass das Unternehmen von Google dafür finanziell unterstützt wird, mag manch einem seltsam erscheinen, doch wenn Google zum Ziel hat, die Informationen der Welt zu organisieren, dann braucht es ganz klar die DNA von jedem Einzelnen. Zu den Produkten, die 23andMe im Rahmen des Gentests anbietet, gehören Abstammungstests und medizinische Screenings, insbesondere im Hinblick darauf, wie sich die Gene des Einzelnen auf seine künftige Gesundheit und die Krankheitskosten auswirken könnten.

Gesetz, um den beschleunigenden Effekt der Datentechnologie unter Beweis zu stellen (▶ Kapitel 17), doch die Entwicklung der Genomsequenzierung läuft in dieser Hinsicht allem davon.

In beiden Fällen jedoch könnte es sein, dass die Erzeugung der Informationen die Geschwindigkeit, diese zu speichern und zu analysieren, bald übertrifft. Nichtsdestotrotz wird die personalisierte Genomsequenzierung dazu beitragen, eine neue Ära einzuläuten, in der medizinische Therapien zunehmend auf den Einzelnen zugeschnitten sein werden.

2011 bot das von Google unterstützte Biotech-Unternehmen 23andMe Privatpersonen eine Sequenzierung ihres Genoms zum Preis von 999 Dollar an. Heute, wo ich diese Zeilen schreibe (Juni 2012), sind die Kosten auf 299 Dollar gesunken. Vor zehn Jahren noch hätte eine Genomsequenzierung an die 10 000 Dollar gekostet, während James Watson, Mitentdecker der Molekularstruktur der DNA, der am Humane-Genom-Projekt arbeitete, rund 2 Milliarden Dollar aufbringen musste, um herauszufinden, wie ein Genom vollständig sequenziert werden kann. Interessanterweise griff 23andMe die Idee auf und schickte sich an, ihr Kunden interaktiv einzubinden (Crowdsourcing), um einen Beitrag zur Forschung zu leisten. Um Daten zu ihrem jeweiligen Genprofil zu erhalten, verschickte das Unternehmen in regelmäßiger Folge Fragebögen an Tausende von Kunden und fragte zum Beispiel nach bestimmten Nahrungsmittelallergien. Wenn die Ergebnisse dieser Befragungen mit bereits bekannten gene-

❜ Eine Person ist kein mitschaffender Akteur, sie ist ein Ort, ein *locus*, ein Punkt, an dem viele genetische und umweltbedingte Faktoren in einem Wirkungszusammenhang zusammenkommen. ❛

B. F. Skinner, Psychologe, Erfinder und Autor

2018
Die Kosten dafür fallen durch Walmart auf 49 Dollar

2020
Kliniken und Versicherer bieten kostenlose Erstellung eines Genomprofils (genetischer Fingerabdruck) an

2030
Die Partnersuche bei Google-basiert auf idealen DNA-Profilen

2050
DNA-Datenbank erzeugt eine untere Klasse von Menschen

Biokriminologie

Verbrechen haben die Menschen schon immer fasziniert – und die Gründe, die zu einer kriminellen Tat bewegen, umso mehr. Die Bollwerke der klassischen Kriminologie sind heute mehr und mehr bedroht von der Biokriminologie, ein Bereich, der moderne Techniken wie Brain Imaging und Erkenntnisse aus der Neuroendokrinologie nutzt, um eine genetische Disposition für kriminelle Aktivitäten zu prognostizieren. Die Biokriminologie postuliert, dass Gene oder Hormone eines Menschen ihn für kriminelles Verhalten prädisponieren. Für traditionelle Kriminologen hingegen liefern äußere Einflüsse, die einen Täter umgeben, insbesondere Armut, glaubhaftere Gründe. Gegenwärtig publizieren weniger als zwei Dutzend Wissenschaftler zum Thema Biokriminologie, was zum einen daran liegt, dass einschlägige Fachverlage äußerst skeptisch reagieren, zum anderen aber auch daran, dass es diesen Studien an der erforderlichen methodischen Stringenz mangelt. Gewiss, es stellt eine große Herausforderung dar, (wissenschaftlich) verbrämte Zusammenhänge zwischen Biologie und (kriminellem) Verhalten zu identifizieren, da sich dieses aus einer ständigen Wechselwirkung mit Umweltvariablen wie Drogen, Alkohol oder schlechter Ernährung ergibt. Doch zu erwarten ist, dass die derzeit kontroversen Debatten mit zunehmenden Erkenntnissen über die Funktionsweise des menschlichen Gehirns rasch vorankommen.

tischen Informationen abgeglichen werden, lassen sich möglicherweise die Ursachen bestimmter Eigenschaften zu minimalen Kosten innerhalb von Monaten statt von Jahren aufklären.

Die neue Macht des Patienten Welche wichtigen Folgen hat es, wenn wir uns fortan genetische Informationen erschließen können? Zunächst einmal kann eine präzisere Diagnose genetisch bedingter Erkrankungen erfolgen. Des Weiteren eröffnet es die Möglichkeit, eine Medikation auf den Einzelnen abzustimmen oder ihn vor bestimmten bekannten Risikofaktoren oder Lebensumständen zu warnen. Wenn man zum Beispiel weiß, dass man eine genetisch bedingte Veranlagung zu Bluthochdruck hat, so lässt man sich möglicherweise gerne überzeugen, sich gesünder zu ernähren und mehr Sport zu treiben. Die Medizin verlagert sich damit von der bloßen Heilkunde hin zur diagnostischen Früherkennung und Prävention. Wenn wir ein besseres Verständnis dafür entwickeln, wie unsere Gene funktionieren, sind wir auch in der Lage, den Einzelnen mit dieser anstatt jener Arznei gezielt von einer bestimmten Krankheit zu heilen. Anders ausgedrückt: So ein Gentest kann *nicht* ermitteln, ob Sie *momentan* ein gesundheitliches Problem haben, aber er diagnostiziert mit hoher Wahrscheinlichkeit, ob Sie in der *Zukunft* ein solches entwickeln werden und daher eine regelmäßige Kontrolle angezeigt ist.

Eng verwandt mit der personalisierten Genomsequenzierung ist das noch junge Gebiet der molekularen Sonden. Dabei wird ein Molekül an einen Marker angehängt, der dann beispielsweise an einen bekannten Tumortyp andockt. Unter Verwendung moderner Bildgebungstechnologien können dann Existenz und Entwicklungsstadien der Tumoren nachverfolgt werden. Für die Zukunft besteht sogar die Möglichkeit, den molekularen Sonden ein Toxin anzuheften, das jegliche Tumore wirksam „ausschaltet", sobald sie aufgespürt werden. Ob das wirklich funktionieren wird, ist noch ungewiss. Vielleicht werden wir regelrecht süchtig danach, uns unseren geistigen und physischen Zustand für die Zukunft vorhersagen zu lassen, und wer es sich leisten kann, wird bereitwillig bezahlen, um gesundheitliche Risiken aufzuheben. Oder aber wir gehen alle fatalistisch in die Zukunft, machen einfach weiter, als gäbe es dieses neue Wissen gar nicht. Immerhin rauchen die Leute ja auch noch.

❜ Wir stehen am Beginn einer personalisierten, genomischen Revolution, die nicht nur unseren persönlichen Umgang mit uns selbst verändern wird, sondern auch das, was wir unter persönlicher Information verstehen. ❛

***Time*-Magazin, 2008**

Auch wenn die personalisierte Genomsequenzierung Großes verspricht, die Realität wird sich wohl als sehr viel komplexer und verwirrender erweisen als die Theorie. So ist beispielsweise das Wechselspiel zwischen versteckten erblichen Faktoren und zufälligen äußeren Faktoren (wo wir leben, womit wir unseren Unterhalt verdienen, wie wir uns ernähren, ob wir Sport treiben etc.) schrecklich verwirrend. Gleichwohl können Sie damit rechnen, dass es eine Fülle von Schnelltests und winzigen Geräten geben wird, die alles diagnostizieren, von der Wahrscheinlichkeit einer Erkrankung bis hin zu einer Abschätzung Ihrer zu erwartenden Lebensdauer. All dies wird sich auf Abgleichungen verschiedener genetischer Faktoren stützen sowie möglichenfalls auch auf personalisierte und Echtzeit-Informationen darüber, wo Sie überall gewesen sind, was Sie gegessen und wie viel Sport Sie getrieben haben – Daten über Daten, die aus verschiedenen Quellen bezogen werden, angefangen beim Handy, das Ihre geographischen Standorte erfasst, über Ihre Zahlungsgewohnheiten bis hin zu Sportschuhen und Kleidung, die Ihre Bewegungsmuster und Ihre zurückgelegten Entfernungen messen.

Worum es geht
Genetische Prophezeiungen

22 Regenerative Medizin

Ist es möglich, den Alterungsprozess zu verhindern oder ihn umzukehren, indem man etwa ermüdete Gewebe und Zellen manipuliert oder gar neue Organe im Labor heranzüchtet? Ein Wunschtraum für die einen. Eine zunehmend unausweichliche Entwicklung für die anderen.

Arzt, heile dich selbst – so eine alte Maxime. Stellen Sie sich vor, Sie wären ein alternder Chirurg und einige Ihrer Körperteile verschlissen. Was nun? Vielleicht haben Sie ja mehrere Optionen zur Wahl – eine Stammzellentherapie oder Ersatzorgane aus dem Labor (eine *in vitro* gezüchtete Niere etwa). Oder Sie lassen sich von einem Fabber Ersatzzähne oder Ersatzknochen drucken, neue Haare oder vielleicht ein paar neue Finger. Die letztere Idee mag etwas weit hergeholt erscheinen, aber wenn Molche sich selbst reparieren können (ihm wachsen verlorene Körperteile einfach nach), warum sollte es dann uns Menschen nicht auch gelingen? Man müsste die Zellen nur anregen, sich zurück in einen jüngeren Zustand zu entwickeln – oder anders formuliert, dem Körper weismachen, er habe die junge Frische eines Kindes. Klingt unglaublich, ist aber nicht von der Hand zu weisen, denn es besteht die realistische Möglichkeit, dass wir Menschen bis zum Ende des Jahrhunderts, möglicherweise auch deutlich früher, in der Lage sein werden, verloren gegangene Körperteile „nachwachsen" zu lassen.

❜ Bei entsprechender Ausstattung mit ausreichenden Forschungsmitteln, so denke ich, stehen die Chancen 50 zu 50, dass bis in 25 oder 30 Jahren niemand mehr den Alterstod sterben muss. ❛

Aubrey de Grey,
Gerontologie-Theoretiker und Autor

Die alternde Bevölkerung Wie bereits dargelegt, geht das Wachstum der Weltbevölkerung in den letzten rund 100 Jahren nicht darauf zurück, dass die Menschen jede Menge Sex hatten, sondern auf die Tatsache, dass wir nicht mehr so häufig in jungen Jahren sterben wie früher. Mit anderen Worten:

Zeitleiste

2010 Das „Bionische Ohr", ein Ohrimplantat, ist marktreif

2025 Zahnregeneration macht Zahnärzte arbeitslos

2030 Bei eBay sind aus Stammzellen gezüchtete Organe erhältlich

2032 1,2 Milliarden Menschen sind 65 und älter

Das Bevölkerungswachstum ist eng verbunden mit der Gesundheitspflege und damit verwandten Gebieten wie Ernährungs- und Lebensweise.

Die Welt ist heute also überwiegend bevölkert von älteren Menschen. Eine Folge dieser Überalterung in Wohlstandsgesellschaften ist, dass immer mehr Menschen das unausweichliche Ende aufschieben wollen. Kurzum, die Menschen wollen heute *überhaupt nicht mehr* sterben, und viele haben die Mittel, dafür zu sorgen, dass dies auch nicht so bald geschieht. Gut, Unsterblichkeit werden sie nicht erlangen, ein hohes Alter aber allemal. Und mit den zu erwartenden wissenschaftlichen Durchbrüchen und technologischen Wundern bietet sich dem Einzelnen eine wahrlich bunte Mischung von Optionen, um sowohl Qualität als auch Quantität des Lebens im Alter aufzubessern. So etwa erhielt ein Patient 2011 eine neue Luftröhre, die aus seinen eigenen Zellen im Labor gezüchtet wurde. Hautgewebe, Luftröhren, Blutgefäße, Harnblasen oder auch Mägen – all das lässt sich bereits heute oder in nächster Zukunft künstlich im Labor herstellen. Ob es uns eines Tages gelingen wird, feste Organe wie Herzen, Nieren oder Lungen zu züchten, ist mit sehr viel komplexeren Aspekten verbunden, aber unmöglich ist es nicht.

Aber all dies könnte noch viel weiter gehen. Die Lebenserwartung in Großbritannien ist von 45 Jahren für Männer und 49 Jahren für Frauen 1901 auf 76 bzw. 81 Jahre 2002

„Zellnachwuchs"

Eine Studie von Thomas Rando an der Stanford University legt nahe, dass ältere Menschen sich rascher von Verletzungen erholen, wenn sie Arzneien verabreicht bekommen, die aus dem Blut junger Menschen entwickelt wurden. In einem Experiment wurden jeweils zwei Mäuse operativ miteinander verbunden, um künstlich siamesische Zwillingspaare zu schaffen. Das Experiment ergab, dass die alten Mäuse, die mit jungen Mäusen verbunden wurden, Muskelzellen sehr viel schneller regenerierten als Paare mit jeweils zwei alten Mäusen. Offenbar hat dieses Ergebnis auch nichts mit den Stammzellen im Blut der jungen Mäuse zu tun. Es deutet aber darauf hin, dass die Zellen in älteren Körpern sich langsamer "reparieren", weil irgendein Signal fehlt – und nicht, weil die Stammzellen ihre Regenerationsfähigkeit verlieren. Es wird künftig wohl jede Menge Anti-Aging-Produkten mit „Soforteffekt" für alte Menschen geben.

2033	2035	2038	2043
Die weltweite Lebenserwartung liegt bei 80 Jahren	Alzheimer ist endlich heilbar	Roboter verrichten 80 Prozent aller Tätigkeiten	Amputierte Gliedmaßen wachsen durch gentechnologische Eingriffe wieder nach

❜ So ist der Todesstreich ein Liebesstich, der schmerzt und doch ersehnt ist. ❛

William Shakespeare, Dichter und Dramatiker

gestiegen. Wieso sollte sich diese Verlängerung im Laufe der nächsten 100 Jahre nicht wiederholen? Wieso sollten sich angeborene und anerzogene Faktoren nicht so optimieren lassen, dass die Lebenserwartung noch weiter steigt? Der gegenwärtige Rekord liegt bei 122 Jahren, aber warum sollten es nicht 150 sein? Warum sollten wir der bloßen Vorstellung vom Tod nicht den Todesstoß versetzen können? Verrückt, werden Sie einmal mehr sagen. Denn es ist ja schließlich so, dass alles Leben *grosso modo* dem zweiten Hauptsatz der Thermodynamik folgt, der da besagt, dass am Ende alles auf ewig verrottet und zerfallen sein wird – ein Zustand, der unausweichlich ist und nicht vermieden werden kann. Stimmt doch, oder nicht?

Was ist möglich? Aus dem eher optimistischen Lager ist zu hören, dass das Altern genetisch bedingt ist und dass das „Zelltodprogramm“ oder der Prozess, der zum Altern führt, ausgeschaltet oder zumindest nachgebessert werden kann. Aubrey de Grey, Herausgeber des Magazins *Rejuvenation* und Mitbegründer der SENS Foundation, einer Stiftung zur Förderung von Techniken der regenerativen Medizin, führt gar an, dass es aus wissenschaftlicher Sicht keinerlei Grund gebe, weshalb ein Mensch nicht 1000 Jahre alt werden sollte. Möglicherweise, so sagt er, ist der erste Mensch, der 1000 Jahre alt wird, bereits geboren.

Ein höchst spannender Gedanke. Rund 90 Prozent aller Tode weltweit sind altersbedingt. Stellen Sie sich nur einmal vor, was passieren würde, wenn man den Tod hinauszögern oder gar ganz abwenden könnte. Doch das wirft moralische und auch philosophische Fragen auf. Die erste Frage aber ist ganz praktischer Natur. Sollten wir das Problem Tod „lösen“ können, so gäbe es auf der Erde immer mehr Menschen zu ernähren. Vielleicht ließe sich dieses Problem auf technologischem Wege lösen. Doch wenn es eines Tages ganz normal wäre, 110, 130 oder 150 Jahre alt zu werden, könnte es durchaus sein, dass Menschen sich ihren Kinderwunsch immer erst erfüllen, wenn sie 60, 70 oder 80 Jahre alt sind.

Eine deutlich höhere Lebenserwartung könnte auch dem Ehegelübde „Bis dass der Tod euch scheidet“ eine ganz neue Bedeutung verleihen. Der Tod an sich aber hat auch einen gewissen Nutzen insofern er Platz schafft, und zwar nicht nur im räumlichen, sondern auch im geistigen Sinne – er schafft Platz für neue Menschen mit neuen Ideen. Der Tod bringt die Welt „letztlich“ auch voran.

Es geht nicht nur um unseren vergänglichen Körper. Auch unser Geist altert, und viele Menschen haben genug Lebenszeit gehabt, bis sie über 70, 80 oder auch 90 sind.

Zukunftsrezepte gegen das Altern

Die Stammzellenmedizin verspricht zwei radikale zukünftige Entwicklungen. Zum einen könnten Erkrankungen wie Alzheimer und Parkinson schon bald erfolgreich behandelt werden. Zum zweiten könnten eines Tages genetisch passende Organe hergestellt werden (gezüchtet oder mittels 3D-Fabbern gedruckt), um Organe zu ersetzen, die durch den Alterungsprozess, eine Krankheit oder Krankheitsbehandlungen beschädigt wurden (z. B. eine Leber im Zuge einer Krebstherapie). Die Stammzellenforschung war und ist mit einer Reihe schwieriger ethischer Fragen verbunden, denn der Prozess zur Gewinnung von Stammzellen, diesen nützlichsten aller Zellen, geht mit der Zerstörung menschlicher Embryonen einher. Für modernste Techniken gilt dies nicht mehr unbedingt, wie das neue Herstellungsverfahren für iPS-Zellen zeigt, das an der Universität Kyoto entwickelt wurde. Es zeigt, dass auf diesem Gebiet wohl rasche Fortschritte zu erwarten sind.

Nach Aussagen von Dignitas, einer Schweizer Organisation für Sterbehilfe und Freitodbegleitung, fehlt es 21 Prozent der Menschen, die zu ihnen kommen, körperlich an nichts. Sie sind einfach nur des „Lebens müde“.

Die Pro- und Contra-Debatte rund um das Thema der Unsterblichkeit ist überaus vielschichtig und eine, die uns noch eine Weile beschäftigen wird. In der Zwischenzeit aber können sich viele von uns einfach nur auf ein längeres und gesünderes Leben freuen. In einem Artikel des *British Journal of Sports Medicine* heißt es, dass im Schnitt jede einzelne Stunde, die man ab dem Alter von 25 Jahren im TV geschaut hat, die Lebenserwartung des Zuschauers um 21,8 Minuten senkt. Überlegen Sie sich also gut, wie Sie Ihre Zeit verbringen wollen. Und klopfen Sie sich ruhig auf die Schulter dafür, dass Sie gerade diese Zeilen lesen, anstatt vor dem Fernseher zu sitzen und sich die x-te Wiederholung irgendeiner Serie anzuschauen.

Worum es geht
Länger leben

23 Fernüberwachung

Stellen Sie sich einen Verband vor, der nicht nur Ihre Wunde schützt, sondern der sich auch mit Ihrem Arzt über selbige unterhalten kann, einen Verband, der Auskunft über Veränderungen Ihrer Körpertemperatur, Pulsfrequenz, Atmung, Ihres Blutdrucks oder Zuckerspiegels geben kann. Und diese Informationen würden natürlich umgehend in der Patientenakte in einer Cloud aktualisiert.

Aus Patientensicht sind „sprechende" Wundverbände eine prima Sache, denn sie schränken nicht ein, tun nicht weh und sind überaus praktisch. Der Patient kann jederzeit aus dem Bett aufstehen, frei herumgehen und den stationären Krankenhausaufenthalt verkürzen. Die Fernüberwachung (bisweilen auch Telemedizin, die mit der Anwendung elektronischer Geräte zur medizinischen Versorgung verbunden ist und auch als E-Health bezeichnet wird) kann chronisch kranken Patienten, die beispielsweise an Diabetes oder Herzerkrankungen leiden, den Krankenhausaufenthalt sogar ganz ersparen – außer in absoluten Notfällen.

All dies existiert bereits, und die Forschungen in diesem Bereich der Medizin schreiten rasant voran, sodass sich künftig schier endlose Möglichkeiten eröffnen werden. Man stelle sich nur einmal vor, was man mit solchen „sprechenden Pflastern" noch alles überwachen könnte: den Promillegehalt beispielsweise oder Anzeichen einer drohenden Panikattacke. Forscher haben im Labor bereits neuartige Sensoren entwickelt (*epidermal electronics*), die sich wie Tattoos auf die Haut aufbringen lassen und eine ständige medizinische Überwachung von beispielsweise depressionsanfälligen oder suizidgefährdeten Patienten ermöglichen.

Home Monitoring Einige Experten befürworten bereits die Überwachung der Patienten zuhause, was Zeit und Mühen spart und zudem die Kosten im Gesundheits- und Pflegebereich samt den damit verbundenen technischen Bedingungen eindämmen könnte. Analysten schätzen, dass die medizinische Überwachung chronisch kranker Patienten zuhause sich bald zu einem Milliardenmarkt entwickeln wird, vor allem, weil der Bevölkerungsanteil alter Menschen in den meisten Regionen weiter rasant ansteigen wird. Doch es gibt noch weitere Vorteile wie zum Beispiel die Möglichkeit, Krankheiten

Zeitleiste

2012	2014	2030	2032
Teekessel in Japan zur gesundheitlichen Fernüberwachung von alleinstehenden, älteren Menschen in ihrer Wohnung	Neustart von „Google Health" (Plattform zur Ablage elektronischer Patientenakten)	Sämtliche Küchen- und Badezimmergeräte können mit Ärzten und Kliniken verlinkt werden	20 Prozent aller Menschen haben Computer-Chips implantiert

Chips mit allen persönlichen Daten

Wie wahrscheinlich ist es, dass wir künftig Mikrochips implantiert haben werden? Der britische Computerwissenschaftler Robin Warwick ließ sich 1998 einen RFID-Chip (▶ Seite 5) in seinen Körper implantieren, der diverse Routinearbeiten verrichtete, beispielsweise Türen öffnete und das Licht einschaltete. Dass diese Idee auch ethische Fragen aufwirft, ist offenkundig, ebenso wie Privatsphäre und Datendiebstahl ernste Aspekte sind. Aber was ist, wenn in der Zukunft ein Gesetz erlassen würde, das jeden Einzelnen mit einem Chip mit einer individuellen E-Mail- oder Kommunikationsadresse ausstattet, auf dem neben persönlichen Angaben auch die Bankdaten und Krankenakten des Adressinhabers gespeichert sind? Es ist in der Tat nicht allzu weit hergeholt, sich eine Zukunft vorzustellen, in der man sich für jede kommerzielle Transaktion und jede Online-Kommunikation authentifizieren muss, was der implantierte Identifikations-Chip automatisch übernehmen würde – und es wäre gesetzeswidrig, an diesem Chip herumzubasteln oder ihn zu entfernen.

auch an Patienten zu diagnostizieren, die in entlegenen Randgebieten wohnen. Und noch besser: Wie wäre es mit einem chirurgischen Eingriff per Roboter, wenn sich der Patient am einen Ort und der Chirurg (vielleicht auch ein Roboter) am anderen Ort befindet? Auch das gibt es bereits und bietet ein enormes Potenzial, insbesondere für Entwicklungsländer.

Was die therapeutischen Mittel angeht, die direkt in den Körper implantiert werden, so kennen wir bereits implantierbare Gehirn-Computer, um Depressionen oder die Parkinson-Krankheit zu behandeln, implantierbare Defibrillatoren, um Herzanfälle im Frühstadium zu behandeln, und implantierbare Blutzuckermessgeräte, um Zuckerspiegel und Insulinabgabe zu überwachen. Und bald schon wird es mehr dergleichen geben: Implantate, die Knochen nach Maß wachsen lassen (die Zellen anregen, beschädigte Knochen zu reparieren oder fehlende Knochen nachwachsen zu lassen); Geräte, die den Hunger unterdrücken (die den Magen auf elektronischem Wege austricksen, indem sie ihm vorgaukeln, er wäre schon gefüllt); fernbedienbare Insulinpumpen und Defibrillatoren, Migräne-Neutralisatoren sowie neueste Gehirnimplantate um behandlungsresistente Depressionen zu steuern.

Für Patienten, die sich nicht selbst überwachen können, wie Alzheimer-Patienten, kommen entsprechende Technologien zu Einsatz, die dies übernehmen. Ein intelligenter

2035
Hacker zielen auf individuell implantierte Lebenserhaltungssysteme

2040
Implantate als Frühwarnsysteme für Depressionen und Suizidgefahr

2050
Sämtliche Kleidungsstücke enthalten Sensoren, um Gesundheitszustände in Echtzeit zu überwachen

Medizinische Fernüberwachung

Die Nutzung von Telekommunikationstechniken in der Medizin hat nicht zuletzt den Vorteil, Patienten auch in entlegenen Orten behandeln zu können. Wie so etwas funktionieren kann, zeigt ein extremes Beispiel aus dem Jahr 2001, als Ärzte in New York einer Patientin in Paris mittels eines ferngesteuerten Roboters die Gallenblase entfernten. Die wahren Fortschritte der Telemedizin aber werden weniger in der Heilung als vielmehr in der Prävention erzielt werden, da die technisch unterstützte Überwachung auf rechtzeitiger Früherkennung von Krankheiten basiert. BodyTel, ein deutsches Unternehmen für Telemedizin, hat ein Gerät für ein elektronisches Diabetes-Management entwickelt (GlucoTel), das Blutzucker, Blutdruck und Gewicht misst und die Werte per mobiler Internetverbindung direkt in ein persönliches Online-Tagebuch im BodyTel Center übermittelt. Das amerikanische Unternehmen Honeywell ermöglicht Patienten in ähnlicher Weise Herzaktivitäten, Sauerstoffgehalt im Blut und Blutdruck zu überwachen, während Ärzte diese Daten fortlaufend überprüfen.

Spazierstock zum Beispiel kann den Gang eines Patienten nach einer, sagen wir mal, endoprothetischen Hüftoperation überwachen. Auch Sensoren, die überall im Haus angebracht sind (auf Pillenschachteln, an Teekesseln oder im Bad), können abwesenden Betreuern ständig übermitteln, wie es ihren Patienten geht. Gut möglich, dass irgendwann einmal auch gesunde Menschen Sensoren tragen, die als Frühwarnsystem für Krankheiten fungieren. Und aller Voraussicht nach werden auch Handys in Zukunft als medizinische Überwachungsgeräte nutzbar sein. Die Früherkennung einer Krankheit macht die Behandlung kostengünstiger und belastet den Patienten ebenso wie das ärztliche Budget weniger stark. Doch Sensoren, die in einem Patientenkreis ständig Symptome registrieren, ergeben Unmengen von Daten, die es zu analysieren gilt. Und das raubt den Ärzten Zeit, die ihnen für die Patienten fehlt.

Für die Zukunft sollten Computer also so programmiert sein, dass sie Daten analysieren, *bevor* sie den Arzt alarmieren, woraufhin der Arzt den Patienten anrufen wird, nicht der Patient den Arzt. Dergleichen Ideen gibt es viele mehr. Die Palette reicht von Online-Tools, die es beispielsweise ermöglichen, eine zweite Meinung über Arztrechnungen einzuholen, bis hin zu Online-Preislisten für Wahloperationen oder gar Online-Reservierungssysteme für einen Arzttermin.

Innere Medizin Ist Ihnen das nicht futuristisch genug? Wie wäre es mit Mikrorobotern oder anderen winzigen Geräten, die Medikamente gezielt bis tief ins Innere des Körpers transportieren und/oder Skalpelle ersetzen können? Vor einigen Jahren gab ein Forscherteam einen winzigen Roboter in ein Reagenzglas voll Wasser und steuerte ihn über einen Joystick, um nach winzigen Hefezellen (15 Mikrometer [μm] im Durchmesser) zu greifen. Eine 1-cm-Bewegung des Joysticks bewegte den Roboter dabei um 1μm, wobei die Rückkraft von 1 Milliardstel Gramm über den Joystick 500-milliardenfach verstärkt fühlbar wurde.

> **Der Arzt der Zukunft wird keine Medizin mehr verabreichen, sondern seine Patienten vielmehr dazu anregen, sich für den menschlichen Körper, für Ernährung und für die Ursache und Prävention von Krankheiten zu interessieren.**
>
> **Thomas Edison,** Erfinder

Sich auszumalen, dass diese Technik sich weiter entwickeln und den Chirurgen förmlich „verschlucken" könnte, versetzt in Erstaunen. Olympus Medical Systems Corp hat eine Kapselendoskopie erfunden, bei der der Patient das Endoskop in Größe einer winzigen Kapsel schluckt, die dann selbständig durch den Magen-Darm-Trakt wandert und auf ihrem Weg zahlreiche Bilder und Informationen (an ein Aufzeichnungsgerät außerhalb des Körpers) liefert. In Japan wird diese Technik bereits in 300 Kliniken eingesetzt. Eine Frage aber bleibt. Gut, die Kapseln lassen sich leicht schlucken und werden auf natürlichem Wege über den Darm wieder ausgeschieden. Doch wie können mechanische Geräte wie Mikroroboter aus dem Kreislaufsystem wieder entfernt werden, nachdem sie in den Körper eingebracht wurden? Mit derlei Fragen werden sich die Forscher noch über Jahrzehnte auseinandersetzen müssen.

Die Fernüberwachung ist eine gute Sache. Sie ermöglicht es älteren Menschen beispielsweise, möglichst lange im eigenen Zuhause wohnen zu bleiben, doch gerade das isoliert sie möglicherweise auch. Zudem besteht die Gefahr, dass die Gesellschaft darin eine weitere Möglichkeit sieht, „die Alten" abzuschieben. Aber „sie", die Alten, sind irgendwann „wir", die Jungen von heute. Und was wir alle brauchen, vor allem wenn wir älter werden, sind andere Menschen. Wir müssen wissen, dass wir nicht allein sind, und Maschinen oder auch elektronische Pflaster können das nicht leisten.

Worum es geht

Medizinische Überwachung rund um die Uhr

24 Nutzergenerierte Medizin

Falls Sie meinen, nutzergeneriertes und nutzergefiltertes Datenmaterial sei auf die Medien- und Unterhaltungsbranche beschränkt, liegen Sie falsch. Auch in der Medizin gibt es neuerlich eine Welle von Videos, Wikis und Blogs zu Krebserkrankungen, Kuren oder Bulimie, die allesamt auf eine beginnende Veränderung im traditionellen Arzt-Patienten-Gefüge hin zum Endverbraucher, sprich Patienten, deuten.

Online-Selbsthilfegruppen gibt es seit etlichen Jahren schon, und persönliche Kontaktstellen zur Verteilung von Substanzen für bestimmte Erkrankungen gar noch länger (beispielsweise die Anlaufstellen für HIV-Infizierte). Durch die zunehmende Vernetzung aber ist es Patienten heute möglich, kurzerhand Leidensgenossen zu finden und sich über einzelne Behandlungsformen auszutauschen. Die Webseite patientslikeme.com mit mehr als 150 000 Nutzern, die an mehr als 1000 verschiedenen Erkrankungen leiden, ist ein gutes Beispiel für diese rasante Entwicklung.

Health 2.0 Die Popularität von Web 2.0 oder nutzergenerierten Seiten wie YouTube, Facebook, Flickr und Wikipedia hat das Generieren und Filtern von Information leichter, schneller und direkter gemacht. Klar, dass viele Menschen sich derart begeistern für die Chancen und Möglichkeiten, die in „Health 2.0", E-Health und Seiten mit nutzergenerierten medizinischen Inhalten liegen. Es ermöglicht erkrankten Menschen, ihr Schicksal in die eigene Hand zu nehmen, und zeigt überdies eine signifikante Verschiebung der Marktmacht, die tendenziell weg von der Ärzteschaft und Pharmaindustrie hin zum Patienten geht. Wozu also Krankenakten noch in Papierform anlegen, wie es manche medizinische Einrichtungen immer noch häufig tun? Auch hier zeichnet sich langsam ein Wandel ab. Doch Vernetzung erfordert ein Umdenken im Hinblick darauf, wer worauf und in welchem Umfang Zugriff hat. Und solange dies nicht erfolgt, ist nicht nur die Erzeugung und Weitergabe von Wissen durch kleinere Patientengruppen behindert,

Zeitleiste

2014
Apple führt die Überwachungsfunktion iMedic auf iPhone 6 ein

2018
Dunnhumby und Tesco leiten 25 Prozent aller britischen Krankenhäuser

2020
Medipedia kommt auf den Markt, ein auf Crowdsourcing basierendes medizinischen Verzeichnis

sondern auch die Entstehung größere Netzwerkeffekte – sprich die „Intelligenz der Masse".

Aber haben nutzergenerierte medizinische Plattformen oder „öffentlich zugängliche Gesundheitsinformationen" tatsächlich eine Zukunft? Auf der einen Seite möchte man meinen, dass allein die Aspekte zum Schutz der Privatsphäre jeglichen relevanten Wissensaustausch abwenden würden, doch das scheint kein Thema zu sein. Gleichwohl könnte man meinen, dass die Informationen selbst unglaubwürdig oder sogar gefährlich seien, doch wie aus einer im *British Medical Journal* veröffentlichten Studie hervorgeht, waren lediglich 6 Prozent solcher Informationen faktisch falsch. Nach Angaben des US-amerikanischen Marktforschungsunternehmen Jupiter Research haben 20 Prozent der US-Internetnutzer bislang Online-Gesundheitsinformationen generiert. Und laut einer Studie des Pew Research Center zum Thema „Internet & American Life" sagt fast ein Drittel aller Amerikaner, die im Web schon einmal nach medizinischen Informationen gesucht haben, dass diese Informationen nützlich gewesen seien.

„Die konstruierte Unterscheidung zwischen Konsument und Produzent ist dabei, sich aufzulösen. Ich nenne das Teilnehmerwirtschaft. Im Web 2.0 geht es um Menschen."
David Sifry,
Gründer und CEO von Technorati

Vernetzte Medizin

Nutzergenerierte und nutzergefilterte Inhalte sind ein kennzeichnendes Merkmal sozialer Online-Medien. Warum also nicht diese Funktionen und Techniken auf die Medizin anwenden? Was dagegen spricht, ist die Tatsache, dass es in der Medizin um Leben und Tod gehen kann und daher am besten den Experten überlassen bleiben sollte. Was für eine nutzergenerierte Medizin spricht, ist, dass selbst Experten nicht immer alles wissen können, dass sie nicht immer über sämtliche aktuellen Entwicklung in allen Gesundheitsbereichen auf dem neuesten Stand sein können und der Patienten manchmal wirklich am besten weiß, was er braucht. Vielleicht ist der erfolgreichste Weg eine Kombination aus beidem: Man überlässt Diagnose und Behandlung ernster Erkrankungen den Fachleuten, animiert Patienten aber zugleich, sich auszutauschen und spezialisierte Netzwerke zu bilden, in denen Medikationen und Behandlungsergebnisse verglichen werden können.

2025
Zugriff auf sämtliche Patientenakten via „Cloud"

2030
Alle Kliniken werden im eBay-Format von Patienten bewertet

2040
TripAdvisor startet ein Bewertungsportal für Krankenhäuser

> **Die Medizin ist die einzige Profession, die unaufhörlich an der Zerstörung ihrer Existenzgrundlage arbeitet.**
> **James Bryce,** Politiker und Diplomat

Vernetzte Patienten In Zukunft werden wir unser genetisches Profil ebenso offen online stellen wie heute Fotos und Schilderungen unseres Lebens auf Facebook. Eins aber lehren uns diese Anfangszeiten des Worldwide Web: Obwohl eine „Killerapplikation", verbindet das Internet die Menschen, und wir werden auch künftig viele unserer intimsten Geheimnisse, darunter auch Informationen über Leben und Tod, über unseren Körper und Geist, mit anderen teilen und preisgeben.

Wir werden auf einschlägigen Genealogie-Seiten Ahnenforschung betreiben, um herauszufinden, woher wir kommen; wir werden sogenannte moderne Orakel namens „Predictive Software" benutzen, damit wir uns schon einmal ein Bild von unserem Nachwuchs machen können, im Falle dass sich harry630@mapplemail mit sally330@zlingee zusammentut. Mit diesen genetischen Netzwerken werden sich zahlreiche konkrete Fragen zum Schutze der Privatsphäre auftun, und zwar nicht nur im Hinblick auf uns selbst, sondern auch im Hinblick auf unsere Eltern und Großeltern. Und sind die Daten erst einmal öffentlich, so wird sicherlich jeder, von Regierungen über Kliniken bis zu Versicherungsgesellschaften und Polizei, ganz versessen darauf sein zu erfahren, was sich so alles hinter unserer Person verbirgt. Solche Informationen

Die Medikamente wirken nicht

Rund 90 Prozent aller Medikamente wirken bei 30–50 Prozent aller Menschen nicht. Insofern ist es wohl kaum verwunderlich, dass Pharmaunternehmen immer mehr abkommen von herkömmlichen Geschäftsmodellen und personalisierte Behandlungskonzepte in den Fokus rücken. Das hat zwei Gründe. Erstens fallen patentbedingte Einschränkungen für viele Medikamente weg, zumal Generika-Hersteller (insbesondere in Asien) bestehende Patente immer aggressiver angreifen, sodass „generische Medikamentendoubles" billiger und alltäglicher werden. Zweitens ist es die Technologie, die mit immer neuen Entwicklungen auf Gebieten wie der Genomik und der Phänotypisierung dafür sorgt, dass die personalisierte Medizin zur Realität wird, zumal Pharmaunternehmen dazu übergehen, die Ausgaben für Forschung und Entwicklung auf Spezialerzeugnisse und Therapien zu verlagern, die auf ausgefallene Erkrankungen und auf Untergruppen der Bevölkerung zielen. Ein von der EU mit 9 Millionen Euro gefördertes Projekt namens Food4Me soll alle Aspekte der personalisierten Ernährung in den Blick nehmen und erkunden, inwiefern die tägliche Ernährung auf das körperliche und genetische Profil des Einzelnen zugeschnitten werden kann.

werden zweifelsohne eine Flut von Quacksalberei und selbstverordneten Heilmitteln mit sich bringen, doch vernetzte Patienten und Therapienetzwerke bieten davon abgesehen auch die Möglichkeit für aktive medizinische Innovationen. Pharmaunternehmen und Regulierungsbehörden scheuen derzeit noch zurück davor, die ein oder andere Idee aufzugreifen, doch wenn das freie Experimentieren im Netz Eingang findet in die Weisheit der Vielen, könnten sich viele neue Möglichkeiten eröffnen.

Im Grunde bedeutet nutzergenerierte Medizin, dass immer mehr Menschen die Verantwortung für ihre Gesundheit selbst übernehmen. Die alten Zeiten, da man bei Beschwerden den Arzt konsultiert hat, sind vorbei. Heute ist alles eine Frage des eigenen Lebensstils und der eigenen Entscheidungen (und vielleicht auch des Gehalts und der Krankenversicherung). Heute ist niemand ein Experte. Und wenn, kann man ihn sich wahrscheinlich nicht leisten.

Vielleicht sollten wir nicht von personalisierter Medizin sprechen als vielmehr von personalisierter Gesundheit. Es gibt sogar eine europäische Studie, die personalisierte Vorschläge zur Ernährung mit einem individuellen Phänotyp verbindet. Letztendlich liegt es an jedem Einzelnen, sich um seine Gesundheit zu kümmern und aus der Fülle der verfügbaren Möglichkeiten seine Wahl zu treffen, um möglichst gesund zu bleiben. Patienten wissen am besten, was sie brauchen, und man kann ihnen den Zugang zu ihren Daten anvertrauen.

Worum es geht

Die Macht der Patienten

25 Medizinisches Data-Mining

Die Medizin ist, genau wie das Versicherungswesen auch, nicht immer intelligent. Beide Bereiche sind tendenziell reaktiv. Individuelle Risiken werden anhand personengeschichtlicher Daten bewertet, die mit Fragen nach Alter, Wohnort und Beruf verbunden sind. Doch Kostenexplosionen, finanziert durch zunehmende Schulden, zusammen mit wachsenden Ansprüchen an das Gesundheitswesen durch die Überalterung der Gesellschaft und die rasanten Entwicklungen in der digitalen Technologie, werden diesem System bald das Aus bescheren.

Supermärkte, Cafés und Pizzerien nutzen seit langem zielgruppenspezifische Marketingkampagnen (Präzisionsmarketing) – wie ausgeklügelte Marktsegmentierungstechniken, die soziale, demographische und strukturelle Bedingungen berücksichtigen –, um zu entscheiden, wo die strategisch besten Standorte sind, um maximale Umsätze zu erzielen. Mit eben diesen Techniken beginnen Gesundheitsstrategen neuerdings, diejenigen Gebietskörperschaften ins Auge zu fassen, die Überprüfungen und innovative Versorgungskonzepte am dringendsten benötigen. Ironischerweise sind viele der Erkrankungen, die die Gesundheitsstrategen zu beseitigen suchen, gerade diejenigen, die Pizza- und Fast-Food-Ketten überhaupt erst verursachen. Für die Einzelhändler haben Datengewinnungstechniken einzig den Zweck, den Kundenabsatz zu maximieren. Im Gesundheitswesen geht es darum, mithilfe ähnlicher Daten die Kosten zu senken.

Diabetes zum Beispiel, weitgehend verursacht durch Bewegungsarmut und jede Menge ungesunder Speisen, ist mittlerweile als eine globale Epidemie anzusehen. Weltweit gibt es 285 Millionen Diabetiker, und in den USA hat sich die Zahl der Betroffenen seit 1980 verdoppelt.

Nach Angaben der International Diabetes Federation werden bis zum Jahr 2030 weltweit 438 Millionen Menschen von Diabetes betroffen sein – ganze 7,8 Prozent der erwachsenen Weltbevölkerung. Die damit verbundenen Kosten sind immens – 2010

Zeitleiste

1870
Die „Keimtheorie der Krankheiten" wird formuliert

1921
Insulin wird erstmals isoliert und angewendet

1928
Penicillin wird entdeckt

1985
Medizinroboter führt erstmals einen chirurgischen Eingriff durch

Digitale Datenspuren

Wohin mit den riesigen Datenmengen, die auf einer Mikro- ebenso wie auf einer Makroebene erzeugt werden? Diese Frage gehört mit zu den wichtigsten, die es in Zukunft zu diskutieren gilt. Ein Großteil der personenbezogenen Daten, die Aufschluss darüber geben, wo sich eine Person gerade befindet und was sie gerade tut, wird für Regierungen wie Unternehmen gleichermaßen von großem Nutzen sein. Datenbesitz und Datenschutz werden daher hochbrisante Themen sein. Die Datenkriminalität wird deutlich ansteigen, nicht nur auf zwischenstaatlicher Ebene im Internet (Cyber-Crime), sondern auch im Bereich der Industriespionage oder des geistigen Eigentums. Der private Internet-Nutzer wird wohl davon ausgehen müssen, dass seine persönlichen Daten standardmäßig auf „öffentlich zugänglich" voreingestellt sind. Und will er seine Daten privat und vertraulich halten, wird er dafür bezahlen müssen.

waren es 418 Milliarden Dollar. Allein Nordamerika gibt 214 Milliarden für die Behandlung dieser Krankheit aus, und rechnet man die Kosten auf ein oder zwei Jahrzehnte hinaus, könnte die Behandlung unerschwinglich werden, es sei denn, es würden drastische Maßnahmen ergriffen. Aber es gibt Hoffnung: Rund 5 Prozent der US-Bevölkerung sind verantwortlich für ungefähr 50 Prozent der Gesamtkosten im amerikanischen Gesundheitssystem. Könnte man diese 5 Prozent möglichst umgehend und gezielt ausfindig machen, würde das die Behandlungskosten erheblich senken.

Die Stunde des Data-Mining Ausgefeilte Forschungs- und Segmentierungstechniken machen es möglich, die effiziente Methode des Data-Mining zu nutzen, um Menschen, die in bestimmten Straßen wohnen, auf bestimmte Schulen gehen oder einen

„Es ist schon komisch, wie sich alle lebenden Organismen doch gleichen … wenn es darauf ankommt, wenn es um alles geht, dann ist jedes Geschöpf auf dieser weiten Erde einzig und allein am eigenen Überleben interessiert."

Dr. Iris Hineman im Film *Minority Report* (2002)

2001	2008	2020	2030
Erste „Fernoperation" über den Atlantik hinweg (Telechirurgie)	Ein fast komplettes Gesicht wird transplantiert	Gesundheitsleistungen werden an Lebensführung gebunden	Hackerangriffe auf medizinische Daten weiten sich aus

bestimmte Arbeitsplätze haben, zu identifizieren. In Slough (GB) beispielsweise gab es eine Kampagne zur Identifikation von Personen, für die eine Untersuchung auf Typ-2-Diabetes dringend angezeigt war. Von den 2000 Personen, die unter Verwendung sozialer Parameter identifiziert worden waren, waren 106 von einer nicht diagnostizierten Typ-2-Diabetes betroffen. Mit einer ähnlichen Kampagne suchte man in Brent (GB) die Zahl der Teenagerschwangerschaften.

Fügt man ergänzend Molekulardiagnostik, genetisches Screenings und genetische Marker hinzu, so werden Ärzte in der Lage sein, Krankheiten früher zu erkennen – in manchen Fällen sogar, bevor sie sich manifestieren, was die Behandlungskosten senkt und die Überlebensraten steigert. Dies gilt umso mehr in Verbindung mit neuen bildgebenden Verfahren, Fernüberwachungstechnologien, Chipkarten mit gespeicherten medizinischen Daten, elektronischen Patientenakten und sogar der Gamifizierung. Gut möglich, dass wir eines Tages eine winzige Chipkarte entwickeln werden, der die gesamte Krankengeschichte einer Person samt aller Erkrankungen, Allergien, Medikationen und Kontaktadressen für den Notfall enthält (in den USA bereits geplant).

So eine Karte könnte zudem mit einem Lichtbild und Videoinhalten wie Röntgenbildern oder beweglichen medizinischen Bilddaten versehen sein. Synchronisiert man all das mit digitalen Zahlungssystemen (die Münzen im Geldbeutel sind überflüssig, denn die Karte lässt sich bequem per Handy aufladen oder der Betrag wird von einer mittlerweile implantierten Chipkarte abgebucht), erhält man am Ende einen umfassenden Bestand an personenbezogenen Echtzeit-Daten, die Auskunft darüber geben, wo sich eine Person gerade befindet und wie sie lebt. Anhand dieser Daten lassen sich dann Voraussagen darüber treffen, an welcher Krankheit diese Person einmal sterben könnte, sofern keine vorbeugenden Maßnahmen getroffen werden.

Blick in die Zukunft Auch wenn sich solche Konzepte als äußerst wirksam erweisen könnten, muss man sich fragen, wie es um den Schutz privater Daten im bestellt ist. Nimmt das Gesundheitswesen beispielsweise Personen in den Blick, die aktuell nicht

Digitale Datenabschöpfung

Mit „digitaler Datenabschöpfung" (*digital vacuuming*) bezeichnet man das Ausspähen riesiger Datenmengen, um dann mit Hilfe mathematischer und statistischer Modelle Inhalte und mögliche Verknüpfungen auszuforschen. Es können alle möglichen Daten „abgeschöpft" werden, von Telefonaten (Protokolle oder Echtzeit) bis hin zu Finanztransaktionen, E-Mails und verlinkten Internetseiten (der amerikanische Telekommunikationskonzern AT&T beispielsweise hat derzeit Aufzeichnungen von 1,9 Billionen Telefongesprächen gespeichert). Kommerziell könnten diese Daten genutzt werden, um zukünftige Gesundheitsrisiken zu begrenzen oder den Terrorismus zu bekämpfen.

›Ich will noch weiter gehen und sage: Auch wenn eine kritische Prüfung der Vergangenheit zu irgendeiner gültigen Vorhersage für die Zukunft der Menschen führen würde, wäre diese alles andere als beruhigend.‹

Julien Benda, Philosoph

erkrankt sind, deren Profil aber mutmaßlich auf künftige Erkrankungen deutet, erinnert dies in geisterhafter Weise an das „Ministerium für zukünftige Verbrechensbekämpfung“ im Science-Fiction-Thriller *Minority Report*. Was wäre, wenn so ein „Ministerium für zukünftige Gesundheitsförderung“ über Datenanalysen und elektronische Patientenakten herausfinden würde, dass Alkoholismus oder Lungenkrebs ein spezifisches Problem in einer bestimmten Region wäre? Sollte die Regierung dann handeln und Alkohol und Tabak aus sämtlichen Läden in dieser Region entfernen? Wie? Sie halten das in den USA oder Europa nicht für denkbar? Nun, in Australien ist der Verkauf von Alkohol in einigen Aborigines-Gemeinden bereits verboten.

Das sogenannte Heritage Provider Network (HPN), ein in Kalifornien ansässiges Ärztenetzwerk, ist ein weiteres Beispiel, das erahnen lässt, wie sich die Dinge in Zukunft gestalten könnten. Es arbeitet derzeit daran, einen Algorithmus zu entwickeln, um unnötige Krankenhausaufenthalte abzuwenden – ein Problem, das bereits 2006 für die USA identifiziert und auf 30-Milliarden-Dollar beziffert wurde. Das Netzwerk (heritagehealthprize.com) vergibt eine Reihe von hochdotierten Preisen in Gesamthöhe von 230 000 Dollar sowie einen Hauptpreis von 3 Millionen Dollar an jeden, ob Privatperson oder Institution, dem es gelingen sollte, ein Verfahren zu entwickeln, mit dem es möglich wird, die Anzahl der Tage vorauszuberechnen, die ein Patient im Krankenhaus verbringen wird.

Worum es geht

Krankheitsbekämpfung der Zukunft

26 Single-Gesellschaft

Das Bild der Familie verändert sich weltweit. Das, was Familie in ihrem Kern ausmacht, bestehend aus Mutter, Vater und zwei Kindern, verschwindet mehr und mehr. Stattdessen bilden sich viele verschiedene Formen von Familie. Das traditionelle Familienmodell wird zum Auslaufmodell. Der eigentliche Trend geht aber nicht zur Familie, sondern dahin, dass immer mehr Menschen allein leben. Rund 34 Prozent aller Menschen in Großbritannien leben allein.

In Zukunft werden immer mehr Menschen allein oder mit wechselnden Partnern außerhalb der traditionellen ehelichen Beziehung leben. Während viele junge Berufstätige in WGs zusammenleben, teilen sich auch immer mehr befreundete, ältere Menschen eine Wohnung, so fühlen sie sich sicherer, sind in Gemeinschaft und sparen Kosten. Ein weiterer Zukunftstrend ist das „Mehrgenerationen-Wohnen", das Zusammenleben mehrerer Generationen unter einem Dach. Ein Wohnmodell mit vielen Vorteilen: Großeltern helfen bei der Kinderbetreuung, oder ältere Kinder ziehen nicht aus, um Geld zu sparen.

Ein Blick in die Geschichte zeigt, dass Menschen meist alleine lebten, wenn sie jung, verwitwet oder geschieden waren. Für gewöhnlich war dies ein vorübergehender Zustand, und es wurden Gelegenheiten aller Art geschaffen, um Menschen zusammenzubringen. Das ist heute vorbei. Für viele ist das Single-Leben heute die bevorzugte Lebensform. Was aber sagt das über eine Gesellschaft aus, wenn wir keine feste Partnerbindung mehr eingehen wollen? Ist es ein Zeichen für Narzissmus, Trägheit, Perfektionismus, Individualismus oder liegt es einfach nur daran, dass wir heute nicht mehr die Zeit haben, in Karriere und eine Beziehung gleichzeitig zu investieren? Vielleicht hat die digitale und virtuelle Welt, in der wir heute leben, das Bedürfnis nach körperlicher Nähe beseitigt.

Wie Zahlen des britischen Office for National Statistics zeigen, sind verheiratete Frauen in England und Wales inzwischen die Minderheit. Das liegt hauptsächlich daran, dass Frauen nicht selten mit der Eheschließung warten, bis sie über 30 oder auch 40 sind. Anfang der 1970er-Jahre waren rund 85 Prozent aller Frauen verheiratet, noch

Zeitleiste

2014 40 Prozent der erwachsenen britischen Bevölkerung leben allein

2015 Steuervorteile für Großeltern, die mit ihren Enkeln zusammenleben

2016 In den USA nimmt Walmart „Familienpackungen" aus dem Sortiment

2017 Banken offerieren generationenübergreifende Hypotheken mit Laufzeiten von 100 Jahren

bevor sie 30 waren. Mittlerweile sind es weniger als 33 Prozent. Andere Gründe liegen darin, dass Scheidungen heute einfacher durchsetzbar sind und Frauen aufgrund ihrer höheren Lebenserwartung ihre Männer überleben.

„Einsamkeit ist die ultimative Armut."
Abigail Van Buren,
Kolumnistin, berühmt durch ihre „Lebenshilfekolumne"

Familie im Wandel der Zeit Die emotionalen und finanziellen Folgen daraus sind bedeutend und werden Einfluss nehmen auf zukünftige regierungspolitische Konzepte. Für Großbritannien beispielsweise wird erwartet, dass sich die Zahl der Paare, die unverheiratet zusammenleben, bis 2038 von 2 Millionen auf fast 4 Millionen verdoppelt. Aus der Ehe als ein vormals rechtskräftig gültiger Bund fürs Leben wird wohl immer mehr ein zerbrechliches Glück. Eine Scheidung hat zudem negative Auswirkungen auf die betroffenen Kinder. Allerdings wird es in Zukunft höchstwahrscheinlich immer weniger Kinder geben, denn sie kosten neben Geld auch häufig die Karriere. Doch wenn Familien immer kleiner und staatliche Kassen immer knapper werden, wer wird dann die Alten unserer Gesellschaft einmal versorgen?

Ohne feste Bindung

Eine Studie der Duke University in North Carolina (USA) ergab, dass Single-Männer und Single-Frauen mit einer Herzerkrankung und ohne festen Freundeskreis ein 300 Prozent größeres Risiko haben, innerhalb von fünf Jahren zu sterben, als die Vergleichsgruppe von verheirateten Männern und Frauen oder Single-Männer und Single-Frauen mit einem engen Freundeskreis. Eine andere Studie der Yale University ergab, dass Männer und Frauen, die angaben, sich geliebt zu fühlen, signifikant weniger Verengungen oder Verschlüsse der Herzkranzgefäße aufwiesen als diejenigen, die dies verneinten. Anders gesagt, Liebe und innige Verbundenheit (oder der Mangel daran) sind ganz wesentliche und mitbestimmende Ursachen dafür, ob wir krank werden oder gesund bleiben. Einsame, deprimierte oder emotional verunsicherte Menschen, flüchten sich möglicherweise in Essen, Alkohol und Drogen, was wiederum zu Krankheiten und vorzeitigem Tod führen kann. Und das wiederum wirft die Frage auf, ob eine Gesellschaft, die individuelle Lebensformen fördert, uns nicht buchstäblich umbringt.

2018
60 Prozent der 30-Jährigen leben noch bei den Eltern

2019
Soziale Netzwerke beginnen, reale Gemeinschaften zu gründen

2024
30 Prozent aller Singlehaushalte haben einen Roboter als Gesellschafter

2026
90 Prozent aller Haustiere in China leben in Single-Haushalten

> **Du hast ein Gehirn in deinem Kopf und Füße in deinen Schuhen. Du kannst dich selbst in jede Richtung lenken, die du wählst. Du bist auf Dich gestellt. Und Du weisst was Du weisst. Und Du bist derjenige der entscheidet, wie das Ziel heisst.**
>
> **Dr. Seuss,**
> **Schriftsteller und Karikaturist**

Wir sind auf dem besten Wege, eine Gesellschaft zu schaffen, in der immer mehr Menschen alleine leben, während tragende Strukturen zur sozialen Abstützung von alten oder kranken Menschen immer weiter aufweichen.

In den USA sieht es ähnlich aus. Auch Amerikaner heiraten offenbar nicht mehr so häufig wie früher, oder zumindest sind verheiratete Paare heute eher selten, was einmal mehr bedeutsame Auswirkungen auf politische Entscheidungsprozesse haben könnte. Doch trotz des Rückgangs traditioneller Familienformen scheint der Wunsch, an der Seite eines Partners zu leben – wenn auch nicht gemeinsam unter einem Dach – so stark wie eh und je. Die Zahlen untermauern die Tendenz zu einer späteren Heirat allenfalls und deuten kaum darauf, dass die Ehe als Form des partnerschaftlichen Zusammenlebens gänzlich verschwinden wird. Wir sollten außerdem nicht vergessen, dass Gemeinschaften nicht immer körperlicher Natur sein müssen, wie die vielen Online-Gemeinschaften bezeugen.

Und ein weiterer Trend: Da Immobilien heute sehr teuer sind, ist das Zusammenleben mit anderen Menschen in einer Wohngemeinschaft für viele Singles heute eine bezahlbare und praktische Alternative. Manche sehen das nicht eheliche Zusammenleben als Probelauf (oder Probesex?) für die Ehe. Gut möglich, dass Menschen künftig für eine vertraglich vereinbarte und begrenzte Zeit zusammenleben (oder auch die Kindererziehung vertraglich regeln), dass Paare sich verpflichten, ihre Kinder 20 bis 25 Jahre lang gemeinsam großzuziehen und danach wieder in ihr Single-Leben zurückkehren, weil sie entweder ungebunden sein oder eine neue Beziehung suchen wollen. Andere trennen sich und ziehen dann mit Freunden oder Kollegen zusammen, um mehr Sicherheit zu haben und/oder um Geld zu sparen.

Zukunftsmodell Single-Leben Welche weiteren Auswirkungen hat es, wenn immer mehr Menschen allein leben? Ein Bereich, der diesen gesellschaftlichen Wandel zu spüren bekommt, ist der Einzelhandel. Die steigende Zahl der Single-Haushalte, insbesondere im innerstädtischen Gebieten, bedeutet, dass Werte und Vorzüge eines solchen Lebens meist wichtiger sind als die Alternativen dazu. Ein ebenso profanes wie prophetisches Bespiel ist die Tatsache, dass städtische Supermärkte heute viele Artikel in Klein- und Einzelpackungen statt in Großpackungen anbieten – ein für Einzelhändler profitabler Markt, denn die Gewinnmargen von Einzelpackungen sind oft höher als die von Großpackungen. Ein anderes Beispiel ist der Trend zum gemeinschaftlichen Konsum, bei dem sich mehrere Menschen Güter teilen, weil es für den Einzelnen billiger kommt, als wenn er sich, sagen wir mal, ein eigenes Auto leisten würde.

Das Single-Leben wirkt sich möglicherweise auch auf die Gesundheit aus. Eine dänische Studie ergab, dass ältere Menschen, die allein leben, ein höheres Risiko für ein

> **„Ich bin Single!“**
>
> In einem Supermarkt kann Sie niemand schreien hören: „Ich bin Single!“ Die Welt des Konsums ist heute in der Tat noch immer weitgehend auf Paare und Familien ausgelegt – Steaks im Zweier- oder Viererpack, Restauranttische für zwei, vier, sechs oder acht. Autos für zwei, drei, vier, fünf oder mehr Personen. Natürlich hat das Single-Dasein auch Vorteile. Der Mülleimer ist nicht so schnell voll, und es gibt immer genug heißes Wasser für ein Bad. Aber ist das Single-Leben gesund für unsere Erde? In Zukunft könnten Alleinlebende höhere Steuern zahlen müssen, denn wenn immer mehr Menschen alleine leben, braucht es mehr Wohnraum, Haushaltsgeräte und Autos. Oder wird man neue Möglichkeiten finden, Güter durch einen gemeinschaftlichen Konsum zu teilen?

plötzliches Herzversagen haben als Menschen, die mit anderen zusammen leben. Männer über 50 Jahren sind besonders gefährdet, Frauen erst ab dem 60. Lebensjahr; für beide Geschlechter aber gilt, dass sich das Risiko eines plötzlichen Herzversagens verdoppelt, wenn sie nach dem 60. Lebensjahr alleine leben. Dabei sei es wichtig, so die Leiter der Studie, nicht nur auf körperliche Einflussfaktoren wie Diabetes oder Nikotinkonsum zu achten, sondern darüber hinaus auch soziale und umweltbezogene Faktoren nicht aus dem Blick zu verlieren, die zu Herzerkrankungen beitragen können,. Diese Ergebnisse bestätigen frühere Studien, wonach Menschen aus sozial und wirtschaftlich schwächeren Gesellschaftsschichten oder mit wenig sozialer Unterstützung ein höheres Risiko für gesundheitliche Probleme entwickeln. Die gesellschaftliche Isolierung mag ebenfalls einen großen Teil dazu beitragen, doch für Menschen, die allein leben, steigt die Wahrscheinlichkeit, klassische Risikofaktoren für Herz-Kreislauferkrankungen auszuprägen – Nikotinkonsum, Fettleibigkeit, hohe Blutfettwerte.

Worum es geht

Immer mehr Menschen leben allein

27 Entmaterialisierung

Die Weltwirtschaft wird zunehmend entmaterialisiert. Das bedeutet, dass viele Dinge, die Wert haben oder Wert schaffen, nicht mehr in physischer Form existieren. Die Währung dieser neuen Wirtschaft ist nach wie vor das Geld, doch es ist digitales Geld, das durch Ideen und Information geschaffen wird. Hinzu kommt, dass diese Verschiebung von physischen Produktionssystemen zu digitalen Diensten und virtuellen Erfahrungswelten gerade erst begonnen hat.

Die Digitalisierung stellt eine signifikante Verschiebung in Bezug auf die Herstellungsweise von Produkten dar, die veränderlich darauf einwirkt, wie, wo und was die Verbraucher konsumieren. So etwa verlangte das alte Modell des Industriezeitalters hohe Einträge an Kapital und Arbeit (Produktionsfaktoren), um Werte zu schaffen. Diese Faktoren waren relativ teuer und die Schranken für einen Marktzugang relativ hoch. Infolgedessen waren die Wachstumsraten relativ bescheiden und Innovationen verbreiteten sich nur langsam. Teilweise ist das auch heute noch so, aber physische Produktionsfaktoren in Form von Kapital und Arbeit gehen beträchtlich zurück. In gewisser Hinsicht aber gelangen wir mit zunehmender Automation an einen Punkt, wo aus Kapital tatsächlich Arbeit wird.

Materielle Güter werden dort, wo sie noch existieren, kleiner und leichter und benötigen weit weniger Material, ein Trend, der sich angesichts ökologischer Belange und steigender Rohstoffpreise sehr wahrscheinlich fortsetzen wird. Und so sind die erfolgreichsten Wirtschaftsmodelle der Zukunft wohl die, die mit weniger teuren Produktionsfaktoren, darunter auch die menschliche Arbeitskraft, weiterhin Werte schaffen können. Das bedeutet dass ein Abbau von Material und Arbeit, einhergehend mit einer höheren Effizienz im Transport- und Vertriebswesen, einen Boom im Bereich der digitalen oder virtuellen Produkte, Dienstleistungen und Informationen auslösen wird.

Unsere Welt im Wandel Digitale Information und Dienstleistungen benötigen ganz offenbar immer noch physische Produktionsfaktoren, um selbige zu schaffen und konsumieren zu können. Das aber ist besonders abhängig von teurer Energie, etwas, das

Zeitleiste

2011 Apple führt iCloud ein

2016 TripAdvisor rentabler als Hotelgruppe Hilton

2022 Wertvollstes Unternehmen der Welt produziert nichts im eigentlichen Sinne

wir, die wir E-Books lesen oder Internetrecherchen betreiben, irgendwie zu vergessen scheinen. Gleichwohl sind diese Faktoren (Produkte und Dienstleistungen) heute tendenziell kleiner und weniger kostspielig als bei konventionellen Herstellungs- und Vertriebsprozessen. Dies erklärt zum großen Teil den signifikanten Unterschied der Unternehmensbewertungen zwischen traditionellen Industrien (z. B. Automobil- oder Flugzeughersteller) und den neuen Wirtschaftszweigen wie etwa den sozialen Medien, die auf Datenbesitz und Datenaustausch fokussiert sind. Der Unternehmenswert von *Farmville* beispielsweise, einer Anwendung auf Facebook (ohne dingliche Produkte), wird auf rund 5 Milliarden Dollar beziffert.

‚ Der Wandel von Atomen zu Bits ist unwiderruflich und unaufhaltsam. Warum jetzt? Weil der Wandel zudem exponentiell ist – kleine Unterschiede gestern können morgen plötzlich schockierende Folgen haben. ‘
Nicholas Negroponte,
Mitbegründer von MIT Media Lab

Digitalisierung bedeutet auch, dass die Arbeit selbst im Wandel begriffen ist. Viele Jobs sind heute nicht mehr an einen physischen Ort gebunden. Man kann ohne weiteres in London wohnen und in New York arbeiten oder sich einen Arbeitsplatz mit jemandem am anderen Ende der Welt teilen. Zudem lässt sich eine Arbeitsstelle in kleinere Arbeitseinheiten zerlegen, auf die sich Menschen von rund um den Globus bewerben können mit der häufigen Folge,

Im Trend: Virtuelle Welten

„Die schwerelose Wirtschaft" ist eine Wendung zur Beschreibung der Tatsache, dass vieles von dem, was heute erzeugt wird, gar nichts „wiegt" – was so viel heißt wie die Aussage, dass ein Großteil der Werte, die in den gefestigten Wirtschaften der entwickelten Länder erzeugt werden, aus Informationen und Dienstleistungen stammen, nicht aus hergestellten Produkten. Was heißt das? Erstens: Der Standort wird in Zukunft eine geringere Rolle spielen. Wo etwas hergestellt wird, ist bei virtuellen Produkten weitgehend egal. Zweitens: Die Kosten für Herstellung und Vermarktung virtueller Produkte oder Dienstleistungen liegen im Vergleich zur Einzelproduktion kaum höher. Deshalb ist es oft sinnvoll, Produkte oder Serviceleistungen zu verschenken. Drittens: Der Trend in Richtung digitale Welt, macht es einfach, Produkte und Dienstleistungen zu personalisieren, sie auf den Markt einer einzelnen nutzenden Person zuzuschneiden.

2026
Fotos werden nicht mehr besessen, sondern gemietet

2028
Bibliotheken sind vollständig virtuell

2029
Der Unternehmenswert von Google liegt bei 1,9 Billionen Dollar

2039
65 Prozent aller Kinder besuchen keine reale Schule mehr

Nichts kaufen und verkaufen

Was passiert, wenn der konjunkturelle Abschwung Sie davon abhält, eine Gucci-Handtasche für 3000 Dollar zu kaufen? Ganz einfach: Kaufen Sie stattdessen eine virtuelle Version derselben Tasche für 4 Dollar. Virtual Greats ist ein in den USA ansässiges Unternehmen, das als Mittler zwischen Marken und Prominenten fungiert, um Markenprodukte in virtuellen Welten (auf Interaktionsplattformen wie Gaia oder Second Life online) zum Verkauf anzubieten – dort, wo Menschen echtes Geld ausgeben, um virtuelle Güter, darunter virtuelle Markenartikel (auch Kleidung und Accessoires) sowie Land käuflich zu erwerben. Die Gewinnspannen liegen bei satten 70–90 Prozent, vor allem deshalb, weil die Produkte nicht wirklich existieren. Vermarktung und Herstellung sind faktisch gleich Null.

dass Preis und Qualität so weit nach unten gedrückt werden, dass fachliche Fähigkeiten und Kenntnisse zu bloßen Verbrauchs- oder Massengütern werden.

Was all dies für das geistige Eigentum bedeutet, muss besonders gut im Auge behalten werden. Je mehr Informationen digitalisiert und virtualisiert werden, umso größer wird die Gefahr des Missbrauchs, obgleich ich persönlich davon ausgehen würde, dass sich das Urheberrecht schließlich gegen eine Kollektivierung von geistigem Eigentum im Internet durchsetzen wird.

Ein anderes Beispiel für die Entmaterialisierung ist Cloud-Computing – anstatt etwas im physischen Sinne zu besitzen oder an einem physischen Ort einzulagern, bezahlt man dafür, über jedes beliebige mobile Endgerät jederzeit Zugang zu digitalen Inhalten zu bekommen. Das können geschäftliche Informationen sein, Filme, Spiele, Fotos und vieles andere mehr, das früher im physischen Sinne besessen und von Einzelpersonen oder Institutionen vorrätig gehalten wurde. Der allgemeine Trend geht weg vom individuellen Eigentum hin zu einem gemeinschaftlichen Zugang, der wiederum Hand in Hand geht mit einer weiteren Veränderung, die hinausführt aus der Welt der dinglichen Produkte ganz allgemein, hinein in eher „nicht dingliche", virtuelle Erfahrungswelten.

Der Trend erstreckt sich auch auf zwischenmenschliche Beziehungen, die über die virtuelle statt die direkte persönliche Kommunikation zunehmend leichter angefangen, „konsumiert", vermittelt und beendet werden können. Die sprachliche Kommunikation beispielsweise (sprich, die klassischen Telefonanrufe) gehen in vielen Ländern immer stärker zurück, während die textliche Kommunikation regelrecht explodiert. In gewisser Hinsicht eine tolle Sache, denn die textliche Kommunikation ist zumeist schneller, bequemer und billiger als die sprachliche. Einen Haken gibt es allerdings. Tonfall, Stimmfärbung oder Sprachklang in einer SMS zu übermitteln, ist recht schwierig, weshalb das Risiko für Irrtümer und Missverständnisse steigt. Aber wer weiß, vielleicht wird die zunehmende Nutzung von Telepräsenzsystemen (von Skype zum Beispiel) dies schon bald ändern.

Die Kehrseite Klar, wo ein Trend, gibt es oft einen Gegentrend, der in die entgegengesetzte Richtung läuft. Man darf für die Zukunft also ein gesteigertes Interesse an physisch materiellen Dingen in vielen Lebensbereichen erwarten. Bücher in Papierform, zum Beispiel, werden möglicherweise an Wert gewinnen, wenn mehrheitlich zum elektronischen Buch gegriffen wird. Genauso werden handgeschriebene Karten oder Briefe eines Tages wieder eine neue Wertschätzung erfahren, wenn so gut wie jedermann digitale Grußbotschaften oder Beileidsschreiben verschickt. Handwerk, Herkunft und Geschichte werden ebenfalls an Bedeutung gewinnen, wenn alle Produkte sich irgendwann immer mehr gleichen. Ganz ohne Zweifel werden Sie auch dieses Buch in elektronischer Form als sogenanntes E-Book erwerben können. Doch das „P-Book", die Papier-Ausgabe, bei der sich Einband und Seiten mit der Zeit verschleißen und dadurch eine ganz individuelle, physische Note bekommen, mag sehr viel interessanter sein.

„Wird auf die Bücher in der Cloud über Benutzerschnittstellen zugegriffen, die Mashups einzelner, bereits bestehender Medien-Fragmente erstellen, welche Kontext und Urheberschaft eines jeden Fragments verdecken, würde es nur noch ein einziges Buch geben."
Jaron Lanier,
Computerwissenschaftler und Autor

Letztendlich wird es so sein, dass alle Entwicklungen im Bereich der Bildschirmtechnologie (insbesondere der vollbeweglichen 3D-Monitore und elektronischen Papiere), der künstlichen Intelligenz und dem wohl eines Tages vermehrt sensorischen und immersiven Internet, die sich auf breiter digitaler Front hinein in die virtuelle Welt bewegen, den analogen Ausreißern in die ein oder andere Richtung nichts, aber auch gar nichts anhaben können.

Worum es geht

Virtuelle Güter und Dienstleistungen auf dem Vormarsch

28 Die Einkommensschere

Zwischen 1978 und 2008 sind die Löhne der oberen 10 Prozent der Erwerbstätigen in Großbritannien um etwa 400 Prozent gestiegen. Für die unteren 10 Prozent lag die Steigerungsrate bei weniger als 30 Prozent. In den USA nimmt die Einkommenspolarisierung noch deutlicher zu. Woran liegt das? Der eine Grund heißt Globalisierung. Der andere Technologie.

Stehen wir möglicherweise vor einer neuen Feudalgesellschaft, wo ein winziger Teil der Bevölkerung fast alles besitzt und isoliert und sicher in überschäumendem Wohlstand lebt, während die große Masse der Menschheit in ständiger Unsicherheit und Verzweiflung von der Hand in den Mund lebt? Wie aus einer britischen Studie hervorgeht, sind die Gehälter der Geschäftsführer der 100 größten und umsatzstärksten Unternehmen des Landes (die im FTSE-100-Index erfasst sind), allein im Jahre 2010 um 32 Prozent gestiegen. Im Niedriglohnsektor hingegen stiegen die Gehälter in einem Zeitraum von 30 Jahren, von 1978 bis 2008, um 27 Prozent, obgleich sich das Gesamt-BIP in Großbritannien im selben Zeitraum verdoppelte. Was die Spitze der Gesellschaft an Löhnen und finanziellen Vorteilen genießt, ist an ihrem unteren Ende kaum zu finden: Und so besteht die Gefahr, dass wir dabei sind, eine Gesellschaft zu schaffen, die das widerspiegelt, was die französische Königin Marie Antoinette einst in die berühmten historischen Worte kleidete: „Die Leute haben kein Brot? Sollen sie doch Kuchen essen".

Der globale Effekt Die Einkommenspolarisierung und bis zu einem gewissen Grade auch die stagnierenden Reallöhne lassen sich durch die Globalisierung und Netzwerktechnologien erklären. Verfügt man über Kenntnisse und Fähigkeiten, für die eine hohe Nachfrage besteht, ist der Markt heute global, und viele der physischen Schranken, die einem weltweiten Wettbewerb früher im Wege standen, sind mittlerweile gefallen. Ein talentierter Fußball-Spieler aus Lettland beispielsweise, kann sich heute ohne weiteres durch ganz Europa bewegen – oder gar darüber hinaus – wie es 10 Pro-

Zeitleiste

2011
Occupy Wall Street protestiert gegen ungleiche Einkommensverteilung und fordert Gerechtigkeit

2013
Stagnierende Einkommen im Westen und Norden im Gegensatz zum Osten und Süden

2014
Hacker nehmen Gehaltslisten von Investmentbankern ins Visier

2017
Raubüberfälle in Notting Hill, auch „Einkommenssteuer" genannt

„Je mehr das produktive Kapital wächst, desto mehr dehnt sich die Teilung der Arbeit und die Anwendung der Maschinerie aus. Je mehr sich die Teilung der Arbeit und die Anwendung der Maschinerie ausdehnt, um so mehr dehnt sich die Konkurrenz unter den Arbeitern aus, je mehr zieht sich ihr Lohn zusammen."

Karl Marx, Soziologe, Ökonom, Philosoph und Revolutionär

zent der lettischen Bevölkerung getan haben, seit ihr Land zur EU gehört. Außerdem werden die Gehälter der Spitzensportler heute von Kräften globaler statt lokaler Märkte bestimmt.

Gleichermaßen ist die Herstellung eines Produkts, für das eine Nachfrage besteht, heute kaum mehr durch geografische Faktoren eingeschränkt, was größere finanzielle Gewinne, aber auch das Gegenteil, bedeuten kann. Wer über Kenntnisse und Fähigkeiten verfügt, die leicht ausgelagert oder automatisiert werden können – oder wer eine „veraltete" Fähigkeit oder gar keine Qualifikation besitzt –, der ist heutzutage sehr viel schlechter dran als früher.

In letzter Konsequenz könnte dies bedeuten, dass in gewissen Bereichen sich selbst tragende Eliten entstehen. Den Eingang zu finden in solche Elitekreise wäre so gut wie unmöglich, es sei denn, man hätte das nötige Geld, um sich die entsprechende Bildung leisten zu können (was sich erübrigen würde, wäre man bereits Teil der Elite). Entwickelt sich die Technologie vielleicht genau in diese Richtung?

Larry Summers, Wirtschaftswissenschaftler an der Harvard University, sagt, der Wirtschaftsboom, der 2008 endete, habe sich in einem grundlegenden Aspekt von allen vorangegangenen unterschieden. Die Mitarbeiter US-amerikanischer Unternehmen, so Summers, erhielten üblicherweise rund 75 Prozent des Unternehmenseinkommens, doch seit 2001 ist dieser Satz auf 25 Prozent gefallen. Dies bedeutet ein enormes, stetig steigendes Ungleichgewicht zwischen Arbeitsleistung und Kapitalertrag im Verlauf der letzten Jahre. Während Unternehmen florierten, nicht zuletzt dank kostensparender Technologien und externer Arbeitskräfte, rückte der Wohlstand für normale Haushalte zunehmend in weite Ferne und wurde zu einer Illusion, die basiert auf billigem Geld.

Kombiniert mit geschwächten Gewerkschaften und einer rückläufigen Tendenz der sozialen Mobilität, ist nicht auszuschließen, dass viele der Merkmale einer modernen Gesellschaft, die für die Menschen in den Industrieländern seit nunmehr ein bis zwei

2022
Die jährlich erscheinende Liste der 500 umsatzstärksten Unternehmen, Fortune Global 500, konstatiert ein weithin akzeptiertes maximales Einkommensverhältnis von 100:1

2039
1 Milliarde US-Dollar-Millionäre weltweit

2080
Erster Billionär der Welt

> **Der größte Reichtum ist Selbstgenügsamkeit.**
> **Platon, antiker griechischer Philosoph**

Generationen so überaus selbstverständlich sind, sich in Zukunft wieder rückwärts entwickeln. Dies gilt insbesondere für westliche Nationen, wo hohe Schuldenlasten die Bereitstellung und Finanzierung von öffentlichen Dienstleistungen wie Bildung, Gesundheitsfürsorge, Polizeiarbeit und Transportwesen stark beeinträchtigen. Zumindest die Einkommensverhältnisse – und die damit verbundenen Möglichkeiten, aber auch die Würde oder Erniedrigung – werden zunehmend polarisieren.

Im Wettbewerb mit jedermann Stagnierende Realeinkommen resultieren größtenteils aus einer globalen Machtverschiebung, der Auslagerung der Produktion in östliche Länder sowie den Folgen zunehmender Automatisierung. Und sollten Sie all das heute schon für problematisch halten, warten Sie noch ein paar Jahre ab. In den westlichen Ländern sind die Menschen gewohnt, dass der Osten die Preise für relativ billige Konsumgüter bestimmt. Was aber wäre, wenn diese Region auch die Weltmarktpreise für Arbeit bestimmen würde? Dann würde man wohl von wirtschaftlichem Protektionismus sprechen, insbesondere in den USA und in Europa. Aber sich globalen Trends zu widersetzen, wird auf lange Sicht vermutlich nicht funktionieren. Eine Lösung könnte vielleicht darin liegen, die Menschen dahin zu öffnen, gering bezahlte Jobs anzunehmen, die in der lokalen Umgebung geblieben sind. Eine bessere Lösung läge darin, die Menschen weiterzubilden und ihnen qualifiziertere Kenntnisse zu vermitteln, insbesondere für neue Branchen oder solche, die sich weniger gut automatisieren oder in andere Regionen verlagern lassen.

10 000 zu 1

Die ethische Frage, ob es richtig ist, dass eine Person tausendfach mehr verdient als eine andere, einmal beiseitegelassen, allein das Wissen darum, dass jemand riesige Summen verdient, kann Probleme bereiten. Und misslicherweise wird es zunehmend schwieriger werden, Einkommen privat zu halten. In Zeiten von Internet und digitalen Datennetzen wird es zunehmend schwieriger, andere in seliger Unwissenheit über den eigenen finanziellen Erfolg zu wiegen, was wiederum nicht nur Neid und Missgunst schüren, sondern auch Proteste und möglicherweise Verbrechen auslösen könnte. Die Beziehung zwischen Entbehrung und Ungleichheit sowie zwischen Zorn und Gewalt ist jedoch nicht eindeutig klar und nur schwer von anderen Faktoren zu trennen. Und vielleicht spielt das auch keine Rolle. Sofern die meisten Menschen Arbeit und genug Geld zum Ausgeben haben, werden sie sich wohl weniger Gedanken über diese Zusammenhänge machen, als wenn sie arbeitslos sind oder sinkende Reallöhne zu spüren bekommen.

„Sollen sie doch Kuchen essen!“

In seinem Buch *Fault Lines – Verwerfungen* sagt Raghuram Rajan, dass wachsende Ungleichheit und die Reaktionen darauf zur jüngsten Wirtschaftskrise beigetragen haben. 2007 verfügte das reichste 1 Prozent der amerikanischen Haushalte über 18,3 Prozent des Einkommens gegenüber 18,4 Prozent 1929. Zwischen 1952 und 1986 verdiente das reichste 1 Prozent weniger als 10 Prozent. Der technologische Wandel, so der Autor, habe die relative Nachfrage nach qualifizierten Arbeiterkräften erhöht und damit die anderen abgehängt. Anstatt in Bildung und Ausbildung zu investieren, erhielten die weniger qualifizierten Arbeitnehmer Kredite. Die US-Regierung dränge die Kreditgeber, Kredite an ärmere Menschen zu vergeben, wodurch der Anteil der Subprime-Hypotheken (zweitklassige Hypotheken) von weniger als 4 Prozent im Jahr 2000 auf 15 Prozent kurz vor dem Crash anstieg.

Welches Ergebnis ist am wahrscheinlichsten? In einer fiktionalen europäischen Zukunft könnten strenge Umweltauflagen, Arbeitnehmerrechte und sozialpolitische Maßnahmen den global ohnehin nicht mehr wettbewerbsfähigen Industrien zusätzliche Kosten aufladen, und Steuern würden in die Höhe schnellen, um die Bilanzen ausgleichen zu können. In einem mittelfristigen Szenario könnten sich die Arbeitnehmer damit abfinden, unter schlechteren und prekäreren Bedingungen immer länger arbeiten zu müssen, um sich durchzubringen und über die Runden zu kommen. In beiden Szenarien ginge die soziale Mobilität wohl zurück, während soziale Unruhen, Wut und Zorn steigen würden.

In einem denkbaren Bestfall-Szenario (für die westliche Welt) könnte der Osten sich wider allen Erwartungen sehr viel schwerer damit tun, Innovationen und Unternehmergeist im westlichen Stil zu reproduzieren, sodass demografische Veränderungen gebietsweise ein Wegbrechen des Niedriglohnarbeitsmarktes provozieren könnten. In der Folge würden Lohn- und Arbeitskosten weltweit auf ein ähnliches Niveau ansteigen, während der Westen einen Vorteil in Bezug auf wertschöpfende Industrien behielte. Eins aber scheint bei aller Verwirrung klar: Der Kapitalismus des freien Marktes funktioniert nur, wenn Gewinne geteilt werden, zumindest im Verhältnis zum Arbeitsaufwand.

Worum es geht

Die Reichen werden immer reicher

29 Was (und wo) ist Arbeit?

Arbeit. Wissen Sie noch, was das ist? Ich will Ihnen nicht unterstellen, dass Sie keine Arbeit haben, sondern vielmehr anspielen auf die Idee, dass lineare Jobs in ihrer simplen Definition – die oft ein Leben lang erhalten bleiben und zumeist außer Haus in traditionellen Büro- oder Fabrikgebäuden ausgeübt werden – in vielen Fällen verschwunden sind. An ihre Stelle sind digitale Nomaden getreten, die mit Projekten jonglieren, flexible Arbeitsplätze wie z. B. Tische im Café nutzen, um fieberhaft Daten zu überfliegen.

Jana, früher Txteagle, ist die größte Firma in Kenia, gegründet 2008 von einem Computertechniker namens Nathan Eagle. Die Firma hat in Kenia 10 000 Angestellte, zahlt aber keinen Cent für Büroräume, um ihnen einen Arbeitsplatz zu stellen. Der Firmengründer hat die meisten seiner Mitarbeiten auch nie persönlich kennengelernt. Das Geschäftsmodell von Txteagle besteht darin, Handy-Besitzer zu Mitarbeitern zu machen, indem sie über das Mobiltelefon verschickt kleine Auftragsarbeiten erhalten. Die Aufträge sind winzig klein – Mini-Übersetzungen, eine rasche Marktforschungsumfrage oder das Taggen einzelner Bilder –, und jeder einzelne Auftrag bringt auch nur ein paar Cents.

In gewisser Weise ist Jana einfach die Geschichte eines cleveren Unternehmers, und zeigt, wie Firmen heute mithilfe modernster Technologien Großaufträge in viele einzelne Miniaufträge zerlegen. Aber es ist auch eine Geschichte über die Zukunft der Arbeit, die insbesondere zeigt, wie unabhängige und freischaffende Arbeiter die fest angestellten Lohnempfänger immer häufiger ablösen. Nach Angaben des Obersten Rechnungshofs der USA machen diese Jobs – die sogenannten „Beschäftigten mit Zeitvertrag" – bereits ein Drittel der Erwerbsbevölkerung des Landes aus. Im Zuge dieser Entwicklung beginnt manch einer ganz neu darüber nachzudenken, was Arbeit eigentlich ist und wie sie in Zukunft aussehen könnte. Natürlich ist eine Arbeit mehr als nur eine Reihe von Einzelaufträgen. Eine feste Arbeitsstelle (vor allem eine Vollzeitbeschäftigung) bietet wirtschaftliche Stabilität und Identität. Wenn Arbeitgeber also jede Stelle

Zeitleiste

2015
Arbeitnehmer geben online ein Gehaltsgebot ab, das niedrigste Gebot erhält den Zuschlag

2025
Holografische Telepräsenz-Systeme werden weithin für Konferenzen genutzt

2030
Teilzeitarbeit erfährt eine neue Definition: Jobs auf 1000- oder 2000-Stunden-Basis statt einer 40-Stunden-Woche

in viele einzelne Projekte oder Aufträge zerlegen, gehen sie das Risiko ein, beides zu gefährden. Eine feste Arbeitsstelle gewährleistet außerdem Rechtssicherheit, Gesundheitsversorgung, gesetzliche Renten und andere Vorteile. Oder zumindest war das früher so.

Aber abgesehen von Überlegungen darüber, warum der Mensch eine Arbeit braucht, ist es durchaus einen Gedanken wert, auch darüber nachzudenken, welche Faktoren die Zukunft der Arbeit außerdem beeinflussen werden und wie sich die Arbeit als solche verändern und gestalten wird. Die Liste der Faktoren, die darauf Einfluss nehmen, ist lang: Globalisierung, Automatisierung, Digitalisierung, künstliche Intelligenz, alternde Erwerbsbevölkerung, Fachkräftemangel, berufliche Mobilität, offene Zusammenarbeit, Outsourcing, Transparenz, Wirtschaftsethik, Bildungspraxis, regulatorische Veränderungen, Netzwerk-Automatisierung, Ressourcenverknappung, Klimawandel, organisatorische Umstrukturierungen, mehr Frauen auf dem Arbeitsmarkt.

❜ Der beste Weg, seine Arbeit schätzen zu lernen, besteht darin, sich einmal vorzustellen, keine mehr zu haben. ❛

Oscar Wilde, Schriftsteller und Dichter

Frauen in der Arbeitswelt Dieser letzte Faktor ist besonders bedeutsam. Vor ein oder zwei Generationen noch waren erwerbstätige Frauen in vielen Ländern die Ausnahme oder wurden auf relative niedere Arbeiten mit schlechten Löhnen beschränkt. Die

Aussterbende Berufe

- Steno-Sekretärin
- Telefonist/in
- Rezeptionist/in
- Buchbinder/in
- Drucker/in
- Schreibkraft
- Supermarktkassierer/in
- Fotoentwickler/in
- Maut-Zahlstellen-Betreiber/in
- Videothekenbesitzer/in
- Callcenter-Betreiber/in
- Datentypist/in
- Schallplattenladen-Besitzer/in
- Kampfpilot/in
- Zeitungsbote
- Frachthändler/in
- Metzger/in
- Bäcker/in
- Kerzenzieher/in
- Übersetzer/in
- landwirtschaftliche Hilfsarbeiter/in
- Computer-Bediener
- Liftboy
- Laufbursche
- Postbote
- Sachbearbeiter/in
- Zugführer/in
- Bankkassierer/in
- Reiseberater/in
- Schmied
- Reetdachdecker/in
- Filmvorführer/in

2035
Kinder- und Altenbetreuung am Arbeitsplatz wird zur Regel

2040
Unternehmen bieten Stipendien für erst fünfjährige Kinder

2045
Das formale Renteneintrittsalter für alle Männer und Frauen wird zum Auslaufmodell

2050
Die meisten Menschen arbeiten als Selbstständige

> **„Der unterschwellige Quell für das Leid vieler Erwerbstätiger heutzutage ist ein antiquiertes Beschäftigungs- und Managementsystem, das auf ein Industriezeitalter zugeschnitten ist."**
> **Richard Donkin, Schriftsteller und Kolumnist**

Revolution der Frauenarbeit geht überdies bis heute relativ reibungslos vonstatten. Nur weniger Länder trotzen diesem Trend, ziemlich sicher aber dürften Fachkräftemangel und Bevölkerungsalterung in der Zukunft noch mehr Frauen auf den Arbeitsmarkt führen.

Wie erklärt sich dieser Trend? Er ist zum einen politisch bedingt, zum anderen aber durch einen sehr viel stärkeren Faktor, nämlich durch den Ausbau höherer Bildungssysteme. Welche Folgen hat die steigende Zahl der erwerbstätigen Frauen? Denkbar wäre eine leichte Feminisierung der organisatorischen Grundstrukturen, die sich im Führungsstil sowie im regulatorischen Arbeitsumfeld bemerkbar machen könnte. Einfach ausgedrückt: Mehr weibliche Führungskräfte in großen Unternehmen wie PepsiCo oder dem Internationalen Währungsfond (IWF) könnten einer frauenfreundlicheren Unternehmenspolitik zum Erfolg verhelfen. Das wird nicht überall so sein, zumal in einigen Bereichen die Fortschritte geradezu schmerzhaft langsam vonstattengehen. Nichtsdestotrotz kann der expansive Dienstleistungssektor, der den Sektor Güterproduktion längst überholt hat, als Beispiel dafür gelten, wie sich weibliche Geisteskraft gegen männliche Muskelkraft in eindrucksvoller Weise behauptet. Von den 8 Millionen neuen Arbeitsplätzen, die zwischen 2000 und 2009 in der EU entstanden sind, wurden 6 Millionen mit Frauen besetzt. Und in den USA beschäftigen Frauen geführte Unternehmen mehr Mitarbeiter als die 500 größten Unternehmen zusammengenommen. Goldman Sachs, ein weltweit tätiges Investmentbanking-Unternehmen, kommt nach einer Studie zu dem Ergebnis, dass das Bruttosozialprodukt in Italien und Spanien um 21 bzw. 19 Prozent steigern würde, wenn die Zahl der erwerbstätigen Frauen auf ein den Männern vergleichbar hohes Niveau ansteigen würde.

Es wird demzufolge eine steigende Zahl an flexiblen Arbeitsverträgen und –bedingungen geben sowie eine stärkere Fokussierung auf Intuition und Empathie. Die steigende Zahl erwerbstätiger Frauen könnte allerdings auch zu geringeren Löhnen führen: Frauen arbeiten oft in Berufen, die schlecht bezahlt sind, und in manchen Fällen sinken die Löhne sogar, um die Arbeit flexibel auf die Nachfrage, sprich auf die Zahl der zur Verfügung stehenden Frauen anzupassen.

Heimischer Arbeitsplatz Was die Natur der Arbeit selbst angeht, so wird es mehr Teilzeitarbeitsplätze und flexiblere Arbeitszeiten geben, und immer mehr Menschen werden von zu Hause aus arbeiten (und immer mehr werden räumlich und zeitlich unabhängig arbeiten). Es wird mehr Fachkräfte geben sowie eine wachsende Bedeutung der sogenannten „rechtshirnigen Berufe", wie es einige bezeichnen. Darunter fallen Arbeiten, die nicht ohne weiteres von hochintelligenten Maschinen ausgeführt werden oder extern an hochintelligente Menschen in Niedriglohnländern vergeben werden können, und insbesondere die folgenden Berufsgruppen betreffen: Krankenschwestern, Lehrer,

Berufe, die es noch gar nicht gibt

- Telemetrie-Techniker
- Finanzplaner für virtuelle Geldanlagen
- Personal Avatar-Designer
- Berater für generationsübergreifende Konflikte
- Organzüchter für menschliche Organe
- Verwalter für digitale Information
- Manager für Hacker-Beziehungen
- Datenabfallexperte
- Berater für Weltraumreisen
- Berater für persönliche Reputation
- Landwirt für vertikale Landwirtschaft
- Berater für die Umkehrung des Klimawandels
- Berater für Reichtumsumverteilung
- Berater für eine einfache Lebensführung
- Entwickler von geistigem Eigentum
- Ressortleiter Unternehmensethik
- Berater für Roboter im Alltag

Architekten, Schriftsteller, Dichter, Maler, Musiker, Philosophen und Klempner, des weiteren Wissenschaftler, Entwickler, Konstrukteure, Ingenieure, Rechtsanwälte, Stresstherapeuten, Masseure, Geistliche sowie eine breite Palette von politischen Entscheidungsträgern und Strategen, Innovatoren und Unternehmern.

Gewiss, all die Ausführungen sind recht allgemein. In der Realität wird sich die Situation von einem Land zum anderen erheblich unterscheiden, auch wenn Anwerbung und Assimilation von Einwanderern, um sinkenden Geburtenraten und Lohnsteigerungen entgegen zu wirken, großenteils kritische Themen bleiben werden. Einige Nationen, vor allem Japan und Südkorea, werden sich auf die Automatisierung verlegen – insbesondere auf die Robotik –, um dieses Problem zu lösen. Andere werden möglicherweise neue politische Maßnahmen einführen und beispielsweise befristete oder dauerhafte Staatsbürgerschaften verleihen, allerdings nur, sofern man bestimmte Bedingungen akzeptiert und bereit ist, eine gewisse Zeit in bestimmten geografischen Regionen, Branchen, oder gar der Armee zu verbringen.

Worum es geht

Arbeit wird sich verändern

30 Die Suche nach dem Glück

Politik und Wirtschaft sind seit jeher, und vor allem in der westlichen Welt, von dem Gedanken geprägt, dass Einkommen und Konsum eng verbunden sind mit Glück. Je mehr jemand verdient, umso glücklicher, zufriedener und sorgloser müsste er eigentlich sein – ein Grundverständnis, auf das auch Staaten bauen. Aber wenn immer mehr Menschen immer härter arbeiten und immer mehr verdienen, warum fühlen sich dann nicht immer mehr Menschen auch immer glücklicher?

Es ist noch gar nicht lange her, da wurde ein Menschen weitgehend danach definiert, was er hatte – Beruf, Auto, Haus sowie andere materielle Besitztümer –, und die Anhäufung möglichst vieler Konsumgüter im Lauf seines Lebens galt als Zeichen für Status und Erfolg. Und das musste ihn ganz sicherlich überglücklich machen.

Wie wir unser Geld ausgeben werden Doch Dinge ändern sich. In Entwicklungsländern schaffen rasch steigende Einkommen eine Epoche geprägt von rasendem Materialismus, der sich schließlich wieder entschleunigen wird, vor allem dann, wenn die Menschen merken, dass mehr Einkommen nicht zwangsläufig gleichbedeutend ist mit mehr Glück. Mit zunehmendem Reichtum verschiebt sich das Ausgabeverhalten von demonstrativen Gütern zu eher diskreten Dienstleistungen. Es geht weg von Gütern, die nach außen hin sichtbar sind (Autos, Kleidung usw.), hin zu Gütern, die weniger augenfällig sind. Anfangs will man sich hervortun, zeigen, was man hat, doch dieses Gebaren legt sich auf Dauer.

Hinzu kommt die Tatsache, dass lebenslange Anstellungen heute nicht mehr gewährleistet sind, warum viele Menschen sich scheuen, teure, langfristige finanzielle Verpflichtungen einzugehen. Sie sind daher gezwungen, ständig zu hinterfragen, welche Dinge sie wirklich brauchen oder wirklich unbedingt haben müssen. Geld wird auch in Zukunft eine Rolle spielen, vielleicht aber eine nicht mehr ganz so wichtige wie heute,

Zeitleiste

1972
Der König von Bhutan prägt den Begriff „Bruttosozialglück“

2004
Die „Downshifting Movement“ (Minimalismus-Bewegung) entwickelt sich

2010
Die „Self-Storage-Industry“ (Mietlager-Industrie) hat größeren Marktwert als Hollywood

2012
Cloud-Computing ermöglicht ein Abrücken von physischem Besitz

vor allem dann, wenn immer mehr Menschen beginnen, die grundlegenden Bedingungen für Eigentum und Besitz in Zweifel zu ziehen.

Die Technologie, beispielsweise, verändert bereits heute unser Verbraucherhalten, bestimmt, was und wo wir konsumieren. Wer ein Auto braucht, kann heute ohne weiteres eines bekommen, ohne es im eigentlichen Sinne zu besitzen. Mobile Vernetzung bedeutet, dass man jederzeit ein Auto buchen, es nutzen und per Handy dafür bezahlen kann. Teilzeitnutzung heißt das Stichwort, das mit kollaborativen, vernetzten Technologien möglich wird. Und noch etwas: Die Zeiten der lebenslangen Vollzeitarbeitsstellen mögen zwar vorbei sein, dafür aber wird die einst untrennbare Verbindung zwischen Arbeitsplatz und Arbeitsort durch die modernen Technologien heute immer weiter aufgebrochen (▶ Kapitel 29).

‚Wir haben nicht mehr Recht, Glück zu empfangen, ohne es zu schaffen, als Reichtum zu genießen, ohne ihn zu produzieren.‘
George Bernhard Shaw, Bühnenschriftsteller und Mitbegründer der London School of Economics

In der Theorie schafft dies eine größere Flexibilität und vielleicht auch ein größeres Glücksgefühl, obgleich mitunter auch das genaue Gegenteil eintreten kann, dann nämlich, wenn (Arbeitsplatz-)Unsicherheiten immer größere Ängste erzeugen.

Eine Frage des Wertes In Anbetracht alldessen möchte ich vermuten, dass in Zukunft immer mehr Menschen ihre eigene Vorstellung und den Wert von „Dingen“ an

Tabellenliste des Glücks 2032

1 Dänemark	8 = Australien	18 = Vereinigtes Korea
2 Finnland	8 = Schweiz	20 Republik Westaustralien
3 Norwegen	12 = Panama	21 Venezuela
4 Schweden	12 = Brasilien	22 Vereinigtes Irland
5 Niederlande	14 = USA	23 = Puerto Rico
6 = Costa Rica	14 = Südbelgien	23 = Island
6 = Neuseeland	16 Schottland	25 Republik Wales
8 = Kanada	17 New England	26 Mondbasis Alpha
8 = Südsudan	18 = Mexiko	

Quelle: Hallup World Poll 2032

2013	2023	2039	2050
Steigende Nachfrage nach psychologischen und therapeutischen Dienstleistungen	Regierungen versuchen, das individuelle Glück auf jährlicher Basis zu messen	Die „Glücks“-Industrie ist größer als die Self-Storage-Industry und Hollywood zusammengenommen	Studien zeigen: Die Suche nach Glück macht die meisten Menschen unglücklich

> **„Unser größtes Glück hängt nicht von den Lebensumständen ab, die der Zufall uns zugewiesen hat, sondern ist immer das Ergebnis eines guten Gewissens, guter Gesundheit, einer guten Beschäftigung und der Freiheit, alle gerechten Anliegen zu verfolgen."**
>
> **Thomas Jefferson, Universalgelehrter und Präsident der USA**

sich in Frage stellen werden. Warum bezieht sich das Bruttoinlandsprodukt beispielsweise nur auf die Wirtschaftsleistung, ganz unabhängig davon, welchen Schaden er dem Einzelnen, der Umwelt oder der Gesellschaft als Ganzes verursacht? Sollte man nicht das allgemeine Glück als Komponente einbeziehen? Und warum sollte die Gesellschaft dem Einzelnen erlauben, bestimmte Dinge zu tun oder zu erwerben, wenn ihr dadurch erhebliche Kostennachteile entstehen? Glück lässt sich nur schwer messen, doch wie viele Belege zeigen, machen höhere Einkommen die Menschen nicht glücklicher, auch dann nicht, wenn Ängste und Unsicherheiten beseitigt sind.

Ein Teil des Problems ist dadurch bedingt, dass die Arbeit heute die meisten Lebensbereiche dominiert. Es gibt immer weniger Grenzen zwischen „privat" und „beruflich". Wir arbeiten länger und härter, und unsere (zwischenmenschlichen) Beziehungen kommen zu kurz. Auch Gemeinden sind in Mitleidenschaft gezogen, wenn nur noch der Profit im Fokus steht und öffentliche Versorgungsbetriebe schließen müssen, weil sie „unwirtschaftlich" sind.

Vielleicht ist eine der unvorhergesehenen Folgen einer individualistischen Gesellschaft die, dass die Menschen immer weniger glücklich werden, weil sie selbst verantwortlich sind für den eigenen Erfolg oder Misserfolg. Und auch wenn es nur wenige zugeben wollen, letztlich sind wir öfter erfolglos als erfolgreich. In der Vergangenheit hatten wir eine Familie, eine Gemeinschaft, eine Religion (▶ Kapitel 49) und sogar eine soziale Klasse, die uns allesamt gegen diese Wahrheit abgeschirmt haben.

Doch was, außer Glück, wünschen wir uns für die Zukunft noch? Meine Antwort: Die Anerkennung und Sicherung der Existenz. Wir alle wünschen uns, dass es irgendwo irgendjemanden gibt, der uns achtet und uns sagt, dass wir etwas erreicht haben, das der Mühe wert war. Wir wünschen uns Arbeitsplatzsicherheit und Schutz im Falle unvorhergesehener Notlagen, eine sinnvolle Arbeit, genug Geld, Schutz vor Gewalt und Missbrauch sowie eine Gemeinschaft, die für jeden ihrer Mitglieder sorgt. Und ganz wichtig: Sind die Grundbedürfnisse erst einmal gedeckt, wird es ein wachsendes Bedürfnis nach einer intensiveren Beschäftigung mit psychologischen oder auch philosophischen Fragen und ihren möglichen Antworten geben. Wir werden Orientierung suchen, nach einem einfachen, unkomplizierten Leben und vor allem nach vielversprechenden Bezie-

Sind alle glücklich?

Ein Sozialpsychologe an der University of Leicester in Großbritannien hat unter Verwendung statistischer Daten und den Antworten einer Studie mit 80 000 Teilnehmern aus 178 Ländern eine „Weltkarte des Glücks" erstellt. An der Spitze dieser „Glücksliste", die auf diversen Indikatoren wie Gesundheit, Armutsgrenzen und Bildungschancen basiert, steht Dänemark, gefolgt von der Schweiz, Österreich und Island. Großbritannien liegt auf Platz 41 und die USA belegen Platz 23. Ganz unten auf der Liste rangiert Simbabwe. Doch es gab auch einige Überraschungen. Kapitalistische Länder schnitten relativ gut ab, wohingegen Länder, in denen man eine stark ausgeprägte kollektive Identität vermutet hätte, auf weniger gute Plätze kamen. China zum Beispiel belegt Platz 82, Japan Platz 90 und Indien Platz 125.

hungen mit anderen Menschen trachten, umso mehr, wo die Welt um uns herum immer künstlicher, virtueller, digitaler und automatisierter wird.

Letztendlich besteht die Herausforderung für die Gesellschaft darin herauszufinden, wie sie all dies wird leisten können. Vielleicht sollten wir lernen, künftig weniger selbstsüchtig, weniger individualistisch und dafür mehr gemeinschaftsorientiert zu sein. Und vielleicht könnten wir mit einer gemeinschaftlichen Vision von der Zukunft tatsächlich das Glück finden, nach dem wir so rastlos suchen.

Worum es geht

Abwägen, was wirklich zählt

31 Menschen – Version 2.0

„Steve Austin, Astronaut. Ein Mann, der kaum noch am Leben ist. Aber meine Herren, wir können ihn wieder zusammenbauen. Wir haben die Technologie!" Das war im Jahr 1974, und *Der Sechs-Millionen-Dollar-Mann* war Science-Fiction. Aber halt! Wir schreiben das 21. Jahrhundert, und wir haben *heute* die Technologie. Wir haben bionische Ohren, künstliche Gliedmaßen, künstliche Befruchtung, Herzschrittmacher und Ganzgesichtstransplantate und werden in der Zukunft mit unseren Maschinen verschmelzen.

Wir sind bereits dabei, unseren Körper neu zusammenzubauen und umzuarbeiten. Wir versuchen sogar, und meist auf recht ungeschickte Weise, unseren Geist zu reparieren oder zu verbessern. An welchem Punkt also hören wir auf, ein Mensch zu sein, und beginnen, etwas anderes zu werden? Shane Warne, der mit Brille oder Kontaktlinsen und einer neuen Frisur Kricket spielt, würden die meisten wohl als ganz normal ansehen. Aber was wäre, wenn er seinen kerngesunden Arm durch eine Armprothese ersetzte, um seine Ballgeschwindigkeit zu erhöhen? Ist das echter Betrug oder nur praktische Selbstverbesserung? Oder sollte es einem Bein amputierten Sportler mit Prothesen an beiden Beinen erlaubt sein, beim 100-m-Schlusslauf gegen gesunde Sportler anzutreten, und wenn ja, ist er im Vorteil oder im Nachteil?

Echt oder nicht? Seit Anbeginn der Menschheit haben wir uns an verschiedene Umgebungen und Lebensbedingungen angepasst. Und fast genau so lang schon versuchen wir auch, unsere Gesundheit, unsere Schnelligkeit, unsere Stärke und unsere geistigen Fähigkeiten zu verbessern. Doch was mit Kleidung, Schuhen, Frisur und Augengläsern begann, hat sich rasch zu einem Punkt entwickelt, wo es schwierig wird zu sagen, wer noch (natürlich) echt ist und wer nicht. Sind künstliche Bräune, gefärbte Haare, eine

Zeitleiste MJ = Millionen Jahre vor unserer Zeit

15 MJ	3-4 MJ	1,3-1,8 MJ
Großaffen	Erste zweibeinige Affen	*Homo erectus*

> **Ein ganz neuer Arm**
>
> **Dr. Rudy Wells**: „Ich möchte Ihnen etwas zeigen, Steve. Das hier ist Ihr Arm."
>
> **Steve Austin**: „Das ist er also?"
>
> **Dr. Rudy Wells**: „Wir sind ziemlich stolz darauf. Es gibt ein Handbuch dazu mit 840 Seiten. Ich gebe Ihnen eine Kopie davon mit."
>
> Aus *Der Sechs-Millionen-Dollar-Mann*

Brustvergrößerung oder Zahnaufhellung nur Strategien, um seine Partnerchancen zu erhöhen, oder irgendwie doch Betrug?

Und damit längst nicht genug. Was noch alles möglich ist? Künstliche Herzen, Lebern, Nieren oder Blut, Kunststoffknochen, menschliche Körperteile aus Laborzucht, Kontaktlinsen mit Datenfenstern und erweiterter Realität, künstliche Haut, die zur Datenübertragung mit Touchscreens synchronisiert wird oder benutzt wird, um darauf selbst Daten abzubilden, direkte Gehirn/Maschine-Schnittstellen (d. h. Gedankensteuerung), elektronische Orgasmus-Chips und Außenskelette (die außen um den Körper getragen werden, um die Körperkraft zu erhöhen die Mobilität im fortgeschrittenen Alter zu erhalten)? Die meisten dieser Ideen sind bereits heute in Forschungs- und Entwicklungslaboren umgesetzt (oder werden es in naher Zukunft sein), was neuesten Entwicklungen in der Medizin, Technik, Computerwissenschaft, Nanotechnologie und Materialwissenschaft, um nur einige Disziplinen zu nennen, zu verdanken ist.

Die Herausforderung besteht nicht darin, all diese winzigen Einheiten dafür zu bauen, sondern darin, ob es gelingen wird, sie alle entsprechend zusammenzufügen. Könnten wir uns zum Beispiel einen völlig neuen Körper kaufen, wenn der alte ausgedient hat, und einfach nur unseren Kopf obenauf setzen? Oder wie wäre es mit einem völlig neuen Gehirn? Es gibt bereits den Begriff „kosmetische Neurologie" – plastische Chirurgie für das Gehirn, womit wir die Möglichkeit hätten, uns ein neues Gehirn auszusuchen, oder, wahrscheinlicher noch, verschiedene Plug-ins, um spezifische Hirnfunk-

> **„Man muss sich vor Augen halten, dass sich die nichtbiologische Intelligenz jährlich verdoppelt, während die Kapazität unserer derzeit biologischen Intelligenz im Grunde begrenzt ist."**
>
> **Ray Kurzweil, Autor, Erfinder und Futurologe**

„Technik … [ist] der Kniff, die Welt so einzurichten, dass wir sie nicht erleben müssen.“

Max Frisch, Dramatiker und Autor

tionen neu zu erschaffen oder zu verbessern. Verrückt, ich weiß, aber das hätte man vor 50 Jahren von Ganzgesichtstransplantationen auch gesagt.

Die revolutionäre Idee besteht nicht so sehr darin, am Gehirn herumzubasteln, als vielmehr darin, es irgendwann vielleicht an einen völlig anderen Ort hin bewegen zu können. Was wäre denn beispielsweise, wenn wir mit unseren Erkenntnissen über das menschliche Gehirn und das menschliche Bewusstsein an einen Punkt kämen, an dem es möglich würde, unser Gehirn tatsächlich in eine Maschine herunterzuladen? In einen ausgeklügelten Roboter zum Beispiel, für alle die, die gerne ein wenig herumwandern – und was am Ende herauskäme, wäre quasi Unsterblichkeit. Oder vielleicht *Matrix*?

Ich, die Maschine Der Mensch gilt gemeinhin als die Spitze der Evolution. Die Evolution, so heißt es, habe mit der Gattung Mensch ihr Ende gefunden, und der Mensch an sich sei, was seine körperliche Gestalt anbelangt, doch relativ unveränderlich – mal abgesehen von Selbstbräuner-Spray oder einer neuen Brille. Aber warum sollte das so sein? Warum sollte die Evolution damit ein Ende haben? Wir sind intelligent, ziemlich intelligent sogar. Aus genau diesem Grund gibt es uns noch. Warum also sollten wir nicht mit unseren Maschinen verschmelzen und uns anschicken, neue Galaxien zu erkunden? Und was genau bedeutet es eigentlich, wie ein menschliches Wesen auszusehen, oder überhaupt ein Mensch zu sein?

Meiner Meinung nach ist es letzten Endes unausweichlich, dass wir irgendwann mit unserer Technologie verschmelzen werden. Das wird nicht über Nacht passieren. Und wir werden es wohl auch nicht mehr miterleben. Aber bis in 100 oder 200 Jahren werden Entwicklungen in der Genetik, Robotik, Informationstechnologie, Nanotechnologie und der Künstlichen Intelligenz zusammen mit anderen Fachgebieten und Wissenschaften, die noch gar nicht benennen können, weil sie noch gar nicht erfunden sind, zusammenlaufen, um eine neue hybride Spezies zu schaffen. Ray Kurzweil, Autor, Erfinder und Futurologe, führt an, dass diese Entwicklung vermutlich mit winzigen Nano-Robotern in unserem Körper und unserem Gehirn ihren Anfang nehmen wird. „Die Nano-Roboter werden uns gesund erhalten, eine komplett immersive virtuelle Realität aus dem Innern unseres Nervensystems erzeugen, unsere Gehirne für eine direkte Kommunikation über das Internet verschalten und die menschliche Intelligenz enorm erweitern.“

Gut möglich, dass wir am Ende Wesen sein werden, die ausgestattet sind mit einem reinen Bewusstsein und fähig, sich nach Belieben hin und her zu bewegen zwischen

Worauf vertrauen wir?

Wer oder was ist für eine dreijährige Weltraumreise am ehesten geeignet? Ein Mensch oder eine Maschine? Theoretisch und psychologisch gesehen scheint eine Maschine besser geeignet. Aber was, wenn der Mensch keine Maschine zum Mars schicken will, sondern selbst hin und wieder zurück fliegen will? Und gibt es vielleicht auch Dinge, die wir tunlichst nicht von Maschinen modifizierten Männern und Frauen ausführen lassen wollen? Würden Sie einem Maschinen modifizierten menschlichen Wesen (einem ersten Mensch/Roboter-Hybriden) ein kleines Kind anvertrauen? Und wie steht es mit Maschinen modifizierten Politikern? Würden Sie eher einem rein biologischen menschlichen Premierminister in Number 10 Downing Street vertrauen? Oder wären Sie vollauf glücklich und zufrieden mit einem, der beträchtliche Summen in hochentwickelte Technologien zur Erweiterung seines Gehirns investiert hat?

Körper und Maschine. Oder wir werden je nach Intelligenz, Verhalten oder Zahlungsfähigkeit auf eine bestimmte Art oder Gestalt beschränkt sein. Aber würden wir so etwas wollen? Wäre das Fortschritt? Die Antwort auf die erste Frage lautet, dass manche wohl nichts dagegen hätten. Und was den Fortschritt anbelangt, so bleibt der Begriff sinnleer, wenn es keine Zielvorstellung oder kein Zukunftsziel gibt. Welchem Ziel genau wollen wir entgegengehen? Und würden die Entwicklungen bzw. die Fortschritte in die richtige Richtung gehen? Vielleicht würden sie ein neues Aufklärungszeitalter begründen. Vielleicht würden wir aber auch von unseren eigenen Schöpfungen versklavt oder herausfinden, dass die Zukunft uns gar nicht braucht.

Worum es geht

Fusion von Mensch und Maschine

32 Gehirn-Computer-Schnittstellen

Vergessen Sie Tastaturen, Computermäuse, gestenbasierte Interaktionstechniken oder Sprachsynthesesysteme – bald wird es Gehirn-Computer-Schnittstellen geben, die das menschliche Gehirn direkt mit verschiedenen externen Geräten verbinden. Wir werden also Computertechniker auch in Zukunft noch nach einem Upgrade fragen, aber nach einem für uns selbst, nicht für den Computer.

Gehirn-Computer-Schnittstellen (manchmal auch Hirn-Maschine-Schnittstellen) gibt es in Forschungslaboren schon eine ganze Weile, vor allem in solchen, die daran arbeiten, Computer-Interfaces zu entwickeln für Menschen, die weder Hände noch andere Körperteile benutzen können. 1995 tauchten erstmals Geräte auf, die eine direkte Gehirn-Computer-Steuerung ermöglichten, und zwar mit Spielen wie Star Wars Force Trainer und Mindflex ausgerechnet in Spielwarengeschäften. Wie lange also wird es wohl noch dauern, bis wir das Problem der ewig unauffindbaren TV-Fernbedienung über ein automatisches Gehirn-Fernseher-Programmwahl-Headset lösen können? Wahrscheinlich gar nicht mehr lange. Apple soll angeblich schon an einem intelligenten Fernsehgerät arbeiten, das keine Fernbedienung mehr braucht, weil man dem Fernseher einfach sagen kann, was er als nächstes tun soll.

Unterstützende Technologien gibt es schon lange. Rollstühle sind ein frühes Beispiel, doch in Zukunft werden sie sich wohl ebenso über Gedanken wie über Joysticks steuern lassen. Oder wie wäre es, wenn man Behinderten Elektroden unter die Schädeldecke implantieren oder ihnen eine mit Elektroden bestückte Schädelkappe anlegen könnte, die das Gehirn direkt mit einer Prothese verbinden? Beides existiert bereits in der einen oder anderen Form, ebenso wie diverse Gehirn-Computer-Schnittstellen, um altersbedingte Gedächtnisstörungen zu behandeln, insbesondere schwere Formen von Alzheimer und Parkinson. Bisweilen verwendet man dafür nicht-invasive Elektroden, die außen an der Schädeldecke des Patienten platziert werden; in anderen Fällen werden die

Zeitleiste

2000
Elektrodenträger in Nachtaffen implantiert

2001
Affe bewegt Roboterarm über Gedankensteuerung

2006
Computerspiel Space Invaders wird durch Hirnsignale gesteuert

2008
Forscher extrahieren Bilder direkt aus dem Gehirn eines Menschen

Elektroden direkt in das Gehirn des Patienten implantiert. Der Vorteil der Implantate besteht in der exakten Ausrichtung und Führung der Schaltbefehle.

„Wir wissen noch gar nicht, wo die Grenzen für solche Techniken liegen.“
Melody Moore Jackson,
Brain Lab der Georgia Tech University

Was steht noch zu erwarten? Es wird ganz sicherlich viele Anwendungen im medizinischen Bereich geben, insbesondere für Menschen mit Beeinträchtigungen der verbalen Kommunikation oder des Bewegungsapparats. Schwerbehinderte oder Menschen, die am Locked-in-Syndrom (dem „Gefangensein-Syndrom“) leiden, wären erste Anwärter für solche Schnittstellen zwischen Gehirn und Maschine (neuronale Interfaces).

Möglich auch, dass das menschliche Gehirn mit diversen technischen Apparaten oder Konsumgeräten vernetzt wird, von Autos und Kühlschränken bis zur heimischen Beleuchtung. Und wäre es nicht toll, wenn man einfach nur „Licht an!“ zu denken bräuchte, und das Licht ginge an? Oder „Ofen an!“ und schon würde er heiß? Oder wäre das vielleicht doch nicht so toll? Schließlich brauchen wir ein gewisses Maß an körperlicher Bewegung, um nicht zu verkümmern. Aber vielleicht ließe sich ja auch dieses Problem lösen, indem wir Implantate einbringen, die unsere Muskeln stimulieren.

Schon erledigt!

7 Uhr morgens. Die Sonne scheint durch die Vorhänge in Ihr Schlafzimmer. Sie fassen den Gedanken, sie aufzuziehen und ein kleines Fenster zu öffnen, um ein wenig frische Luft hereinzulassen. Vorhänge und Fenster gehorchen auf der Stelle. Dann stehen sie auf, gehen ins Badezimmer, und in dem Moment, wo Sie daran denken, läuft auch schon die Dusche. Doch das Wasser scheint etwas zu heiß, Sie überlegen, den Strahl etwas kälter zu stellen, und sogleich verschwindet der heiße Dampf. Dann gehen Sie nach unten, kommen an der Kaffeemaschine vorbei, die prompt den frisch gebrühten Kaffee bereithält, weil sie mit den Vorhängen in Ihrem Schlafzimmer synchron geschaltet ist und anspringt, sobald diese aufgehen. Und just in diesem Moment erinnert Ihr Kühlschrank Sie an Ihre tägliche 5 Minuten-Morgengymnastik, um den Mangel an körperlicher Aktivität zu kompensieren, der Sie am frühen Morgen bereits ereilt. Ist diese Vorstellung für Sie der reinste Himmel oder die reinste Hölle?

2009 Gehirn-Twitter-Schnittstelle

2017 Sprachsteuerung ersetzt 70 Prozent der Computer-Tastaturen

2026 Google patentiert neuronales Interface

„Wir schreiten heute derart schnell voran, dass es gar nicht mehr lange dauern wird, bis wir mit einer gewissen Sicherheit zu sagen vermögen, ob jemand eine Geschichte erfindet, oder ob jemand beabsichtigt, ein Verbrechen zu begehen.“

Barbara Sahakian, Professor für Neuropsychologie, Cambridge University

Daten-Download Es zu ermöglichen, Informationen direkt in das Gehirn herunterzuladen, ist gewissermaßen ein Traum. Vom schulpädagogischen Standpunkt aus könnte es durchaus nützlich sein, Gedanken direkt in die Köpfe der Schüler implantieren zu können. Vielleicht könnte es eines Tages sogar gelingen, dass wir unsere Träume herunterladen und sie mit anderen teilen können. Damit würden nicht nur Computerspiele auf eine ganz neue Stufe gehoben, sondern mithin auch einige spannende philosophische Fragen in Bezug auf die Realität aufgeworfen.

So zum Beispiel die Frage, ob wir eines Tages in der Lage sein werden, die Gedanken anderer Menschen von der Ferne aus zu lesen, um herauszufinden, was sie gerade denken oder in Zukunft zu tun gedenken (was manch einen spontan an den Science-Fiction-Thriller *Minority Report* und das „Ministerium für zukünftige Verbrechensbekämpfung“ erinnern mag). Klingt wieder einmal völlig verrückt, aber ich kann Ihnen fast garantieren, dass es eines Tages gesellschaftliche Debatten über ethische Probleme rund um das Thema „elektronische Lauschangriffe“ auf unsere Gedanken und künftigen Absichten geben wird.

Was hieße all das für die Tiere? Darüber lässt sich sicherlich nur spekulieren, aber es ist durchaus möglich, dass Bewusstsein als ein Kontinuum besteht, was der Vorstellung Raum gäbe, dass auch Tiere und sogar Pflanzen über verschiedene Ebenen von Bewusstsein verfügen. Wenn dem so wäre und es uns eines Tages gelänge, in dieses Bewusstsein vorzudringen und mit anderen Lebewesen zu kommunizieren, wäre dies der Wahnsinn schlechthin; nicht zuletzt deshalb, da die Tötung von Tieren aus ethischer Sicht hauptsächlich damit gerechtfertigt wird, dass Tiere kein kontinuierliches Ich-Bewusstsein (über die Zeit hinweg) haben und daher auch keinerlei Begriff von ihrer Existenz in einer so grundlegenden Weise, wie wir Menschen ihn haben. Man stelle sich nur einmal vor, wir wären plötzlich soweit und könnten mit, sagen wir mal, Delfinen kommunizieren, die uns dann munter erzählten, was sie über uns denken!

Was wissen wir wirklich? Zu den möglichen Szenarien unserer Welt von morgen gehört die Vorstellung, dass sich so gut wie jedes beliebige, von uns Menschen geschaffene Gerät allein durch die Gedanken aktivieren, befehligen und steuern lässt. Und auch die Kommunikation zwischen einzelnen Menschen, selbst über weite geographische Entfernungen hinweg, wird in Form von intelligenten Telepräsenz-Systemen oder mittels einer Art Sechster-Sinn-Technologie ermöglicht werden.

Antriebskraft Telekinese

Vor ein paar Jahren habe ich mir in Sydney für rund 150 australische Dollar einen Star-Wars-Force-Trainer gekauft, ein elektronisches Spielzeug. Ich wollte mal sehen, ob es wirklich möglich ist, mit einem kabellosen Sensor-Headset vor der Stirn, das Gehirnwellen empfängt und misst, sie in Impulse verwandelt und über eine Gehirn-Computer-Schnittstelle in Befehle für das Spielzeug übersetzt, einen motorgetriebenen Ventilator zu starten, der dann (je nach Konzentrationszustand des Spielers) einen kleinen Ball in einer Röhre nach oben oder nach unten bewegt. Hat es funktioniert? Bis zu einem gewissen Punkt, ja, obgleich ich meinen Kugelschreiber, der handgeschriebene Zeilen direkt in digitale Dateien übersetzt und Audio- bzw. Videoaufzeichnungen von wichtigen Konferenzen machen kann, im praktischen Alltag sehr viel nützlicher finde.

Noch einmal: Dies alles klingt vielleicht verrückt. Aber es ist nicht unmöglich. Doch die Frage, ob und wann wir tatsächlich in diese Sphären gelangen, führt zu einer ganzen Reihe weiterer Fragen: Woher wollen wir wissen, dass wir tatsächlich in *der* Weise existieren werden, wie wir es uns heute vorstellen? Leben wir vielleicht nicht schon immer in einer Computersimulation? Und wir merken es nicht einmal, weil die Simulation derart ausgefeilt und hochentwickelt ist, dass unser Gehirn immer mit genau den richtigen Daten gefüttert wird? Eine unschöne Vorstellung, das System nicht kontrollieren zu können. Aber stellen Sie sich nur einmal all die Möglichkeiten vor, *wenn* wir es könnten… und Zeitreisen oder Teleportationen wären plötzlich zum Greifen nahe.

Worum es geht
Gedankensteuerung

33 Avatar-Assistenten

Computer-basierte Avatare (Roboter-Avatare) sind virtuelle Neuschöpfungen realer oder fiktiver Charaktere, wie sie in Computerspielen und virtuellen Online-Communitys benutzt werden. In naher Zukunft werden sie als intelligente digitale Assistenten oder sogenannte Personal Digital Agents (PDA) verbreitet eingesetzt werden, gesteuert von Software-Anwendungen mit künstlicher Intelligenz (wie etwa Sprachverarbeitungsprogrammen) und zugänglich über mobile oder stationäre Endgeräte.

Das iPhone 4S von Apple bietet einen verlockenden Einblick in die Zukunft in Form von Siri, einer Anwendung, die es Nutzern ermöglicht, unter Verwendung der natürlich gesprochenen Sprache Botschaften zu versenden oder Fragen zu stellen – eine sehr simple Technologie, verglichen mit dem, was künftig zu erwarten steht.

In zehn Jahren, wahrscheinlich sogar früher, werden wir Personal Digital Assistants (PDA) oder Avatar-basierte Assistenten in verschiedenen Formen (als menschliche Wesen, Außerirdische, Tiere, Fantasiefiguren, Prominente) verfügbar sein, die animiert sind und eine Persönlichkeit haben. Wir werden sie als Sekretäre, Assistenten, Spielzeug und hin und wieder auch als geschäftliche Partner einsetzen, die uns dabei helfen, im Web zu surfen, die Welt zu begreifen und Dinge zu erledigen. Basisversionen sogenannter synthetischer Persönlichkeiten, digitaler Menschen oder digitaler „Roboter" kennt man bereits in der Rolle als Kundenbetreuer von verschiedenen Webseiten, wo sie für gewöhnlich eingesetzt werden, um den Firmen Geld zu sparen und häufig gestellte Fragen zu beantworten.

> **Alles ist verkehrt rum. Da draußen ist die wirkliche Welt und das hier drinnen ist der Traum.**
>
> **Jake Sully** im Film *Avatar*

In der Zukunft werden Avatar-Assistenten auch staatliche Gesundheitsdienste ablösen. Wenn Sie eine Frage zu einer Verletzung oder einer Erkrankung haben, können Sie sich an diese Assistenten wenden, die Ihnen Auskunft erteilen und erläutern, worum es sich möglicherweise handelt, um gegebenenfalls einen Termin mit einem echten Arzt (vielleicht auch mit einem Roboter-Chirurgen) zu vereinbaren oder einen medizinischen Diagnosealgorithmus zu starten, dem der Arzt dann folgt. Sie werden als Assistenten im Unterricht eingesetzt werden, insbesondere Klassen mit jüngeren Kindern, wo sie wie-

Zeitleiste

1972	1979	1987	1993	1999	2000
Maze War	*MUD*	*Max Headroom*	*Doom*	*Everquest*	*Ananova*

derkehrende, gleichartige Aufgaben üben, wie sie in der Grammatik oder Mathematik vorkommen. Auch in der Altenpflege werden sie Aufgaben übernehmen, die älteren Menschen daran erinnern, ihre Medikamente einzunehmen oder ihnen als ständige digitale Begleiter einfach nur Gesellschaft leisten. Denkbar auch, dass sie die Schnittstelle bilden zwischen Mensch und Roboter oder anderen intelligenten Maschinen der Zukunft.

Der Avatar – Was zeichnet ihn aus? Die grundlegende Technologie, die Avatare möglich macht, ist die Künstliche Intelligenz (KI), insbesondere das Verfahren der natürlichen Sprachverarbeitung, das sich weiter entwickeln wird ebenso wie andere Technologien, so etwa die individuelle Gesichts- und Spracherkennung. Avatare werden in der Lage sein, bestimmte Einzelpersonen zu erkennen und ihre Reaktionen entsprechend zu personalisieren. Sie werden zudem mit dem Internet verbunden sein (und folglich auch mit anderen Avataren sowie mit so ziemlich allem in physischen und digitalen Räumen). Ihre Kenntnisse werden also recht beachtlich sein. Sie könnten sogar so programmiert werden, dass sie einen Sinn für Humor zeigen oder verschiedene menschentypische Merkmale wie Körpersprache und Emotion aufweisen.

Mensch versus Maschine

Gibt es in der Interaktion von Mensch zu Mensch irgendetwas, das nicht durch eine Maschine repliziert werden kann? Genauer gesagt, wäre es möglich, eine starke emotionale Bindung zu einem intelligenten Avatar-Assistenten aufzubauen? Und könnte dieses Band eine körperliche Beziehung mit einem anderen Menschen ersetzen oder sogar übertreffen? Dazu müssten mehrere Dinge passieren. Erstens: Die Technologie müsste so weit fortschreiten, dass man eine sinnhafte Unterhaltung mit einer Maschine führen könnte. Zweitens: Die gesellschaftlichen Werte müssten sich so verschieben, dass es gemeinhin als akzeptabel angesehen würde, sich von anderen Menschen zurückzuziehen. Drittens: Es müsste technisch möglich werden, körperliche Empfindungen zu erzeugen – entweder durch Avatare, die eine körperliche Gestalt annehmen, oder indem es mittels haptischer Technologien möglich wird, Dinge in der virtuellen Welt zu berühren (und taktile Rückmeldungen zu bekommen), oder aber durch eine vollständige sensorische Immersion (eine bewusste, körperliche Wahrnehmungserfahrung), die durch Gehirnimplantate oder Arzneimittel erzielt wird.

2002	2003	2004	2011	2012	2032
The Sims Online	*Second Life*	*World of Warcraft*	AppleSiri	„Evi"-App für iPhone und Android-App für wenige Cents als Download verfügbar	70 Prozent aller erwachsenen Nutzer benutzen intelligente Avatare als „Personal Assistant"

Avatar-Assistenten werden zudem höchst personalisierbar sein insofern, dass man sie mit regionalen Akzenten, menschlichen Fehlern und Schwächen oder auch Launen ausstatten könnte. Es könnte sogar durchaus möglich sein, dass sich in der Persönlichkeit des Avatar-Assistenten diejenige seines „Besitzers" widerspiegelt, oder vielleicht gleicht der Besitzer seine eigene Persönlichkeit nach und nach der seines Avatars an – ein Phänomen, das man als „Proteus-Effekt" bezeichnet (der besagt, dass das Verhalten eines Nutzers in einer virtuellen Welt abhängig von seiner Selbstrepräsentation (seinem Avatar) ist).

Was werden die Menschen mit ihren Avataren so alles machen? Das weiß keiner so genau zu sagen, denn die Basisversionen, die bereits existieren, sind in Bezug auf ihre Fähigkeiten recht begrenzt. Außerdem sind wir an ihren Gebrauch noch nicht wirklich gewöhnt. Und was die technisch höher entwickelten Versionen anbelangt, so sind diese ihren Kinderschuhen in den Forschungslaboren noch kaum entwachsen. So lässt sich also nur vermuten, dass wir ihnen Aufgaben übertragen, um die wir heute wohl menschliche Helfer, sprich Freunde, Familie und selbst unsere/n Liebste/n bitten würden. Wir würden fragen, wo man dies oder jenes finden kann, wir würden sie um Rat bitten und uns an sie wenden, wenn wir Zuspruch, Unterstützung oder einen treuen Begleiter brauchen. Wir würden sie fragen, wie dieses oder jenes Ding funktioniert, warum die Dinge so sind, wie sie sind, oder ob das, was wir gerade tun, auch wirklich die Mühe lohnt.

Steht Liebe mit auf dem Programm? Ob man ein starkes emotionales Band zu seinem Avatar entwickeln oder sich gar in ihn verlieben kann? Warum nicht? Theoretisch würde sich das nicht von einer Fernbeziehung per Internet oder Telefon unterscheiden, oder von einer verliebten Schwärmerei für einen Fernsehstar. Und nur damit Sie es nicht vergessen: Der Avatar ist mit dem Internet verbunden und das Internet wiederum mit praktisch allem anderen sonst. Und genau deshalb werden Sie Ihren Avatar-Assistenten bitten können, Ihnen ein Bad einzulassen oder Computerspiele mit Ihnen zu spielen. Sie könnten ihn auch bitten, Sie daran zu erinnern, wo Sie Ihre Schuhe gekauft und was Sie dafür bezahlt haben, oder ihn fragen, wie weit Sie schon darin gelaufen sind, wann sie repariert werden müssen und wo sich der nächste Mensch oder die nächste Maschine findet, die diese Aufgabe übernehmen kann. Sie könnten Ihren Avatar sogar bitten, Sie bei Konferenzschaltungen zu vertreten, als ein Hologramm vielleicht (und er wäre natürlich in der Lage, jede Konferenz als eine Audio- oder Videodatei aufzuzeichnen und sie Ihnen zu einem späteren Zeitpunkt vorzuspielen).

> **„Elektrische Kommunikation ist nie ein Ersatz für das Gesicht von jemand, der mit all seiner Seele eine andere Person anregt, tapfer und wahr zu sein."**
> **Charles Dickens, Schriftsteller**

Unmöglich? Sicherlich nicht. Telefonkonferenzen und virtuelle Konferenzen aufzuzeichnen, ist bereits gängige Praxis. Und erinnern Sie sich noch an den verstorbenen

„e-Loves me“

Wie aus einer Studie des Pew Research Center zum Thema „Internet & American Life“ hervorgeht, kennen 26 Prozent aller Amerikaner jemanden, der schon einmal ein Date mit einer Internet-Bekanntschaft gehabt hat. Weitere 31 Prozent kennen jemanden, der schon einmal im Internet nach einer neuen Liebe gesucht hat. Wissenschaftler entwickeln spezielle Algorithmen, ausgeklügelte Fragebögen sowie verschiedene Techniken zur gezielten Datenextraktion, um Voraussagen über Sucherfolge treffen zu können und die Paare zu finden, die am besten zusammenpassen. Die Algorithmen tragen dazu bei, große Datenmengen zu durchsuchen. Gibt es genügend Besucher auf einer Seite – und verfügt man über die richtigen Filtertechniken –, lassen sich Vorhersagemodelle entwickeln, die die Liebe auf eine einfache Formel reduzieren. Aber warum diese Techniken nur auf Menschen beschränken? Wenn sich anhand der Suchkriterien treffsicher vorhersagen lässt, wer mit wem wirklich zusammenpasst, warum sollte man dann nicht Avatare entwickeln, zu denen man eine emotionale Bindung aufbauen kann?

Rapper Tupac Shakur, der 2012 als lebensechtes Hologramm zusammen mit einem Musiker-Kollegen noch einmal auf die Bühne kommen und „live“ vor seinen Fans auftreten konnte? Die Technik der holografischen Telepräsenz bietet also eine echte Möglichkeit, um an einem oder mehreren Orten gleichzeitig live zu erscheinen.

Wie sich all dies auf zwischenmenschliche Beziehungen auswirken mag, sei dahingestellt. Vielleicht werden wir nicht mehr fähig sein, eine direkte Beziehung mit anderen Menschen einzugehen, es sei denn, sie würde durch einen Avatar oder ein anderes elektronische Gerät vermittelt. Passiert bereits alle Tage, könnte man an dieser Stelle sagen.

Worum es geht

Imaginäre Freunde

34 Uncanny Valley – Das Phänomen des „unheimlichen Tals“

Wir sprechen oft von „unheimlicher Ähnlichkeit“, um etwas oder vielmehr jemanden zu beschreiben, der uns in seltsamer oder geradezu gespenstischer Weise vertraut erscheint. In der Robotik bezeichnet der Begriff „Uncanny Valley“ (unheimliches Tal) den messbaren Effekt, dass die menschliche Akzeptanz für Roboter schlagartig abfällt, wenn diese dem Menschen zu sehr ähneln. Das besagte „Tal“ bezeichnet einen starken Einbruch in einem Kurvendiagramm, das den Verlauf der Ablehnung bzw. Akzeptanz von Robotern darstellt.

Der Begriff „Roboter“ stammt aus dem Slawischen und bedeutet so viel wie „Arbeit“, „Zwangsarbeit“ oder „Frondienst“. Für die meisten Menschen sind Roboter Teil einer fernen Zukunft; haben oft eine menschenähnliche Gestalt und sind auch in anderen Merkmalen wie Größe, Augen, Gliedmaßen, Bewegungen und sogar in ihrer Stimme und Sprache dem Menschen nachgebildet. Doch genau hier fängt das Problem an.

Dass Roboter andere Maschinen, wie zum Beispiel Autos, fertigen, ist nichts Neues. An diese Vorstellung sind wir bereits gewöhnt, und inzwischen gewöhnen wir uns auch an Roboter in Form von Kuscheltieren, Rasenmähern, Staubsaugern oder mechanischen Helfern zur Bombenentschärfung. Und in Japan hält der R2D2 sogar gerade Einzug als Krankenschwester und Altenpfleger. Aber was passiert, wenn wir einen menschenähnlichen Roboter präsentiert bekommen, der aussieht und sich auch verhält wie, nun ja, wie einer von uns echten Menschen? Die Antwort darauf kennen wir eigentlich schon.

Wovor haben wir Angst? Der japanische Robotiker Dr. Hiroshi Ishiguro hat einen Roboter entwickelt, der aussieht wie … Dr. Ishiguro. Die Ähnlichkeit ist unheimlich und erzeugte bei Beobachtern unbehagliche Reaktionen, insbesondere, da „Er“ die

Zeitleiste

1950 *Ich, der Robot*, Erzählungen von Isaac Asimov

1999 Der Hund Aibo, Unterhaltungsroboter von Sony

2000 Roboter-Kuscheltierchen von Hasbro

2004 Robosapien, Spielzeugroboter von WowWoo

gleiche Brille und die gleiche Kleidung trug. Aus der Ferne kann man den echten Dr. Ishiguro kaum von seinem maschinellen Doppelgänger unterscheiden. Interessanterweise zeigen Erwachsene zumeist eine deutliche Aversion gegenüber derart menschenähnlichen Robotern, während sie bei Kindern gemeinhin Akzeptanz finden. Allerdings nicht bei allen Kindern. Bevor Dr. Ishiguro seinen Roboter-Doppelgänger baute, fertigte er eine lebensechte Roboter-Kopie seiner vierjährigen Tochter. Doch als sie diese Kopie das erste Mal sah, erschrak sie dermaßen, dass sie sich stante pede weigerte, das Labor ihres Vaters noch einmal zu betreten aus panischer Angst, ihrer „Doppelgängerin" noch einmal zu begegnen. Was passieren wird, wenn Roboter in ihrer Erscheinung und ihrem Gebaren so realistisch gestaltet sind, dass sie von echten Menschen überhaupt nicht mehr zu unterscheiden sind, bleibt reine Vermutung.

Psychologisch verstanden, erfassen wir bestimmte Roboter als lebensecht – d. h. als menschliche Charaktere – und bemerken dann urplötzlich verschiedene nicht-menschliche Merkmale oder Eigenschaften, was Gefühle wie Unbehagen, Befremdung oder auch Ekel auslösen kann. In etwa so, wie wir beim Anblick eines toten Körpers reagieren. Comicfiguren, comicartige Avatare oder Kuscheltiere werden hingegen nicht als gleichermaßen bedrohlich empfunden, da sie nicht versuchen, uns weiszumachen, sie seien menschlich. Diese starke Aversion gegenüber allzu menschlichen Robotern steht möglicherweise in Zusammenhang mit einem angeborenen Arterhaltungstrieb oder Schutzinstinkt. Vielleicht aber haben wir auch einfach nur zu viele gruselige Science-Fiction-Streifen gesehen.

Einige jedoch weisen die ganze Hypothese entschieden zurück, sagen, es sei geradezu lachhaft, die menschliche Authentizität auf

Kuschel-Roboter

Vor ein paar Jahren ließ Sony vermelden, dass es die Produktion seines Unterhaltungsroboters, einen Hund aus Plastik und Metall namens Aibo, einstellen würde. Der Spielzeughersteller Hasbro hingegen ließ vermelden, er würde sein „FurReal"-Sortiment an „Roboter-Kuscheltieren" erweitern. Anders gesagt: Robotertechnik als kalte Roboterfigur verkauft sich nicht, kuscheliges Roboterspielzeug (vor allem, wenn es schön flauschig ist) hingegen schon. Und so kam bei Hasbro ein Schimpansenbaby und ein Mini-Pony hinzu, das sich im Dunkeln fürchtet. Auch einige der eher „klassischen" Roboterspielzeuge wie der Robosapiens kaschieren ihre Robotertechnik so gut wie möglich. Was wir daraus lernen ist, dass die meisten Menschen (mit Ausnahme einiger weniger Technikfreaks) gerne einen Roboter hätten, der sich nützlich macht, der beispielsweise den Boden wischt (wie der Roomba) oder ihnen eine interaktive Erfahrung beschert, die nicht bedrohlich oder mechanisch kalt als vielmehr flauschig weich ist.

„Die Technologie ist schlicht eine Ausrede für alle möglichen Geschichten, die uns das Gruseln vor unseren dunkelsten Seiten lehren."
Mike Jones,
Sydney Powerhouse Museum

2005
Erster, sich selbst replizierender Roboter von Cornell

2006
Amazing Allysen, die erste interaktive Puppe

2016
Verbreiteter Einsatz von Landwirtschaftsrobotern

2030
In 98 Prozent der koreanischen Haushalte gibt es einen Roboter

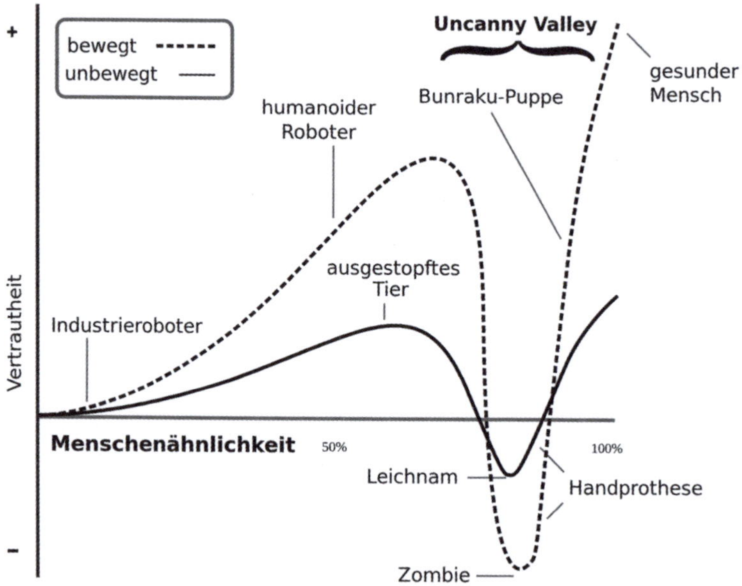

Darstellung des Uncanny-Valley-Effekts mit Einordnung verschiedener Objekte und Kreaturen

einzelne messbare Effekte in einem Kurvendiagramm zu reduzieren. Da nun aber Robotik, virtuelle Realität, Künstliche Intelligenz, Computeranimation und synthetische Biologie sich alle irgendwo berühren, wird die Debatte recht vielschichtig sein. Diese Tatsache bleibt auch Künstlern wie Patricia Piccinini nicht verborgen, die Mensch-Hybrid-Skulpturen und andere kontrovers diskutierte Kunstwerke kreiert. Und im Falle, dass Sie Patricias Arbeiten ein wenig verstörend finden, sollten Sie sich einmal die „wiedergeborenen" Puppen ansehen, die die Fotografin Rebecca Martinez für das Projekt „Pretenders" (Heuchler) geschaffen hat, oder aber die „lebensechten" Kunstwerke von Ron Mueck.

„Wenn Kinder künftig zur Schule gehen, und dort von Roboter und Monitortechnologien unterrichtet werden, dann, so befürchte ich, werden sie diese als Lehrmeister begreifen."
Mitchel Resnik, Massachusetts Institute of Technology

Neue Roboter Mal abgesehen von all den Meinungsstreitereien, stellt sich die Frage, was wir von Robotern in naher Zukunft noch so alles erwarten können. Die Robotik-Industrie ist derzeit sehr zersplittert, zeigt eine Fülle von Standards und Plattformen, ganz so wie einst die Computerindustrie in den 1970er-Jahren. Die meisten Roboter sind zudem niedrigvolumige Nischenprodukte, werden vom Militär zur Bombenräumung und Überwachung eingesetzt oder dienen im häuslichen Gebrauch als Rasenmäher oder Bodenkehrmaschinen. Doch mit den Entwicklungstendenzen in der Industrie und einer zunehmenden Konvergenz neuer Technologien wird sich dies bald ändern. Zum einen sinken die Kosten für hohe Rechenleistungen (Verarbeitung und Speicherung) rapide. Zum zweiten gehen auch die Preise für dezentralisierte Rechensysteme (*Distributed Computing*), Stimm- und Bilderkennungstechnologien sowie kabellose Breitbandverbindungen ähnlich stark zurück bei zunehmender Verfügbarkeit der Techniken.

Personalisierte Roboter könnten schon bald Medikamente ausgeben, Wäsche falten, Kinder unterrichten oder ein waches Auge auf Einbrecher haben. Auch in anderen Bereichen wie im Kundenservice könnten sie zunehmend eine Rolle spielen – als Taschenträger im Supermarkt beispielsweise oder als Kofferträger im Hotel. Sie könnten die Rolle eines Blindenführhundes übernehmen oder den Pflegern in Pflegeheimen zur Hand gehen. Ob eine Maschine jemals den menschlichen Kontakt oder den Kontakt zu einem Tier vollständig ersetzen kann, bleibt die große Frage und wird zu einem großen Teil auch vom Aussehen und Erscheinungsbild der Roboter abhängen.

Allerdings können sich Einstellungen auch ändern, insbesondere, wenn humanoide Roboter (Androide) anfangen, sich synchron zu verhalten (und beispielsweise menschliche Gesten nachahmen) und emotionale Regungen zeigen. Und ob Menschen enge Beziehungen zu Robotern aufbauen können, bleibt ebenfalls eine offene Frage, ist aber nicht ganz auszuschließen, wie wir aufgrund unserer Erfahrungen im Umgang mit Tieren vermuten könnten.

Es gibt bislang kaum gesicherte Erkenntnisse darüber, dass Tiere eine Art inneres Bewusstsein hätten. Trotzdem behandeln wir unsere Haustiere oft wie einen menschlichen Gefährten. Und wer weiß, vielleicht werden wir bis 2050 auch (Liebes-)Beziehungen mit Robotern haben und sie in manchen Fällen sogar heiraten.

Dr. Spook

C-3PO aus *Krieg der Sterne* war niedlich – im Gegensatz zu manch einem Roboter, der aus Japan kommt. Warum dieser Unterschied? Eine Erklärung ist evolutionsgeschichtlich bedingt. Auf einer tiefen Ebene sind wir möglicherweise darauf programmiert, uns fern zu halten von Leichen, da sie mit Tod und Krankheit in Verbindung stehen. Und Dinge, die eindeutig nicht menschlich sind, sich aber in menschenähnlicher Weise gebärden, sind uns unheimlich (so wie die Puppe Chucky im Film *Chucky – Die Mörderpuppe*). Gleiches gilt für Dinge, die beinahe menschlich aussehen, sich aber nicht so verhalten, wie wir es erwarten würden (beispielsweise die androide Roboter-Krankenschwester Actroid-F aus Japan). Am unheimlichsten sind dabei meist die Augen im Zusammenspiel mit wenig überzeugenden menschlichen Bewegungen. Warum ist das so? Vielleicht liegt es daran, dass die Augen ganz wesentlich an der Übermittlung von Emotionen beteiligt sind oder dem Gesicht auf andere Weise einen lebendigen Ausdruck verleihen.

Worum es geht

Einen Kuschel-Roboter bitte!

35 Transhumanismus

Können neu entstehende Technologien zu einer drastisch verlängerten individuellen Lebensspanne führen oder sogar die Idee des Alterns selbst überwinden? Wie zu erwarten, hat sich der Transhumanismus verschiedene philosophische Ideen einverleibt, vor allem in Kalifornien, und ist zu einer Art Quasi-Religion oder zu einer Suche nach Unsterblichkeit geworden.

Auf einer bestimmten Ebene überschneidet sich der Transhumanismus mit einigen recht praktischen Theorien im Hinblick auf eine Lebensverlängerung. Etliche Studien etwa haben ergeben, dass das Leben von Mäusen durch eine stark reduzierte Kalorienzufuhr signifikant verlängert werden kann, weshalb einige Forscher davon ausgehen, dass dies auch für den Menschen zutrifft. Entwicklungen in der regenerativen Medizin (▶ Kapitel 22) greifen einige dieser Anregungen auf, obgleich alles jenseits dieser einfachen These recht schnell auch recht seltsam anmuten kann.

Manche Menschen glauben zum Beispiel, dass es möglich sei, unter Verwendung der sogenannten Kryokonservierung (d. h. Kältekonservierungstechniken), tote Menschen in einer Art Zwischenzustand zu halten (Scheintod), bis es dank zukünftiger medizinischer Technologien möglich sein würde, sie irgendwann wiederzubeleben – obgleich es sehr viel wahrscheinlicher ist, dass nach dem Wiederauftauen nur ein Häufchen Matsch von ihnen bleibt. Wird so etwas bereits getestet? Ja, vornehmlich in Kalifornien. Und wozu? Höchstwahrscheinlich weil man auf der Suche nach der Unsterblichkeit oder einer zweiten Chance ist. Einige Forscher halten die Idee für gar nicht mal so verrückt, wie sie klingt, und verweisen auf Insekten wie den Arktischen Falter, der sein Wachstum jeden Winter einstellt, bis er die sieben Jahre, die er braucht, um sich zum Schmetterling zu entwickeln, durchlaufen hat.

Grenzenlose Möglichkeiten? Weniger exotische Versionen des Transhumanismus haben im Lauf der Jahre die Aufmerksamkeit einiger führender Denker erregt, so auch die des renommierten Futurologen und Erfinders Ray Kurzweil und des Nanotechnologie-Pioniers Eric Drexler. Drexler, beispielsweise, spekulierte über das Potenzial der Nanotechnologie, mit der es eines Tages gelingen könnte, den hinfälligen menschli-

Zeitleiste

2100
Menschen brechen in weit entfernte Galaxien auf

2150
Mittlere Lebenserwartung: 584 Jahre

2200
Hohe Steuern auf Kinder, um die Überbevölkerung auf Planet XB-1987 zu stoppen

chen Körper zu reparieren und das Leben potenziell unendlich zu verlängern. Das, was Menschen zu Menschen macht, würde damit eine radikale Veränderung erfahren. Der Transhumanismus geht offensichtlich Hand in Hand mit Teilgebieten der Künstlichen Intelligenz und Denkrichtungen in der Robotik, die sich allesamt in gewisser Weise mit der Frage befassen, was den Menschen in seinem Menschsein ausmacht, oder die, wie beim Transhumanismus der Fall, in Aussicht stellen, dass der Mensch seine biologischen Grenzen eines Tages überwinden und zu einem transhumanen bzw. posthumanen Wesen werden könne.

❜ Der Tod verleiht unserem Leben Sinn. Er verleiht der Zeit Bedeutung und Wert. Zeit würde bedeutungslos, wenn es zu viel davon gäbe. ❛
Ray Kurzweil, Autor, Erfinder und Futurologe

Manche halten die Ideen des Transhumanismus für ziemlich abscheulich, gerade weil er die Fähigkeiten des Menschen, insbesondere seine Lebensdauer, drastisch zu erweitern sucht. Er sei eigensüchtig und narzistisch, so heißt es, zumal angesichts der zahlreichen Probleme, denen die Menschheit bereits heute ausgesetzt ist oder in Zukunft ausgesetzt sein wird. Es ist allerdings nicht auszuschließen, dass uns extreme Formen des Individualismus schließlich genau dahin führen.

In Bezug auf religiöse Ideologien scheinen viele Anhänger des Transhumanismus Agnostiker oder Atheisten zu sein. Logisch eigentlich, denn sie ziehen die Vorstellung in Zweifel, dass das Leben von Gott geschaffen und das rein biologische (d. h. das natürli-

Tod dem Tod?

„Der Tod ist eine trübselige Angelegenheit, und ich rate Ihnen, sich auf keinen Fall darauf einzulassen“, sagt der englische Erzähler William Somerset Maugham. Ob es den Transhumanisten gelingen wird, den Tod zu besiegen, oder ob nicht, ist vermutlich eher eine Frage der Ökonomie denn der Technologie. Wenn Reichtum weit verbreitet ist, werden die meisten Menschen ihre Ersparnisse wohl dafür verwenden, sich den Tod buchstäblich zu „ersparen“. Und eine insgesamt reiche Gesellschaft wird ihnen dafür alles Gute wünschen. Sollten die wirtschaftlichen Rahmenbedingungen jedoch schwieriger und rauer sein, so werden die Menschen ihr bisschen Erspartes wohl kaum in eine Großoffensive gegen den Tod investieren, ebenso wenig wie die Gesellschaft groß angelegte und teure Forschungsprojekte auf diesem Gebiet fördern und unterstützen wird.

2250	2255	2275	2300
Kinder zu bekommen, wird auf der Erde verboten	Kinder werden illegal geboren	Mittlere Lebenserwartung: über 800 Jahre	Transhumanismus wird zu einem gigantischen Fehler erklärt

„Viele würden wohl lieber mit geschlossenen Augen herumirren und auf die Tradition vertrauen, anstatt sich einmal vor Augen zu führen, was bald passieren wird. Das ist verstörend, ja, und ja, es kann auch Angst machen. Schließlich gibt es völlig neue Fehler, die wir nun ermächtigt sind, das erste Mal zu begehen.“

Daniel C. Dennett, Kognitionswissenschaftler, Autor und Philosoph

che, „unverbesserte“) Leben daher heilig sei. Andererseits vertragen sich transhumanistische Auffassungen ganz gut mit östlichen Religionen oder auch mit Formen des Spiritualismus, da diese nicht selten postulieren, dass unsere biologische, zweibeinige Daseinsform nur eine Zwischenstufe oder ein Trittstein auf dem Weg in einen weit erleuchteteren und erfüllenderen Endzustand ist.

Die Ethik der Unsterblichkeit Sind transhumanistische Ziele überhaupt erreichbar oder auch sinnvoll? Oder ist der Transhumanismus die gefährlichste Idee der Welt, der größte wissenschaftliche Blödsinn überhaupt? Mit Blick auf die kommenden 50 Jahre tendiere ich zu Letzterem, obgleich mir, auf längere Sicht gedacht, einige der Ziele zumindest erreichbar scheinen.

Aber wir müssen ja nicht immer gleich tun, was technisch machbar und möglich wäre. Solange grundsätzliche Fragen in Bezug auf natürliche Ressourcen oder auch ausreichende Flächen nicht gelöst werden können, kann es keinerlei überzeugende Argumente für eine Welt voller Menschen, die niemals sterben, geben. Das Sterben hat schließlich durchaus seinen Sinn, insbesondere hier im Hinblick auf die Erneuerung der Ideen – ein Aspekt, den Steve Jobs in einer Rede aufgriff, die er auf einer Abschlussfeier vor Studenten der Stanford University hielt:

„Niemand will sterben. Nicht mal Menschen, die in den Himmel kommen wollen, wollen sterben, um dorthin zu gelangen. Und dennoch ist der Tod das Schicksal, das wir alle teilen. Niemand ist jemals entkommen. Und das ist so, wie es sein sollte, denn der Tod ist höchstwahrscheinlich die beste Erfindung des Lebens. Er ist der Vertreter des Lebens für die Veränderung. Er räumt das Alte weg, um Platz zu machen für das Neue. Gerade jetzt seid das Neue ihr, aber eines Tages, nicht sehr viel später, werdet ihr langsam zum Alten gehören und weggeräumt werden.“

Bewegende Worte. Aber was, wenn Steve Jobs sich irrt? Was, wenn es nur eine Frage der Zeit ist, bis unsere Zeit auf Erden – oder anderswo – tatsächlich unendlich ist? Warum sollte es die Grenzen der menschlichen Genialität übersteigen, das, was seit jeher als ein natürlicher Alterungsprozess angesehen wird, zu überwinden oder zumin-

Kann man den eigenen Tod vorhersagen?

Wissenschaftler der Boston University in den USA behaupten, eine Formel entwickelt zu haben, mit der sich ermitteln lässt, ob jemand seinen 100. Geburtstag erleben wird. Für den Test, dessen Ergebnisse laut seiner Entwickler eine Genauigkeit von 85 Prozent erzielen, wurde ein Gen-Scanning an 801 einhundertjährigen Probanden durchgeführt und anschließend mit den Messwerten von 914 anderen Teilnehmern verglichen. Obwohl Umweltfaktoren das Lebensalter maßgeblich beeinflussen, glauben die Forscher, dass auch die genetische Varianz eine wichtige Rolle spielt. Falls Sie eine raschere Auskunft zu Ihrem wahrscheinlichen Sterbedatum möchten, besuchen Sie im Internet einfach die Seite deathclock.com.

dest aufzuhalten? Was könnten wir alles erreichen, wenn wir statt 80 alle 180 Jahre alt werden könnten!

Ich für meinen Teil stimme Steve Jobs zu (und Shakespeare: „Alles, was lebt, muss sterben"). Unsere Zeit ist kurz, und gerade diese Tatsache macht das Leben so kostbar. Wenn das Leben (oder auch irgendeine andere Daseinsform) unendlich würde, wäre es sinnlos und banal. Es ist aber gerade diese Endlichkeit, die begrenzte Natur, die das Leben so kostbar macht, und wir sollten „um Leben und Tod" kämpfen, damit die Unsterblichkeit nicht zu einer Realität wird.

Worum es geht

Ewig leben

36 Alt.Space und Weltraumtourismus

„Alt.Space" ist ein Begriff, der noch nicht bis in alle Köpfe vorgedrungen ist. Er beginnt sich gerade erst zu etablieren und wird gebraucht, um die private Raumfahrt zu beschreiben, insbesondere die einer ganz neuen Riege von Unternehmen, die sich mit der richtigen Mischung aus neuartigen Technologien und Geschäftsmodellen darauf spezialisiert haben, preiswerte Reisen ins Weltall anzubieten. Als solche konkurrieren diese sogenannten „Alt.Space"-Unternehmen direkt mit der NASA und anderen nationalen und internationalen staatlichen Raumfahrtbehörden.

Wer hätte vor wenigen Jahren noch gedacht, dass sich Milliardäre eines Tages ein Wettrennen um einen Vorstoß in die Weiten des Weltalls liefern würden? Der erste Privatmann (sprich, der erste Weltraumtourist) an Bord einer Rakete war Dennis Tito, der über die Raumfahrtbehörde der Russischen Konföderation (RKA) zwischen 10 und 20 Millionen US-Dollar für einen Hin- und Rückflug zur Internationalen Raumstation (ISS) bezahlte. Weitere Weltraumtouristen an Bord einer russischen Sojus-Rakete waren Mark Shuttleworth, Anousheh Ansari, Charles Simonyi und Guy Laliberté. Wie Sie sehen, ist der Weltraumtourismus bislang Männersache, aber das kann sich schnell ändern.

Die Russische Raumfahrtbehörde erlaubt keine zahlenden Weltraumtouristen mehr. Dafür setzt das private Unternehmen Virgin Galactic des Milliardärs Richard Branson derzeit alles daran, ähnliche Erlebnisse zu weitaus „bodenständigeren" Preisen von 200 000 Dollar für jedermann zugänglich zu machen, auch wenn es sich auf Suborbitalflüge beschränkt. Zu den weiteren Unternehmen, die auf diesem Gebiet tätig sind, zählen Space Adventures und Elon Musks SpaceX (Elon Musk ist der 40-jährige Jungunternehmer hinter PayPal und Tesla Motors).

Zeitleiste

1969	2013	2018	2035
Erste Menschen auf dem Mond	Weltraum-Touristenflüge durch Sonneneruptionen verzögert	Air China bietet Weltraumflüge an	Abkommen über den Bau des ersten Mondhotels

Rocket Man

Das All ist die neue *frontier*, die neue Grenze zu unbewohnten Weiten, die Unternehmer, insbesondere Hightech-Milliardäre für sich entdeckt haben. Paul Allen, Mitbegründer von Microsoft, plant, ein Raumfahrzeug für kommerzielle Zwecke zu bauen, das noch vor 2020 zu einem ersten Flug ins Weltall starten könnte. Das Raumfahrzeug soll von sechs Jumbojet-Triebwerken angetrieben werden und eine Flügelspannbreite von 115 m haben, die größte, die ein Flugzeug je hatte. Es soll zunächst in eine Höhe von 9100 m gebracht werden, von wo aus es dann nach Abtrennung der Booster in die Erdumlaufbahn gelangt, sei es, um kommerzielle Fracht zu befördern oder um Abenteurern einen unvergesslichen Flug zu bescheren.

Weltraumreisen für jedermann? Wird ein Konzept nach dem Motto „Wir machen einfach, dann kommen die Kunden schon" funktionieren? Wohl eher nicht, es sei denn, die Preise würden drastisch fallen, sodass sich auch Normalsterbliche, und nicht nur Superreiche, eine solche Reise leisten können. Aber in Anbetracht der Tatsache, dass jede Technologie mit der Zeit tendenziell deutlich billiger wird, ist dieser Gedanke vielleicht gar nicht mal so weit hergeholt. Sollte es tatsächlich jemals erschwingliche Weltraumreisen für jedermann geben, so wäre das geradezu revolutionär.

Das Unternehmen Virgin Galactic, ein Pionier dieser Geschäftsidee, weist den Weg in eine neue Ära der Weltraumreisen, indem ihm, und das ist der bedeutende Schritt, die technische Kombination aus Trägerflugzeug und Raumfähre gelingt. Das Trägerflugzeug (mit der Flügelspannbreite einer Boeing 757) bringt die Raumfähre zunächst auf eine Höhe von 15 km, von wo aus es dann in den Orbit gestartet wird.

„Es wird nicht mehr lange dauern, da werden intelligente junge Männer und Frauen eine Karriere in der Erdumlaufbahn ins Auge fassen und sagen: ‚Ich möchte 200 Kilometer von zuhause entfernt arbeiten – dort oben!'"

Arthur C. Clarke, Science-Fiction-Autor, Erfinder und Futurologe

2039
FedEx liefert Sendungen auf den Mond

2044
Mondtourismus beginnt

2061
Rückkehr des Halley'schen Kometen kurbelt die Weltraumtourismus-Industrie an

2070
McDonald's eröffnet die erste „Fly Thru"-Filiale im All

Warum ins All?

Warum kommen in so vielen Visionen von der Zukunft immer auch Raumschiffe, Mondbasen, silbrig-graue Raumanzüge, Strahlenpistolen und Außerirdische vor? Kurz nach der Großen Depression und dem Ende des Zweiten Weltkriegs bedeutete die Kombination aus Optimismus und den vielen neuerlich entwickelten Technologien, vor allem in der Raketentechnik, dass es nur ein Ziel gab: Hoch hinaus (und sei es nur, um neue böse Mächte zu finden, die es zu bekämpfen galt). Ende der 1950er-Jahre wuchs das Interesse am Weltraum und erreichte seinen Höhepunkt, als Präsident John F. Kennedy 1961 ankündigte, es sei das Ziel der USA, noch vor Ende des Jahrzehnts einen Menschen „auf dem Mond landen zu lassen". Kennedy wörtlich: „Wir haben uns entschlossen, in diesem Jahrzehnt auf den Mond zu kommen und die dafür erforderlichen Dinge zu tun, nicht, weil es leicht wäre, sondern gerade weil es schwer ist, weil dieses Ziel uns helfen wird, unsere besten Energien und Fähigkeiten einzusetzen und zu erproben, weil wir bereit sind, diese Herausforderung anzunehmen und sie nicht widerwillig aufschieben werden, und weil wir beabsichtigen, zu gewinnen."

Dieses duale Beförderungssystem ist wirtschaftlicher als der Einsatz von Raketen zum einmaligen Gebrauch und hat zudem den Vorteil, dass die Raumfähre nicht auf ein Zeitfenster zur Erteilung einer Starterlaubnis warten muss. Die Luft-Fahrzeuge könnten möglicherweise auch zur Beförderung anderer Nutzlasten verwendet werden. Oder auch, um kleine Satelliten zu starten, wie Virgin Galactic bereits anklingen ließ, eine Dienstleistung, die, sofern der Preis niedrig genug ist, von allen möglichen Organisationen in Anspruch genommen werden könnte. Und das wiederum würde dazu beitragen, die Weltraumreisen für erlebnishungrige Passagiere, die genug haben vom üblichen zweiwöchigen Strandurlaub in Florida, billiger anbieten zu können.

Der Griff nach den Sternen Die US-Luftfahrtbehörde (*Federal Aviation Authority*, FAA) hat bereits eine ganze Reihe von Richtlinien für Anbieter privater Weltraumflüge veröffentlicht, die sehr umfassend sind und von erforderlichen Qualifikationen für die Flugbesatzung bis zu medizinischen Anforderungen und ärztlichen Genehmigungen Bewilligungen reichen. Der ein oder andere Passagier mag auf den Geschmack kommen und etwas länger im Weltraum weilen wollen. Tatsächlich ist bereits heute von Mondkolonien die Rede, die es bis in etwa zehn Jahren geben wird, so wie im Science Fiction-Roman *Where's is my Jetpack?* von Daniel H. Wilson.

Und in diesen Mondkolonien gibt es dann vielleicht kleine Hotels mit einem wunderbaren Blick zurück auf die Erde, Weltraum-Themenparks oder Fitnessstudios, um sich in der Schwerelosigkeit zu üben, und möglicherweise auch dauerhafte Siedlungen mit

> **„Das ultimative Ziel ist, die Menschheit zu einer Multi-Planet-Spezies zu machen. In 30 Jahren wird es eine Basis auf dem Mond und auf dem Mars geben, und die Menschen werden in SpaceX-Raketen hin- und herfliegen.“**
>
> **Elon Musk, Ingenieur und Unternehmer**

Milliardären oder Ökoaktivisten im Ruhestand, die sich der Zerstörung einer weiteren Landschaft mit aller Macht entgegensetzen. Und dann? Weiterziehen in andere Galaxien? Wahrscheinlich nicht zu unseren Lebzeiten. Wir müssen uns also wohl oder übel begnügen mit dem guten alten Urlaub daheim auf Balkonien, mit Ökotourismus, Luxus-Campingreisen, Klimawandel-Sightseeing-Touren, mit Ausflügen in virtuelle Welten, Wellness- und Entspannungsurlauben, "Dark-Tourism"-Exkursionen, Aktiv-Urlauben, Kur-Urlauben und schwimmenden Hotels – es sei denn wir erfinden billige Warp-Antriebsmechanismen für Reisen mit Überlichtgeschwindigkeit durch Raum und Zeit oder die Teleportation.

Es gibt aber noch eine andere Möglichkeit. Vor dem Blick in die ferne Zukunft, lohnt zunächst einmal der Blick in die ferne Vergangenheit. Warum? Weil es wichtig ist, Zyklen und Moden zu unterscheiden von echten neuen und wichtigen Entwicklungen, denn was neu oder revolutionär erscheint, entpuppt sich oft als nichts dergleichen – und Zeit und Geld sind schnell dahin. Indem wir die Vergangenheit nutzen, um über die Zukunft zu spekulieren, könnten wir darauf stoßen, dass gesellschaftliche Gruppen, die unter religiöser Verfolgung zu leiden hatten, zu den ersten Siedlern der „Neuen Welt“ gehörten. Und wer weiß, vielleicht werden die unterdrückten und verfolgten Völker oder religiösen Gruppen von heute einmal zu den Pionieren gehören, die in die Tiefen des Weltalls reisen. Es gäbe viele an der Zahl. Aber wahrscheinlich sind derlei Gedanken nur ein weiteres Beispiel dafür, dass wir unsere aktuellen Belange einfach linear fortschreiben und in die Zukunft hinein projizieren. Ja, vielleicht werden wir eines Tages von einem Astronauten namens Christoph in einem Raumschiff namens *Kolumbus* sprechen.

Worum es geht

Die Privatisierung des Weltalls

37 Solarenergie aus dem All

Wie wäre es mit dieser „intergalaktischen“ Idee? Im All gibt es viel Sonne, aber keine Wolken. Warum also nicht die Sonnenenergie mit gigantischen Spiegeln sammeln, bündeln und über erdumkreisende Laser- oder Mikrowellenstrahlen zur Erde zurückleiten? Zu versponnen? Noch ja, könnte eines Tages aber gängige Praxis werden.

Es besteht die große Wahrscheinlichkeit, dass wir alle in nicht allzu ferner Zukunft zu Sonnenanbetern werden. Wir müssen nichts weiter tun, als ein Zehntausendstel der Energiemenge, die an Sonnenlicht auf die Erde trifft, einzufangen, um den gesamten Energiebedarf unseres Planeten zu decken. Eine Möglichkeit, dies zu tun, besteht darin, Nano-Sonnenkollektoren und -Brennstoffzellen zu verwenden. Eine andere, etwas verrücktere Idee, um große Mengen an sauberer und erneuerbarer Energie zu erzeugen, wäre die Entwicklung von weltraumbasierten Solarkraftwerken. Das Konzept hierfür heißt Space-Based Solar Power (weltraumgestützte Sonnenenergie, SBSP). Das Weltall besteht faktisch aus nichts anderem als Energie, und so ließe sich bestimmt ein kleines bisschen für uns abzweigen, oder nicht?

> **„Die Wissenschaft kann noch keine Prophezeiungen machen. Wir sagen viel zu viel für das nächste Jahr voraus und viel zu wenig für die nächsten zehn.“**
>
> **Neil Armstrong, Testpilot und Astronaut (1969)**

Kraftwerk Sonne Wie soll das bitteschön funktionieren? Die Idee reicht bis Ende der 1960er, Anfang der 1970er zurück. Nun, immerhin haben wir vor kurzem erst herausgefunden, wie man Strom mittels drahtloser Technologien durch die Luft transportiert, und so wäre diese Idee gewissermaßen eine logische Fortsetzung. Außerdem leiten wir bereits digitale Signale für Telefon, Rundfunk und Fernsehen via Satellit zur Erde – warum also nicht auch Energie?

Die weltraumbasierte Energieerzeugung hat zudem einige beträchtliche Vorteile gegenüber den auf der Erde basierten Systemen. Im Weltraum gibt es kein Wetter und

Zeitleiste

1913
US-Patent für eine Solarzelle

1950er
Die Bell-Laboratorien entwickeln Solarzellen, um die Weltraumforschung zu unterstützen

1964
Direct Use of the Sun's Energy, herausgegeben von Farrington

1971
Raumflug der Saljut-1 wird von Solarzellen angetrieben

somit auch keine Wolken, die die Sonne verdecken könnten. Die Kollektoren in Form von Satellitenschüsseln könnten die Sonneneinstrahlung also unerschöpflich sammeln und bündeln, und sie wären nicht (wie auf der Erde) auf Tageslichtstunden beschränkt. Es gibt auch keine Luft, und so werden die Sonnenstrahlen auch nicht von atmosphärischen Gasen gefiltert. Und eine saubere Sache wäre es obendrein.

Solche Kollektoren im All zu installieren, wäre in der Tat eine Mammutaufgabe, die wir aber in einem sehr viel kleineren Rahmen bereits realisiert haben. Die Wartung wäre allerdings ein Problem, zumal der Weltraum nicht gerade eine menschenfreundliche Umgebung ist. Anlagen und Vorrichtungen würden von Gesteinen und menschengemachtem Weltraummüll beschädigt: Wie würden wir die Schäden reparieren? Wahrscheinlich mit dauerhaft im All stationierten Robotern. Und wie kann es gelingen, die Energie zurück zur Erde zu transportieren, ohne auf dem Übertragungsweg Energie zu verlieren?

Das Problem wird sein, die weltraumbasierten Energiestrahlen auf den sogenannten Rectennas fixiert zu halten, die mit den Empfängerstationen auf der Erde verbunden sind. Die Geschichte der Technologie aber legt nahe, dass diese und andere Probleme nur eine Frage von Zeit und Geld sind, in diesem Falle vor allem von Geld.

2009 gab Pacific Gas & Electric (einer der größten Energieversorger in den USA) bekannt, es habe Verträge über eine geschäftliche Zusammenarbeit mit dem Unternehmen Solaren Corporation geschlossen, um Solarenergie einzukaufen, die im Welt-

Patent #3.781.647

Im Jahr 1973 erhielt Mr. Peter Glaser, Vizepräsident der Unternehmensberatung Arthur D. Little, das US-Patent mit der Nr. 3.781.647 für die Idee, Energie über große Entfernungen, und zwar aus dem All zur Erde, mittels Mikrowellen zu übertragen. Ein Jahr später beschäftigte sich die NASA mit dieser Idee und befand, sie kranke zwar an etlichen Problemen, vor allem an den Kosten, sei aber dennoch vielversprechend. Bis in die 1980er-Jahre hinein wurden weitere Studien in Auftrag gegeben, doch es entstand der allgemeine Eindruck, dass das Konzept, wenngleich interessant, im Hinblick auf Kosten und mögliche Umweltauswirkungen sehr riskant wäre. Nichtsdestotrotz gründete die NASA 1999 das Programm Space Solar Power Exploratory Research and Technology (SERT), um die Studien fortzuführen.

1979 Jimmy Carter lässt Sonnenkollektoren auf das Weiße Haus montieren

2029 Testreihen mit Kollektoren in Form von Satellitenschüsseln laufen an

2040 Erster Test für die Übertragung von Solarenergie aus dem Weltraum zur Erde

2070 Durchbruch neuer, auf der Erde basierter Bodentechnologien machen SBSP überflüssig

> **Warum sollte sich irgendwer für weltraumgestützte Sonnenenergie interessieren, wenn kommerziell genutzte Solartechnologien heute auf der Erde 0,3 Prozent des Preises kosten?**
>
> **Energy & Capital.com**

raum eingefangen und über Solarzellen-Satelliten, die ab 2016 kommerziell operieren würden, zur Erde transportiert werden soll. Einen weiteren Erfolg gaben auch amerikanische und japanische Wissenschaftler vor wenigen Jahren bekannt, als es ihnen gelang, Energie in Form eines durch Solarstrom erzeugten Mikrowellenstrahls von einer Hawaii-Insel auf eine andere, 145 km entfernt gelegene Hawaii-Insel zu übermitteln. Und sollten wir tatsächlich eines Tages Weltraumfahrstühle bauen, die zwischen Erde und erdnahem Weltraum verkehren (▶ Kapitel 39), so wäre es theoretisch sogar möglich, diese physikalischen Tragwerkskonstruktionen mit Kabeln auszustatten, über die sich Energie in Richtung Erde leiten ließe. Vielleicht werden wir eines Tages auch riesige Akkus entwickeln, die derart leistungsstark sind, dass sie die Sonnenenergie direkt aus dem All einspeichern. Um an diese Energie zu gelangen, schicken wir dann Raumfahrzeuge los, die die aufgeladenen Akkus wieder zurück zur Erde bringen.

Blick auf die Alternativen Zyniker mögen auf Probleme im Zusammenhang mit gesetzlichen Regulierungen und Lizensierungen von weltraumbasierten Solarkraftwerken verweisen. Derzeitig müssten die Vereinten Nationen eine solche Technologie befürworten und freigeben, was einige Staaten aus Gründen der nationalen Sicherheit allerdings versuchen könnten zu verhindern. Zugegeben, die Vorstellung, Energiestrahlen in tödliche Strahlen zu verwandeln, mag ein wenig weit hergeholt sein, doch wenn wir statt Mikrowellen auf dem Mond stationierte Laserstrahlen verwendeten, könnte dies ein paar ohnehin verunsicherte Staaten doch ziemlich nervös machen.

Andere Zyniker könnten anführen, dass das Konzept der Solarenergie aus dem Weltraum absoluter Blödsinn ist, zumal, wenn man aufhört, darüber nachzudenken, was man stattdessen mit Milliarden hocheffizienter, technisch weiter entwickelter Sonnenkollektoren auf jedem Dach, jedem Auto und kreuz und quer durch alle Lande alles ausrichten könnte. Potenziell könnten wir so gut wie jedes Fenster oder jede flache, nach außen weisende Oberfläche in einen Absorber-Punkt zur Fokussierung der Sonnenstrahlen verwandeln, wir könnten riesige Sonnenkollektoranlagen in die Wüsten bauen und damit eine ganz neue Generation energieproduzierender Länder schaffen (▶ Kapitel 7).

Wir könnten auch schwimmende Sonnenkollektoren auf Wasserstaubecken, Talsperren oder Seen installieren (und damit unerwünschtes Algenwachstum reduzieren). Letztere Idee könnte vor allem bei Landwirten und Wasserbau-Unternehmen Anklang fin-

> **Fakten folgen der Fiktion**
>
> In einer Folge der japanischen Zeichentrickserie *Mobile Suit Gundam*, die 2037 spielt, wenden sich die Menschen weltraumgestützter Sonnenenergie zu, um den vielen Energiekonflikten auf der Erde zu entkommen. Wie so oft, folgen die Fakten der Fiktion, und so arbeiten japanische Wissenschaftler derzeit daran, diese Idee zu realisieren. Das Projekt, das von der japanischen Raumfahrtagentur Japan Aerospace Exploration Agency (JAXA) entwickelt wird, sieht vor, bis 2030 einen funktionsfähigen Prototypen zu entwickeln, der 1 Gigawatt Strom erzeugt – in etwa das, was ein japanisches Kernkraftwerk produziert.

den, da sie zwei Einkommensquellen auf einen Streich eröffnen würde. Nähme man all diese Ideen zusammen, ließe sich eine gewaltige Energiemenge erzeugen, und das fast ohne Schattenseiten, insbesondere wenn man die Kosten für ähnliche Projekte im Weltraum gegenrechnet. Andererseits liegt es wohl gerade in der schwierigen und kühnen Natur der Sache, die den durchschnittlichen, multi-milliardenschweren Technologieunternehmer mit großen Träumen und hehren Zielen an der solaren Stromerzeugung aus dem All reizt.

Worum es geht

Energie aus dem All zur Erde „beamen“

38 Rohstoff-Abbau auf dem Mond

Der Mond bietet zahlreiche faszinierende Möglichkeiten. Weltraumhotels und ständige Weltraum-Außenposten sind nur zwei Ideen, die unsere Fantasien schon lange erobert haben. Weltraumbasierte Energie-Relais-Stationen oder Waffen sind zwei weitere. Die wahrscheinlichste und praktikabelste Möglichkeit aber ist die, seltene Mineralien sowie weitere dringend benötigte natürliche Ressourcen, die auf dem Mond lagern, aufzuspüren und abzubauen.

Der erste Abbau von Rohstoffen auf dem Mond begann im Dezember 1972, als der Astronaut Harrison Schmitt auf der letzten bemannten Mondmission, Apollo 17, 110 kg Mondgestein sammelte und zurück zur Erde brachte. Auf dem Mond ist seitdem nicht mehr viel passiert, auf der Erde jedoch haben wir viele neue Geräte erfunden, die angewiesen sind auf die sogenannten „seltenen Mineralien". Zu diesen Erfindungen gehören Geräte aus der Unterhaltungselektronik wie iPads, aber auch Industriemaschinen wie Windturbinen.

Eines dieser seltenen Mineralien, das auf der Erde buchstäblich sehr selten vorkommt, ist das edelgasbildende Helium-3 (ein Isotop des Edelgases Helium), das man in Bodenproben fand, die die Apollo 17-Astronauten damals vom Mond mitgebracht hatten. Helium-3 ist verwandt mit dem Ballongas für Luftballons, was uns hier aber nicht weiter interessieren soll. Helium-3 hat vielmehr eine besondere Eigenschaft, aufgrund derer es ideal geeignet wäre für eine neue und hocheffiziente Form der Kernfusion und die die meisten, wenn nicht gar alle Energieprobleme über Jahrhunderte hinaus lösen könnte. Da das Isotop ein Neutron weniger als das gewöhnliche Helium besitzt, würde es sich perfekt als sauberer, nicht radioaktiver Energierohstoff für die Kernfusion eignen, der keinerlei nuklearen Abfall produziert. Ein Helium-3-Reaktor wäre technisch also weniger komplex als ein konventioneller Atomreaktor. Die Mondoberfläche könnte mit Helium-3 geradezu übersät sein. Das liegt daran, dass Helium-3 mit dem Sonnen-

Zeitleiste

2018
Groß angelegter Rohstoffabbau am Meeresboden beginnt

2039
Ressourcen am Meeresboden weitgehend erschöpft

2042
Indien, Russland und China beginnen erste Rohstoffabbau-Versuche auf dem Mond

2060
Indien und China im Konflikt über Rohstoffentnahmen auf dem Mond

wind auf den Mond gelangt, aber nur selten bis zur Erde, weil das Erdmagnetfeld den Sonnenwind, in dem es enthalten ist, wieder auf die Mondoberfläche oder auf andere Planeten zurücktreibt.

> **„Ich nehme an, dass wir bald mit Luftschiffen reisen und Luft- statt Seereisen unternehmen werden und auf die Dauer auch trotz der fehlenden Atmosphäre unseren Weg zum Mond finden werden."**
> **Lord Byron, Dichter 1822**

Konfliktquelle … Die Idee, den Mond als Rohstofflieferanten zu nutzen, ist verbunden mit Alt.Space (▶ Kapitel 36), und zwar insofern, da es wohl weniger staatliche Einrichtungen sein werden als vielmehr privatwirtschaftliche Unternehmen, die als Erste vorneweg erkunden werden, ob und wie sich auf oder unter der Mondoberfläche „Geld scheffeln" lässt. Um dies herauszufinden, brauchen die Weltraum-Unternehmer billige Flüge ins All. Und sind sie dann auf dem Mond angekommen, werden sie aller Voraussicht nach auch Energie, und intelligente Maschinen oder Roboter brauchen, um die Arbeit, sprich den Abbau, zu verrichten. Einige Weltraumunternehmer könnten gar erwägen, den Mond als Produktionsstandort zu nutzen. Die reichlichen Vorkommen von Wasserstoff zum Beispiel würden die Herstellung oder Raffinierung von Raketentreibstoff auf dem Mond weitaus billiger machen als auf der Erde.

Wie die internationale Gemeinschaft zu solchen Entwicklungen stehen wird, bleibt fraglich. In der Theorie ist der Mond nichts weiter als ein riesiges Gestein, das sich wie alle anderen Böden auch als Rohstoffquelle erobern ließe, obgleich der aktuell geltende

Nicht überall selten

Chinas Würgegriff auf Lagerbestände von Seltene-Erde-Mineralien bedeutet, dass die Jagd auf Alternativen eröffnet ist. Eine davon sind gesteinsfressende Bakterienarten wie *Leptospirillum*, die in einigen der unwirtlichsten Gegenden natürlich vorkommen. Sie beziehen ihre Energie aus chemischen Reaktionen mit Sulfiden und können daher den Abbau bestimmter Mineralien beschleunigen. Einige Grundmetalle, von Kupfer und Zink bis zu Gold und Uran, kommen als Sulfide vor. In der Vergangenheit war es äußerst kostspielig, diese Metalle aus dem Boden zu gewinnen, doch das könnte sich bald ändern. Ein Projekt in Finnland ergab, dass Nickel, Zink, Kupfer, Blei, Zinn, Gold, Kobalt, Rhenium, Selen, Platin, Palladium und Uran aus Gesteinen gelöst werden können, indem nichts anderes als solche Bakterien zum Einsatz kommt.

2070
Neue Methoden zur Mineraliengewinnung aus dem Meer machen Förderstationen auf dem Mond überflüssig

2090
Riesige Fundmengen an Edelsteinen auf dem Mars

2100
Süßwasserfunde unter der Mondoberfläche lösen einen „Wasserrausch" aus

> **„Ich denke, der Mond wird nicht anders behandelt werden als die internationalen Gewässer in unseren Ozeanen … in diesem Fall besitzt niemand die Gewässer, sondern jedes Unternehmen oder jedes Land kann die Ressourcen fördern.“**
>
> **Naveen Jain,**
> **Mitbegründer von MoonEx**

Weltraumvertrag (aus dem Jahr 1967) festschreibt, dass niemand jemals den Mond (oder Teilgebiete auf dem Mond) besitzen und seine Rohstoffe ausbeuten kann.“

Riesige Löcher in den Boden der Erde zu bohren, um wertvolle Ressourcen zu gewinnen, hat der Menschheit seit jeher große Reichtümer beschert, bis heute. Warum also sollte man nicht in ähnlicher Weise weit draußen im Weltraum verfahren, um künftige Reichtümer zu erwerben? Zeit seiner Geschichte hat der Mensch neue Länder erschlossen, kolonialisiert und dem Boden Rohstoffe entnommen, die er für wertvoll hielt. Nichts anderes erwägen wir heute für den Mond oder auch andere Himmelskörper. Doch damit sind einige Staaten möglicherweise nicht einverstanden.

… oder Antwort auf unsere Probleme? Der Mond könnte als ein strategischer Vermögenswert angesehen werden, ob im Hinblick auf seinen Ort oder weil er reiche Vorräte an Rohstoffen enthält, die auf der Erde dringend benötigt werden. George Friedman, Autor von *Die nächsten hundert Jahre: Die Weltordnung der Zukunft* sowie Gründer und Unternehmensvorstand von Stratfor, beispielsweise, kann sich die Entstehung von US-Weltraumstreitkräften sehr gut vorstellen, als einen verlängerten Arm des Militärs, der unabhängig von der US-Luftwaffe operiert. Er glaubt zudem, dass das US-amerikanische Militär die Finanzierung der Technologien zur Erzeugung weltraumgestützter Sonnenenergie (▶ Kapitel 37) größtenteils übernehmen wird, weil man damit das Problem der langfristigen Energieversorgung von Kampftruppen oder Robot-Systemen auf der Erde lösen könnte.

Mit Blick auf die Ressourcen stellt der Mond möglicherweise die neue *frontier* dar, das neue Grenzland, das es zu erobern gilt, was billige Flüge zum Mond und dauerhafte Mondkolonien mit sich bringen würden. Es wäre eine friedliche und reiche Zukunft, ganz so, wie Science-Fiction-Autoren und Filmemacher es sich seit Jahren vorgestellt haben. Im umgekehrten Falle wäre aber auch denkbar, dass der Mond ein gefährliches neues Grenzland ist, das zunehmend verzweifelte Nationen veranlasst, einander zu bekriegen und sich erbitterte Kämpfe um eine sichere Energieversorgung für das eigene Volk zu liefern.

Es gibt vielleicht noch ein drittes, wenn auch ein etwas abwegigeres Zukunftsszenario. Im Science-Fiction-Film *Moon* von John Duncan (auch als Zowie Bowie bekannt) ist Sam Bell als der einzige Mitarbeiter von Lunar Industries auf dem Mond im Einsatz, wo seine Aufgabe darin besteht, den industriellen Abbau von Helium-3 durch verschiedene automatisch gesteuerte Produktionsmaschinen zu überwachen. Das Helium-3 wird auf der Erde gebraucht, um saubere Energie zu erzeugen. Unterstützt wird Sam von einem Assistenten, einer Künstlichen Intelligenz (namens Gerty), und schon bald laufen alle möglichen Dinge schief.

Zugegeben, das alles ist Science-Fiction, aber man muss keine geistigen Klimmzüge machen, um sich vorzustellen, dass sich ein ähnliches Szenario auch im realen Leben abspielen könnte – dass wir eines Tages eine Förderstation auf dem Mond errichten und dringend benötigte Rohstoffe vom Mond zur Erde transportieren. Dies könnte nicht nur zu ganz neuen Formen der internationalen Diplomatie und neuen Konflikten führen, sondern auch zu einigen sehr realen und sehr befremdlichen Beziehungen zwischen Menschen und Maschinen fernab der Heimat Erde.

Von heute auf morgen schließen?

Das Argument, dass uns dringend benötigte Mineralien und andere wichtige Ressourcen ausgehen, scheint recht stichhaltig, aber es ist gut möglich, dass wir tun, was wir so oft tun – wir schließen aus den gegenwärtigen Bedingungen oder vergangenen Erfahrungen auf die Zukunft. Im Augenblick brauchen wir bestimmte Ressourcen, in Zukunft aber wird unser Bedarf vielleicht nicht so groß sein, weil wir etwas völlig Neues erfunden haben, das von etwas ganz anderem abhängig ist, von einem Material vielleicht, das im Überfluss vorhanden ist.

Worum es geht
Rohstoffe aus Mondgestein

39 Weltraumlifts

Stellen Sie sich eine 10 000 km lange Stange vor, die bis hinaus in den Weltraum reicht und in 35 790 km Höhe mit einem Gegengewicht verbunden ist – und Sie haben eine grobe Vorstellung von einem sogenannten Weltraumlift. Das mag Ihnen vorkommen wie Science-Fiction, doch Forscher arbeiten bereits daran. Weltraumlifts könnten eingesetzt werden, um Materialien oder vielleicht auch Menschen in den Weltraum zu katapultieren, ohne dass es dafür Raketen oder Raketentreibstoff bräuchte.

Diese Idee wird bereits erforscht. 2009 veranstaltete Japan einen Wettbewerb mit dem Ziel, einen Kletterroboter über ein Aufstiegssystem (eine Weltraumleiter, einen Himmelshaken, einen Weltraumlift oder ein geostationäres Orbitalseil) entlang eines Kabels möglichst am schnellsten in die Höhe zu schicken. Das deutsche Team schaffte die 150 m mit seinem System in 52 Sekunden. In den USA veranstaltet eine Stiftung einen jährlichen Wettbewerb und setzt ein Preisgeld von 1 Million Dollar aus für das Team, das mit seinem Kletterroboter (gegenwärtig eine Maschine, die eine Nutzlast trägt statt einen Menschen) am schnellsten die Aufstiegsstrecke von 1 km bewältigt.

Das große Problem hierbei liegt natürlich darin, dass es bisher kein Material gibt, das robust und strapazierfähig genug wäre, um daraus ein festes Gerüst über die erforderliche Länge zu bauen. Die Entdeckung von Kohlenstoff-Nanoröhrchen (*carbon nano tubes*, CNTs) 1991 hat dies möglicherweise geändert. Man würde zwar nach wie vor ein taugliches Serienproduktionssystem für Kohlenstoffmaterialien sowie ein Hochgeschwindigkeitsantriebssystem benötigen, so die Wissenschaftler, aber auch dieses Problem könne nach der bahnbrechenden Entwicklung von Graphen, dem vielleicht stärksten Material der Welt, bald gelöst werden. Graphen ist ein zweidimensionales Gitter aus Kohlenstoffatomen, die in einem Honigwabenmuster angeordnet und stark verkettet sind (Sechserringe) und das Material fast so stabil machen wie CNTs. Ein funktionstüchtiger Lift könnte nach Angaben von US-Forschern bereits bis 2030 gebaut werden, sofern sich jemand fände, der bereit ist, die 10 Milliarden Dollar zu investieren, die es braucht, um dieses hypothetische, bautechnische Megaprojekt auf den Weg zu bringen.

Zeitleiste

1885
Konstantin Ziolkowski schlägt einen riesigen Weltraumturm vor

1959
Juri Arzutanow schlägt vor, ein gigantisches Seil an einem geostationären Satelliten anzubringen

1966
Die Ingenieure Bacchus, Isaacs, Vine und Bradner schlagen „Haken am Himmel" vor (für einen Fahrstuhl ins All)

1975
Jerome Pearson schlägt eine kegelförmige Kabelkonstruktion vor

Hoch hinaus?

Die Idee von einem Aufzug, der von der Erde bis direkt ins Weltall fährt, ist gar nicht so verrückt, wie es klingt. Man denke nur einmal ein paar hundert Jahre zurück, als die Vorstellung, statt einer Treppe irgendeine Art von Aufzug zu benutzen, ebenfalls recht eigenartig erschienen wäre. Und selbst als Aufzüge bereits erfunden waren, hätte man es als höchst gefährlich empfunden, in einer vollautomatischen Variante ohne einen menschlichen Operator zu fahren. Ein funktionierender Weltraumlift ist nach wie vor Zukunftsmusik, doch es existiert bereits ein Plan für eine Basisstation in 50 km Höhe, ähnlich einem endlos hohen Eiffelturm mit einem sehr langen Kabel, das sich bis in den erdnahen Weltraum hinaus verlängert. Die Kabinen für den Weltraumlift sollen elektromagnetisch angetrieben werden und am Fahrstuhlkabel entlang zwischen Erde und einer orbitalen Raumstation verkehren.

Weltraumlogistik Wozu das Ganze? Teils, weil die Herausforderung reizt, teils aber auch, weil ein Weltraumlift die Transportkosten für Weltraumfracht drastisch senken könnte. Kommunikationssatelliten könnten sehr viel einfacher ins All befördert werden, Reparatur-Roboter könnten entsandt werden, um kaputte Solarenergie-Kollektoren zu reparieren, und Mondgestein könnte im regelmäßigen Güterverkehr zur Erde gelangen. Alles eine Frage der (Weltraum)Logistik. Und falls irgendwer irgendwann einmal eine bessere Idee haben sollte, ließe sich das ganze Versorgungs- oder Transportsystem auch leicht wieder abbauen, ohne dass ein dauerhafter Schaden entstanden wäre. Ein weiterer Gedanke: Vielleicht fertigen wir irgendwann einmal Kabel, die so lang sind, dass sie bis in das Magnetfeld eines anderen Planeten reichen und wir einen riesigen elektrischen Generator bauen könnten.

Ließe sich die ein oder andere Idee tatsächlich realisieren? Ein grundsätzliches Problem der Weltraumlifts besteht in der Zugfestigkeit der Seile. Dies lässt sich auf zwei Faktoren zurückführen.

Einerseits muss ein Objekt, welches beispielsweise auf einer alten 33er-Vinyl-Schallplatte der Rolling Stones auf dem Teller eines Plattenspielers liegt, in der Nähe der Mitte der Scheibe nur eine geringe tangentiale Geschwindigkeit aufweisen. Am Rand der Platte jedoch muss diese, um den gleichen Winkel zu überstreichen und sich auch

> **„Wenn die Gesetze der Himmelsmechanik es einem Gegenstand erlauben, reglos an ein und derselben Stelle zu verharren, müsste es dann nicht möglich sein, von dort ein Seil herabzulassen und einen Fahrstuhl zu bauen, der die Erde mit dem Weltraum verbindet?“**
>
> **Arthur C. Clarke,**
> **Science-Fiction-Autor**

1979 In einem Roman von Arthur C. Clarke kommt ein Weltraumlift vor

2003 Gründung der Liftport Group mit dem Ziel, Weltraumaufzüge zu bauen

2011 Erster Europäischer Weltraumlift-Wettbewerb

2070 Japanische Wissenschaftler behaupten, einen funktionsfähigen Weltraumlift entwickelt zu haben

dort mit 33 Umdrehungen pro Minute zu drehen, viel größer sein. Stellen wir uns nun wieder den Fall des Weltraumlifts vor, müssen die Seile also eine enorme innere Festigkeit aufweisen, um dies zu gewährleisten.

Das zweite Problem findet sich im sogenannten Corioliseffekt, einem Effekt der eine zusätzliche Kraft auf sich bewegende Körper in rotierenden Systemen ausübt. Der Corioliseffekt wird auch insbesondere bei Wolken in der Erdatmosphäre beobachtet. Dies wäre nun besonders im Falle des sich bewegenden Lifts problematisch. Diese zusätzliche Kraft ist abhängig von der Geschwindigkeit des Lifts nach oben und unten. Somit führt auch deren Einwirkung dazu, dass eine enorme Zugspannung der Seile vonnöten wäre. Würde man nun ein Kabel hinauf in den Weltraum werfen, das beim Aufstieg gleichzeitig an tangentialer Geschwindigkeit gewinnen muss – oder ließe umgekehrt eines auf die Erde hinabfallen –, entstünde, durch obige zwei Faktoren, eine gewaltige Zugspannung, die die ganze Konstruktion ins Wanken und zum Einsturz bringen könnte. Eine schwindelige Angelegenheit!

Probleme über Probleme Ein weiteres Problem könnte einmal mehr in den strategischen Folgen einer derart radikalen Technologie liegen, spätestens dann, wenn sich die Umsetzung der Idee als praktikabel, replizierbar und betriebssicher erweisen sollte und einzelne Staaten sich über die Nutzung dieser Technik zu streiten beginnen. Würde eine relativ unabhängige Organisation wie die Vereinten Nationen einen solchen Weltraumlift bauen, gäbe es zweifelsohne jede Menge Gezänk über die Regelungen der Nutzungs- und Zugangsrechte. Und allein dies wird den Lift wohl über Jahre hinweg am Boden halten.

Würde die Technologie für einen Weltraumlift hingegen von einem einzigen Staat oder privatwirtschaftlichen Unternehmen entwickelt, könnten die Streitigkeiten eskalieren, insbesondere dann, wenn der Zugang zum Lift mit einem gravierenden strategischen Vorteil verbunden wäre, zum Beispiel im Hinblick auf dringend benötigte und seltene Ressourcen oder den Einsatz weltraumbasierter Waffen.

Kühne, unfassbare Zukunftsprognosen

Geschichte wiederholt sich oft, und das gilt auch für die Zukunft – insbesondere dann, wenn Science-Fiction-Szenarien ein Bild künftiger Entwicklungen entwerfen, wie sie es nicht selten tun. So auch im 1979 veröffentlichten SF-Roman mit dem Titel *Fahrstuhl zu den Sternen* von Autor Arthur C. Clark, in dem die Hauptfigur ein Ingenieur namens Dr. Vannevar Morgan ist. Dr. Morgan hat die ebenso brillante wie radikale Idee, einen 36 000 km hohen, gigantischen „Orbitalturm" zu bauen, der sich vom Erdboden bis hinauf zu einem Satelliten in einer geostationären Umlaufbahn erstreckt.

> **„Das ist keine Science-Fiction mehr … als wir aus dem Seminar kamen, sagten wir: ‚Wir sind sehr wohl in der Lage, es zu schaffen.' "**
> **David Smitherman, NASA**

Und was wäre, wenn sich bis zum Zeitpunkt der Inbetriebnahme des Lifts die Lebensbedingungen auf der Erde infolge des Klimawandels oder perfider Roboter-Replikanten dramatisch verschlechtert hätten? Das könnte für endlos lange Schlangen vor den Ticketschaltern für eine einfache Fahrt in den Himmel sorgen (in der „Arche", wie man den Lift dann vielleicht nennen wird), und der zunehmende Unmut in den Warteschlangen könnte rasch in handfeste Rangeleien umschlagen. Vielleicht aber würden wir das Problem lösen, indem wir die Tickets nach Geburtstagsdatum (wie im US-amerikanischen Thriller *Contagion*) oder Zahlungskraft zuweisen und damit prompt gesellschaftliche Polarisierungen und allgemeine Unmutsstimmungen provozieren würden.

Unterm Strich ist daher nicht zu erwarten, dass es funktionstüchtige Weltraumlifts in absehbarer Zukunft geben könnte. Falls es aber eines Tages gelänge, diese Technologie zu perfektionieren, könnte dies ganz fantastische Folgen haben. Ein Beobachter hat bereits vorgeschlagen, ein sehr langes, extrem starkes Seil in den Weltraum auszuwerfen, um kleine Asteroiden einzufangen und sie herunter auf die Erde zu ziehen, um sie dann als Rohstoffquelle zum Abbau von Helium-3 zu nutzen. Aber halt, immer sachte – diese sowie andere vergleichbare Ideen werden noch eine ganze Weile Zukunftsphantasien bleiben.

Worum es geht

Fahrstuhl ins All – Bitte einsteigen!

40 Außerirdische Intelligenz

Haben Sie sich jemals gefragt, was passieren würde, wenn Wissenschaftler zwingende Beweise für intelligentes Leben auf einem anderen Planeten fänden? Oder wie wir auf eine intelligente Zivilisation reagieren würden, die sich entschlösse, uns Menschen auf der Erde einen Besuch abzustatten? Ob Sie es glauben oder nicht, die rational denkenden, „intelligenten" Forscher im SETI-Institut, einer Organisation, die sich der Suche nach weiteren Formen von höherem Leben im Universum verschrieben hat, tun genau das: Sie suchen nach außerirdischen Intelligenzen.

Das SETI-Institute (*Search for Extraterrestrial Intelligence*) ist eine spannende Organisation mit hochintelligenten Menschen voll unbändiger (wissenschaftlicher) Neugier, die sich zur Aufgabe gestellt hat, herauszufinden, ob es auch auf anderen Planeten intelligentes Leben gibt oder nicht – eine Frage, die nach Arthur C. Clarke mit zu den spannendsten und wichtigsten überhaupt gehört.

Aber was wäre, wenn die SETI-Forscher tatsächlich außerirdische Intelligenzen fänden? Würden Sie es kundtun? Ja, ziemlich sicher, sagt Seth Shostak, Chef-Astronom bei SETI. Und was wäre, wenn SETI Funksignale von einem fernen Planeten auffinge, eine echte Botschaft gar? Was, wenn „sie" auf dem Weg zu uns wären? Wir würden wahrscheinlich in eine Mischung aus nie da gewesener Panik, schierem Staunen und verwunderter Freude verfallen. Außerirdische sind ganz sicherlich ein äußerst populäres Thema unter Verschwörungstheoretikern und allerlei anderen Phantasten. Aber, und das scheint gewiss, eine echte Botschaft von hochintelligenten Lebewesen, von irgendwo aus den Weiten der Galaxie, dürfte „exorbitante" Folgen für den weiteren Lauf der Dinge auf der Erde haben.

Was genau tut das SETI-Institut (oder auch andere Einrichtungen), um Beweise für extraterrestrisches Leben zu finden? Es richtet Radioteleskope aus, um Signale aufzufangen, die durch Funkübertragungen oder optische Übertragungen erzeugt werden und

Zeitleiste

1855
Erster Fehlalarm auf der Suche nach Exoplaneten

1960
Drake-Gleichung

1977
„Wow!"-Signal (Radiosignal, aufgezeichnet im Rahmen eines SETI-Projekts))

1995
Entdeckung von 51 Pegasi b, der um einen sonnenähnlichen Stern kreist

die von einzelnen Planeten oder weiteren Räumen kommen. Doch trotz rasanter technischer Fortschritte gibt es bislang keinen Hinweis auf außerirdisches Leben.

> **Alle Zivilisationen werden entweder zu Raumfahrern oder sie sterben aus.**
>
> **Carl Sagan, *Blauer Punkt im All. Unsere Heimat Universum*, 1994.**

Drake und Fermi Aber wie hoch ist die Wahrscheinlichkeit, dass wir irgendwo im All intelligentes Leben finden (oder dass intelligentes Leben irgendwo im All uns Menschen findet)? Wenn wir hier von der Suche nach Leben und einem besseren, intelligenten Leben auf anderen Planeten reden, sollten wir Bezug nehmen auf die Drake-Gleichung. Die Drake-Gleichung dient dazu, die Anzahl der intelligenten Zivilisationen, die in unserer Galaxie, der Milchstraße, existieren könnten, abzuschätzen. Die Gleichung ist nach Frank Drake benannt und besagt in ihrem Kern, dass die Zahl irgendwo zwischen 0 und 182 Millionen liegt. Abhängige Faktoren sind: Sternenentstehungsrate; prozentualer Anteil der Sterne, die jeweils Planeten haben; Anzahl der Planeten, auf denen es Leben geben könnte; Anzahl der Planeten, die intelligentes Leben hervorbringen könnten; Anzahl der Planeten, die ihre Präsenz durch Signale kundtun; Dauer des Zeitraums, in dem diese Signale wahrnehmbar sind. Wohlgemerkt, die genannte Zahl bezieht sich nur auf unsere eigene Galaxie, und es könnte dort draußen bis zu 500 Milliarden weiterer Galaxien geben.

Protokoll – Mission geglückt!

Wie sähe es aus, das offizielle Protokoll, sollten die Leute von SETI tatsächlich etwas finden, das sie für einen Hinweis auf intelligentes Leben irgendwo im Universum halten? Zunächst würden SETIs Geldgeber heimlich darüber informiert werden. In Anbetracht der Tatsache, dass die NASA die Forschungen in der Astrobiologie derzeit durch SETI fördert, könnte dies bedeuten, dass SETI die Regierung der Vereinigten Staaten, sprich den Präsidenten, informieren würde. Im Abschluss daran würde SETI alles versuchen, um die Hinweise zu bestätigen, bevor man sie dann von einer externen und unabhängigen Stelle verifizieren ließe. Würden sich die Kommunikationssignale als echt erweisen, würde ein Telegramm (keine E-Mail oder SMS) an das für astronomische Erkundungen zuständige Central Bureau for Astronomical Telegrams gehen, das dann eine Pressekonferenz einberufen würde. So weit jedenfalls die Theorie.

2001	2012	2036	2066
Entdeckung des Exoplaneten HD 28185b in der bewohnbaren Zone um einen Stern	Neue Erkenntnis: Der Exoplanet GJ 1214b ist von Wasser bedeckt	Beweise gefunden: Das Leben auf der Erde begann im All	Erster Kontakt mit außerirdischen Wesen (nicht dort, wo wir es erwartet haben)

‚Denn ich schaute in die Zukunft, so weit das Menschenauge sieht, sah die Zukunft unserer Welten, tauchte ein in die Visionen, von Wundern, die sie mit sich führt, sah Verkehr die Lüfte füllen, Lotsen führ'n durch purpurne Nacht, sah Schiffe mit magischen Segeln, und der gelad'nen Waren Pracht …‘

Alfred, Lord Tennyson, ***Locksley Hall*****, 1842**

Zweitens, und das ist vielleicht noch wichtiger, müssen wir das Fermi-Paradox einbeziehen. In Bezug auf die Frage nach intelligentem Leben auf anderen Planeten hatte der italienische Physiker Enrico Fermi eine ganz simple Antwort: Auch wenn die schiere Größe und das Milliardenalter des bekannten Universums nahelegen, dass andere intelligente und technisch fortgeschrittene Zivilisationen existieren, hat es bis heute niemals einen beobachtbaren Beweis dafür gegeben. Wo sind sie also, diese Außerirdischen? Die Antwort könnte entweder lauten, dass „sie" gar nicht „dort draußen" sind, oder dass wir einfach immer an den falschen Stellen nach ihnen – oder möglicherweise der falschen Art von Intelligenz – suchen. Vielleicht gibt es dort draußen im Universum jede Menge intelligentes Leben, aber eben nicht in dem auf der Erde verstandenen Sinne.

Ja, vielleicht gibt es Leben auf anderen Planeten, nur dass intelligentes Leben äußerst selten ist, so selten gar, dass wir weit besser daran täten, uns hier auf der Erde um unsere Mitmenschen und andere Lebewesen zu kümmern, anstatt in den entlegensten Winkeln des bekannten Universums nach neuen Formen des Lebens zu suchen, ob intelligent oder nicht.

Intelligent – oder nicht? Dieser Gedanke führt uns zu einer anderen interessanten Theorie: Im Zuge der Entwicklung von intelligentem Leben auf einem Planeten würde die sich herausbildende dominante Spezies entweder sämtliche verfügbaren Ressourcen erschöpfen oder tödliche Waffen entwickeln (möglicherweise, um sich in Kriege zur Verteidigung der raren Ressourcen zu stürzen), die am Ende zu ihrer Vernichtung führen. Anders gesagt: Vielleicht gab es ja irgendwo im Universum einmal intelligentes Leben, das aber vor alter Zeit ausgelöscht wurde – und übriggeblieben sind wir, sonst nichts.

Und um noch einmal auf Arthur C. Clarke zu kommen. Er sprach auf die Frage, ob wir allein sind oder nicht, den berühmten Satz: „Entweder sind wir allein im Universum oder nicht. Beide Vorstellungen sind beängstigend."

Wenn wir tatsächlich allein sind, sollten wir anfangen, uns mehr um unsere Mitmenschen und den kleinen zerbrechlichen Planeten zu kümmern, den wir Heimat nennen. Wenn wir nicht allein sind, sollten wir genau dasselbe tun und hoffen, dass „sie" einigermaßen freundlich und uneigennützig sind. Und was die Frage anbelangt, ob wir eines Tages auf intelligentes Leben anderswo stoßen werden, würde ich sie mit „Ja" beantworten. Zum einen wegen der schieren Anzahl von Planeten dort draußen, und zum anderen, weil es andere Universen und Dimensionen geben könnte, von denen wir heute noch gar nichts wissen. Dies bringt uns in Randbereiche der Physik und in die bekannte Science-Fiction-Welt, doch wie wir gesehen haben, können die beiden kollidieren. Was wäre zum Beispiel, wenn der Weltraum tatsächlich unendlich ist? Könnte dies bedeuten, dass es eine unendliche Zahl von Permutationen der Materie gibt? Dieser Gedanke scheint nicht so leicht greifbar, was daran liegen mag, dass es einen Unterschied gibt zwischen Situationen, in denen alles passieren kann, und welchen, in denen alles wirklich passieren muss. Dennoch ist es ein interessanter Gedanke, sich selbst nicht als die einzige Existenz zu begreifen. Wer weiß, ob nicht doch Außerirdische mitten unter uns leben!

Warum sehen Menschen UFOs?

Der australische Futurologe Richard Neville drehte die Frage, mit der sich SETI und Konsorten beschäftigen, einfach um, indem er nicht fragte, ob es UFOs wirklich gibt, sondern warum die Menschen sie in einem fort sehen. Einige UFO-Beobachter und solche, die behaupten, schon einmal durch Außerirdische entführt worden zu sein, machen sich eindeutig etwas vor, andere sind hingegen völlig vernünftig. Worum geht es also? Ich vermute, die Antwort hat etwas mit dem Wunsch nach Magie in unserer so rationalen und wissenschaftlichen Zeit zu tun. Wir glauben nur allzu gerne an etwas, das sehr viel größer ist als wir selbst.

Worum es geht

Sind wir allein?

41 Mobilfunkstrahlen

Es gibt weltweit mehr als 5 Milliarden Mobiltelefone, dazu zahllose andere mobile Endgeräte, die mit drahtlosen Netzwerken verbunden sind. Insbesondere Handys sind allgegenwärtig, und viele ihrer Nutzer sind förmlich süchtig danach. Was aber, wenn die Strahlung solcher Mobilfunkgeräte tatsächlich gesundheitsschädlich ist? Oder gar tödlich?

Mobiltelefone erzeugen eine sogenannte Radiofrequenzenergie, eine Form nicht-ionisierender oder niederfrequenter elektromagnetischer Strahlung. Theoretisch sind sie absolut sicher und gesundheitlich völlig unbedenklich, trotz der Tatsache, dass menschliche Zellen, Gewebe und Organe in nächster Umgebung der Strahlungsquelle diese Strahlung absorbieren. Aber stellen Sie sich für einen Moment vor, diese Geräte seien nicht gänzlich unschädlich. Stellen Sie sich vor, dass der häufige Gebrauch von Mobiltelefonen über lange Dauer maligne Hirntumoren oder andere Krebsarten auslösen könnte. Und wenn man außerdem bedenkt, wie allgegenwärtig das Handy ist, vor allem bei noch relativ jungen Leuten, wären die Folgen geradezu fatal. Wi-Fi-Hotspots, schnurlose Telefone sowie Elektrosmog, der von Starkstromleitungen erzeugt wird, um Strom für „kabellos" vernetzte Eigenheime und Büros „auszustrahlen", könnten Ähnliches bewirken.

Lesen Sie einmal das Kleingedruckte in der Nutzungsanleitung zu Ihrem Blackberry, und Sie werden feststellen, dass der empfohlene Abstand zwischen Gerät und Kopf mindestens 2,5 cm beträgt. Apple empfiehlt 1,5 cm für sein iPhone. Angesichts der Tatsache, dass US-Amerikaner jährlich 2,26 Billionen Minuten telefonieren, wäre es interessant, die empfohlenen Abstände einmal nachzumessen.

Strahlungsrisiken Dr. Devra Davis von der University of Pittsburgh, Autorin von *Disconnect,* sagt, die Krebsinzidenz, d. h. die Häufigkeit, mit der Krebserkrankungen pro Jahr in einer bestimmten Bevölkerungsgruppe auftreten, sei seit Einführung der Mobiltelefone vor rund zwanzig Jahren nicht angestiegen. Doch die Durchschnittswerte verdunkeln den erschreckenden Anstieg unter den 20- bis 29-Jährigen. Kinder sind sehr viel anfälliger für Handy-Strahlung als Erwachsene, da ihre Schädelknochen dünner

Zeitleiste

2011 Ein Experte, der die Strahlung elektromagnetischer Felder (EMF) untersuchte, entpuppt sich als Lobbyist der Mobiltelefonindustrie

2012 Endzeithysterie, ausgelöst durch SMS-Botschaften über den Mayakalender

2013 Handy-Spam und Handy-Viren werden zum Problem

2016 Nach belegten Angaben haben sich Hirntumorfälle bei 8- bis 18-Jährigen in 18 Monaten verdreifacht

Informationspandemie

Wir bewegen uns in Richtung einer schönen, aber zunehmend skurrilen neuen Welt. Warum empfinden wir die Vogelgrippe als schlimmer, wenn sie anderswo (in Asien zum Beispiel) auftritt, als wenn sie bei uns in Europa grassiert? Die Antwort scheint darin zu liegen, dass die Angst den Optimismus als dominante kulturelle Kraft abgelöst hat. Daher taumeln wir von einer vermeintlichen Bedrohung direkt hinein in die nächste, ohne einmal innezuhalten und über das tatsächliche Maß der Bedrohung nachzudenken. Die Vernetzung unserer modernen Welt bedeutet auch, dass sich Informationen über Bedrohungen wie ein Lauffeuer verbreiten. Und das wiederum führt dazu, dass Dinge, die früher zunächst zurückgehalten und vernünftig analysiert wurden, sich heute verbreiten, noch ehe Zeit geblieben wäre, das reale Risiko überhaupt zu bewerten. Es ist, als würden wir unsere Urteilskraft kollektiv verloren haben. Wir haben das Gefühl, verwundbar zu sein und Kräften ausgeliefert, die sich unserer Kontrolle entziehen. Doch wir haben auch das Gefühl, dass die Menschheit insgesamt zerstörerisch ist, und so fürchten wir uns am Ende vor uns selbst. Und wenn es nicht die Vogelgrippe ist, dann sind es Klimawandel, Terrorismus, Vulkanausbrüche, Erdbeben und EMF-Strahlung unserer Mobiltelefone ...

sind und die Strahlung daher tiefer in das kindliche Gehirn eindringen kann; außerdem befindet sich ihr Gehirn noch im Wachstum.

Eine schwedische Studie, die zwischen 1997 und 2003 an 1200 Hirntumor-Patienten durchgeführt wurde, analysierte das Nutzungsverhalten von Mobil- und Schnurlostelefonen der Patienten. Das Ergebnis zeigte ein 4,9-fach höheres Risiko für maligne Hirntumoren bei Personen, die bereits im jugendlichen Alter über die Dauer von mindestens zehn Jahren ein Handy benutzt hatten; für die Nutzung von Schnurlostelefonen über einen Dauer von zehn Jahren zeigte sich ein 3,9-fach erhöhtes Risiko.

„40 Prozent der Körperzellen, die Handy-Nutzern entnommen wurden, zeigen DNA-Schäden.“

Indian Journal of Human Genetics

Doch Handys sind heute das Lieblingsspielzeug vieler Kinder, und das häufig schon in frühen Vorschuljahren. Manche Länder nehmen die gesundheitlichen Risiken sehr ernst. Frankreich zum Beispiel verbietet den Verkauf von Handys an Kinder unter zwölf Jahren und auch die Nutzung von Handys in Grundschulen ist strengstens untersagt; in anderen Ländern, wie in Großbritannien, ist die Handynutzung an Schulen weniger streng festgelegt und bringt deshalb kaum den gewünschten Erfolg.

2017
Die Regierung ordnet die Einrichtung von Wi-Fi-„Coldspots“ an

2018
Rückgang der sprachlichen Kommunikation drosselt die Verbreitung gesundheitlicher Probleme

2022
„Sichere“ Telefone werden unter die Schädeldecke zu implantiert

2058
Sammelklagen in den USA und China gegen Telekommunikations- und Computerfirmen

❜ Ich habe keinen Zweifel, dass die Verbreitung der elektromagnetischen Felder das grösste Element in der heutigen Umweltverschmutzung dieser Erde ist. Im globalen Maßstab betrachtet, sehe ich dies als eine weit größere Bedrohung als die Klimaerwärmung oder die zunehmenden Schadstoffeinträge in die Umwelt. ❛

Dr. Robert Becker, Nobelpreiskandidat und EMF-Strahlungspionier

Die Strahlenbelastung (oder auch Strahlenexposition) wird als spezifische Absorptionsrate (SAR) gemessen. Diese sollte 1,6 Watt pro Kilogramm nicht überschreiten. San Francisco hat eine Verfügung erlassen, die Hersteller zwingt, die SAR-Werte anzugeben, damit der Verbraucher eine informierte Entscheidung treffen kann. Und natürlich erklärt der Branchenverband für Gerätekommunikation CTIA, dass alle geprüften und genehmigten Telefongeräte gesundheitlich unbedenklich seien.

Die vorliegenden Ergebnisse bisher durchgeführter Studien sind nicht eindeutig. Während sich die Experten in der Frage möglicher gesundheitlicher Schädigungen durch Mobilfunkstrahlen noch immer streiten, kann der Verbraucher heute auf kabelgebundene Headsets oder Lautsprecher zurückgreifen, oder auch das Handy am Ohr durch häufigere SMS ersetzen und so den Kopf vor den unmittelbaren Gefahren schützen. Sollte sich eines Tages herausstellen, dass die Handynutzung krebserregend ist, könnten Telefonhersteller, Netzwerkbetreiber und auch Computerfirmen zur neuen Tabakindustrie werden, bloß in einem sehr viel größeren Maße, denn die gesundheitlichen Schäden wären nicht nur auf karzinogene Folgen beschränkt. Laut Professor Olle Johansson, Neurowissenschaftler am Karolinska-Institut in Stockholm, könnte eine intensive Langzeitnutzung mobiler Geräte überdies zu erheblichen Schlafstörungen, genetischen Schädigungen und sogar zu Lernschwierigkeiten führen.

Nutzungsrate steigt Wie es aussieht, werden Handys und Tablet-Computer mit drahtlosem Internet-Zugang in der Zukunft zu den am intensivsten genutzten Geräten gehören, und die allermeisten Menschen rund um den Globus werden ein solches Gerät besitzen. Weil sie obendrein preiswert und praktisch sind, werden wir sie für so gut wie alles benutzen, auch und vor allem, um mit anderen Menschen zu kommunizieren. Bei allem, was wir über das menschliche Verhalten wissen, stellt sich die Frage, ob es einen alternativen Ersatzplan gäbe, der die endlose Kommunikation sichern würde für den Fall, dass die Geräte eines Tages für eindeutig gesundheitsschädlich befunden würden. Wahrscheinlich nicht.

Sollte sich herausstellen, dass unsere Mobiltelefone eine tödliche Gefahr für alle darstellen, müsste man eigentlich meinen, dass wir ziemlich prompt die Finger davon lassen würden. Doch es könnte auch ganz anders sein, wie Ergebnisse aus Studien zu anderen Suchtverhalten wie Rauchen, Überernährung und Alkoholmissbrauch nahelegen.

Kein rauchender Colt

Wer Mobilfunktelefone weniger als zehn Jahre benutzt, scheint kein erhöhtes Krebsrisiko zu haben. Für Langzeitnutzer jedoch gibt es nach einer internationalen Studie keine gesicherten Ergebnisse darüber, was schlicht daran liegt, dass die Nutzer sich nicht konkret an länger zurückliegende Zeiträume erinnern können. Hinzu kommt, dass Telefone, die zehn Jahre und älter sind, sich beträchtlich von den heutigen Modellen unterscheiden. Einige Krebsexperten warnen öffentlich, dass es genügend Belege gäbe, die nahelegen, dass es einen Zusammenhang zwischen Langzeitnutzern und einer Zunahme von Hirntumoren gibt. Dio International Commission on Non-Ionizing Radiation Protection widerspricht und sagt, es würde noch eine geraume Weile dauern, bis Langzeitergebnisse vorgelegt werden können. In gewisser Weise erinnert uns das an die zahlreichen Studien zum Tabakkonsum. Auch sie warnten, dass Tabak süchtig und gefährlich sei, doch die Leute rauchten weiter, und die Tabakindustrie verkaufte weiter Zigaretten. Viele Menschen sind heute Handy-süchtig, und es ist wohl kaum damit zu rechnen, dass sie ihr Verhalten ohne klare und überzeugende Beweise für deren Schädlichkeit ändern werden.

Wahrscheinlich werden wir die Ergebnisse einfach ignorieren und weitermachen wie gehabt.

Doch sollte es anders kommen und wir würden tatsächlich auf ihren Gebrauch verzichten oder ihnen zumindest nicht mehr trauen, wären die Folgen katastrophal. Es ist ja schon heute eine halbe Katastrophe, wenn wir eine halbe Stunde lang mal keine E-Mails abrufen können oder das Handy uns im Stich lässt. Nicht auszudenken, was los wäre, wenn wir monate- oder gar jahrelang ohne mobile Geräte auskommen müssten! Irgendwann aber würden wir uns von diesem Schock erholen. Wir würden vielleicht wieder Festnetztelefone und andere Festnetzgeräte installieren, und auch die Marktmechanismen würden sehr schnell weder in Gang kommen, rasch auf die Nachfrage reagieren und neue Erfindungen befördern. Zumindest in der Theorie.

Worum es geht

Eine potenziell tödliche Gefahr

42 Bio-Gefahren und Seuchen

Zukunftsvorstellungen basieren gemeinhin auf Utopien, auf nur in der Vorstellung möglichen Szenarien. In diesen kommen haufenweise superintelligente, metallisch glänzende neuartige Gegenstände, Roboter, fliegende Autos, Raumanzüge und Speisen in Pillenform vor. Es gibt aber auch Schreckensvisionen wie die von der Wiederkehr der Pest, die einst ein Drittel der europäischen Bevölkerung dahinraffte, oder von einer Influenza-Pandemie, wie sie 1918–19 wütete, und die 20 bis 40 Millionen Menschen das Leben kostete.

Es erscheint mir seltsam, dass wir wie selbstverständlich davon ausgehen, das Leben würde weitergehen wie immer. Aber „wie immer" ist in aller Regel ein gegenwartsbezogener Begriff. Wir vergleichen die Gegenwart üblicherweise mit der relativ nahen Vergangenheit. Und das gleiche gilt tendenziell für die Zukunft: Wir nehmen häufig an, dass die nahe Zukunft eine logische oder altvertraute Fortsetzung der gegenwärtigen Zustände und Bedingungen sein würde. Deshalb nehmen wir die Spanische Inquisition zum Beispiel oder den Amerikanischen Bürgerkrieg nicht in den Blick. Auch der Erste und der Zweite Weltkrieg, die beide in der relativ jüngeren Vergangenheit liegen, werden darüber meist vergessen, zumindest, was Details wie die Zahl der Kriegsopfer (rund 70 Millionen Männer, Frauen und Kinder) oder den grausamen Kriegsalltag anbelangt. Es ist, als würde uns das moderne Leben unentwegt darauf programmieren, die Vergangenheit zu vergessen. Der schnelle Nachrichtenfluss und die tagtägliche Datenflut bedeuten, dass unser Fokus zunehmend auf heute und den kommenden paar Tagen liegt. Wir bereiten uns gar nicht mehr auf die ferne Zukunft vor, ebensowenig wie wir die ferne Vergangenheit betrachten.

Eine düstere Zukunft? Welche neuen Weltuntergangsszenarien stehen uns also bevor? Nun, die Liste wäre lang. Aber es gibt zwei, die ganz oben stehen. Erstens:

Zeitleiste

1918–19
Grippepandemie tötet 20–40 Millionen Menschen

1981
HI-Virus identifiziert (bis heute 25 Millionen Tote)

1986
Menschliche BSE-Variante der Creutzfeldt-Jakob-Krankheit tritt auf

1995
Anschläge mit Sarin-Nervengas in Japan

Immer mehr Menschen leben auf immer engerem Raum in übervölkerten Städten und bewegen sich immer schneller durch eine zunehmend vernetzte Welt, die durch zahllose Regelungen und Neuerungen in Wirtschaft, Transport und Infrastruktur überhaupt erst entstanden ist. Auch Tiere leben auf immer engerem Raum zusammen – und rücken immer näher in menschliche Lebensräume vor, wie manch einer hier einwenden mag. Falls sich ein natürlich vorkommender Infektionserreger nun vermehrt, kann er sich sehr viel schneller ausbreiten als früher und auch sehr viel schneller auf verschiedene Spezies übergreifen. Diese fehlende physische Abgrenzung erklärt nicht zuletzt die jüngsten Ausbrüche des Vogelgrippe-Virus H5N1, von SARS, dem Dengue- und dem Ebola-Fieber, deren Erregerviren allesamt durch Tiere auf Menschen übertragen werden.

Zweitens: Die Entwicklung neuer Technologien schreitet schneller voran als je zuvor. Viele sind sehr leistungsstark und können für gute wie für böse Zwecke eingesetzt werden. Die Genetik, die es möglich macht, neue Mikroorganismen zu schaffen, ist so ein Fall. Die Genetik wird größtenteils für rein friedliche Zwecke genutzt, was aber nicht ausschließt, dass sie auch als Mittel für böse Zwecke verwendet werden kann. Und auch das ist bereits passiert. Pocken- und Milzbranderreger kamen als Bio-Waffen bereits zum Einsatz, und 1995 wurde der chemische Kampfstoff Sarin für einen terroristischen Anschlag auf die U-Bahn in Tokio eingesetzt. Könnte also ein böser Kopf neue tödliche Mikroorganismen entwickeln, die ausschließlich für eine bestimmte Rasse oder Ethnie tödlich wirken? Rassismus, List und die Sicherheit, nicht gefasst zu werden – alles in einer einzigen winzigen Transporteinheit verstaut?

Rückkehr des Alten

Viele der Länder, die am stärksten von Krankheiten bedroht sind, gehören zu denjenigen, die am schlechtesten darauf vorbereitet sind. Es sind Länder mit raschem Bevölkerungswachstum, landwirtschaftlichen und industriellen Veränderungen, Waldzerstörung, starkem Antibiotikagebrauch sowie Regionen, in denen es zu Kontakten mit erkrankten Tieren kommt. Nigeria und Indien sind stark gefährdet. Infolge dieser und anderer Risikofaktoren gibt es Hinweise darauf, dass einige alte Krankheiten – Pest und Tuberkulose – wieder auf dem Vormarsch sind. Die Weltgesundheitsorganisation (WHO) registriert etwa 1000 bis 3000 Pestfälle pro Jahr, vorwiegend in Afrika, wo die Überträger der Pesterreger meist Nagetiere sind. Tuberkulose wird eher von afrikanischen oder indischen Einwanderern eingeschleppt, die dann in armen und benachteiligten Vierteln leben, wo die Widerstandsfähigkeit gegen Krankheiten gering ist.

„Wir müssen uns einstweilen damit begnügen, in einer Welt zu leben, wo eine relativ kleine Grippeepidemie in Mexico City die Märkte in Tokio erschüttern kann.“

Warwick McKibbin,
Lowry Institute

2002	2012	2020	2049
SARS-Ausbruch	Starke Grippewelle in den USA (3000 bis 50 000 Tote)	Bis heute sagt man in Großbritannien „Bless you" („Helfgott"), wenn jemand niest (Segensspruch aus der Zeit der Pest)	HI48B-Virus tötet 500 000 Menschen

❜ Dr. Jeremy Stone: ‚… angesichts dieses neuen Wissens gibt es keine Garantie, dass es in Zukunft nicht eine weitere sogenannte ‚biologische Krise' geben wird.‘
Senator: ‚Hmm. Was sollen wir also tun?‘
Dr. Jeremy Stone: ‚Genau, Senator. Was sollen wir tun? ❛

Schlusszeilen von *Andromeda – Tödlicher Staub aus dem All* (1971)

Was wären die Folgen? Abgesehen von Angst- und Panikreaktionen müssten wir uns wie bei jeder großen Pandemie um die Massenentsorgung der Leichen kümmern. Aber neben all den vielen geliebten Menschen könnten mithin auch viele treu gehegte geistige Ideale wie nationale Souveränität und Menschenrechte in den Massengräbern verschwinden. Wir könnten uns zurückversetzt fühlen in die Anfangszeit der Pest 1348. Hinzu kämen die wirtschaftlichen Folgen. Etliche Studien des Wissenschaftlers Warwick McKibbin am Lowry Institute in Sydney lassen darauf schließen (zitiert in *The Doomsday Handbook* von Alok Jha), dass selbst ein schwächerer Verlauf einer Influenza-Pandemie wie der von 1918 heute an die 1,5 Millionen Menschen töten und die Wirtschaftsleistung um 330 Milliarden Dollar senken würde (bezogen auf die Preise von 2006).

Eine größere Pandemie könnte 142 Millionen Menschen töten und die Wirtschaftsleistung in einigen Volkswirtschaften um bis zu 50 Prozent senken. Aber vielleicht ist die Wahrheit auch sehr viel nüchterner: Denkbar wäre zum Beispiel eine Typ-2-Diabetes-Pandemie, die viele hundert Millionen Menschen töten könnte, einfach deshalb, weil sie zu viel essen und sich zu wenig bewegen. Und was die Biotechnologie, kurz „Biotech“ genannt, angeht, so birgt sie ebenfalls ein hohes Risiko für potenzielle Katastrophen. Was wäre denn, wenn die Politik in der Regulierung und Kontrolle der Synthetischen Biologie versagt und Forscher kurzerhand einen neuen Erreger erschaffen, der sich mit keiner der bekannten Technologien bekämpfen lässt? Er stellt vielleicht keine direkte Bedrohung für den Menschen dar, doch wenn er die Welternten an Weizen, Mais oder Reis zerstört, könnte es in bestimmten Regionen zu schweren Hungerkatastrophen kommen.

Fragen am Rande Probleme können aus einer Kombination von mehreren Faktoren entstehen. So etwa könnte die weltweit steigende Nachfrage nach Fleisch ein Problem bei der Entsorgung von Tierkörpern mit sich bringen. Was dann? Fälle der illegalen Beseitigung könnten zunehmen, wodurch es in manchen Regionen immer mehr streunende Hunde gäbe, was wiederum einen massiven Anstieg der Tollwutfälle nach sich zöge. Oder was wäre zum Beispiel, wenn sich im Zuge eines globalen Wirtschaftsbooms immer mehr Menschen einen Swimmingpool in den Garten bauen, auf den

Was wäre, wenn ...

Was würde passieren, wenn es zu einer echten Pandemie käme? Und denken Sie jetzt nicht an die vielen Menschen, die dabei sterben würden, das ist ausführlich diskutiert worden. Nein, denken Sie an sehr viel irdischere Konsequenzen. Wenn Menschen massenhaft zu sterben beginnen, würden wir andere Menschen zu meiden suchen. Wir würden nicht mehr zur Arbeit fahren, sondern lieber von zu Hause aus arbeiten. Schulen würden geschlossen werden, ebenso Läden und Geschäfte. Die Nahrungsversorgung würde zu einem ernsten Problem werden, Hamsterkäufe und Diebstähle würden dramatisch zunehmen. Auch das Geld könnte zu einem echten Problem werden, denn wer will schon Bargeld anfassen, das zuvor schon durch viele Hände gegangen ist.

Boom aber eine Pleite folgt und sie ihre Häuser verlassen müssen? Das stehende Wasser in den Swimmingpools in Kombination mit einem zunehmend wärmeren Klima (infolge des Klimawandels) könnte zum Ausbruch von Malaria in Nordamerika und Europa führen.

Wir sollten offen und wachsam bleiben gegenüber all den vielen Möglichkeiten, die die Zukunft bereit hält. Nichtsdestotrotz sollten wir uns darüber im Klaren sein, dass auch schlimme Dinge passieren und wir nicht auf alles vorbereitet sein können. Schließlich können wir uns nicht auf Ereignisse vorbereiten, die wir uns nicht einmal vorstellen können. Die gute Nachricht ist, dass das Leben (bis auf wenige Ausnahmen) weitergehen wird, ganz gleich, was geschieht. Wir sind robust. Wir passen uns an. Oder auch nicht, was sich als die schlimmste Katastrophe von allen herausstellen könnte.

Worum es geht

Die Biologie macht schlimme Dinge möglich

43 Nuklearterrorismus

Atomwaffen gibt es seit mehr als einem halben Jahrhundert, und zweimal wurden sie offensiv eingesetzt. In beiden Fällen ging es um einen Staat, der sich offiziell mit einem anderen Staat im Krieg befand. Die Gefahr, dass ein souveräner Staat einen anderen Staat mit Atomwaffen angreift, hat in neuerer Zeit offenbar abgenommen. Auf der anderen Seite ist die Wahrscheinlichkeit, dass ein nichtstaatlicher Akteur einer Atomwaffe einsetzt, offenbar gestiegen.

Eins vorweg: Es ist nicht einfach, einen Atomwaffenangriff zu starten, wenn man nicht zu einer der acht Nationen gehört, die offiziell über solche Waffen verfügen. Dass China einen Atomwaffenangriff auf die USA startet oder umgekehrt, ist zwar nicht ausgeschlossen, aber auch nicht sehr wahrscheinlich. Indien gegen Pakistan oder Israel gegen Iran stellt hingegen eine ernstere nukleare Bedrohung dar, aber selbst da ist die Wahrscheinlichkeit recht gering.

Von möglich bis zu wahrscheinlich Was könnte also sonst noch passieren? Ein gängiges Szenario ist das Bild von einer Terrorgruppe, die eine Atombombe versteckt in einem Koffer mit sich führt und damit einen Anschlag plant. Diese Vorstellung rührt aus Berichten, die in den USA der 1960er-Jahre die Runde machten, wonach die Russen über Atombomben verfügen, die klein genug sind, um in einem Koffer transportiert zu werden. Ob das stimmt oder nicht, ist noch immer unklar, doch wie der russische Deserteur Stanislaw Lunew in seinem 1998 erschienenen Buch schreibt, sind in Russland hergestellte „Kofferatombomben" in den USA versteckt, um sie Falle zukünftige Konflikte potenziell einsetzen zu können.

Es wäre für Terroristen sicherlich nicht gerade einfach oder billig, in den Besitz von Atomwaffen zu gelangen oder eigene Koffer- oder Rucksackatombomben zu entwickeln, aber es ist auch nicht völlig unmöglich. Man bräuchte nicht einmal einen großen Koffer dazu. Wahrscheinlicher ist ein weniger verheerender, aber gleichermaßen schreckenerregender Anschlag, insbesondere, wenn er ins Herz der Macht einer Regierung trifft und unter der Bevölkerung ein diffuses Gefühl von Angst und Panik schürt. Ist dies

Zeitleiste

1995
Terroristen versuchen, in Moskau eine „schmutzige Bombe" zu zünden

2010
Angriff mit Stuxnet-Virus auf Atomanlagen im Iran

2018
Mann verhaftet, nachdem er versucht hatte, radioaktives Material auf eBay zu verkaufen

2022
Al-Qaida versucht, in drei U-Bahn-Netzen „schmutzige Bomben" zu zünden

Forschungsmarkt Terrorismus

Terrorismus und Katastrophen gehören zu den am schnellsten wachsenden Forschungsgebieten in den USA. Mehr als 100 Colleges und Universitäten bieten Kurse rund um das Thema „Terrorismus und apokalyptische Gewalt" an. Diese neuen Kurse, teilweise finanziert vom Heimatschutzministerium, sollen Regierungsoffizielle und andere Entscheidungsträger für Erstmaßnahmen im Falle terroristischer Anschläge systematisch schulen, darunter Aspekte wie die effektive Kontrolle von Menschenmengen, gesundheitliche Vorkehrungen oder Umgang mit der Presse.

das Ziel, stehen viele Wege offen, und ein Bombenattentäter – oder eine Bombe – wird immer an sein bzw. ihr Ziel gelangen. Man stelle sich die Panik nur einmal vor, die Nordamerika ergreifen würde, sollte es jemand schaffen – und das müsste gar kein Ausländer sein –, einen atomaren Sprengsatz am Times Square zu zünden. Das Ausmaß der Sachschäden müsste dabei nicht einmal besonders groß sein.

Um es klar zu sagen: Es besteht hier keinerlei Absicht , ein Handbuch für Terroristen zu schreiben, aber es ist angebracht, einen Blick auf einige der relativ bekannten Ereignisse zu werfen, die in nicht allzu ferner Zukunft eintreten könnten und wahrscheinlich eintreten werden.

„Schmutzige Bomben" und andere Eine „schmutzige Bombe" bezeichnet einen konventionellen Sprengkörper, der auch radioaktives Material enthält, das bei seiner Explosion verdampft und mit der Druckwelle in der unmittelbaren Umgebung verteilt wird. Winde können das freigesetzte radioaktive Material auch über größere Gebiete verteilen. Eine solche „schmutzige Bombe" lässt sich ganz leicht in einem Koffer verstauen. Doch es ist nicht leicht, an radioaktives Material wie Strontium-90 und Caesium-137 zu kommen, mit den richtigen Kontakten und einer großen Summe Geld aber auch nicht unmöglich, erst recht nicht nach dem Zusammenbruch der früheren Sowjetunion oder im Hinblick auf Chaos und Korruption in Staaten wie Pakistan. Kleinere Mengen an gefährlichem Material sind mitunter sogar in örtlichen Krankenhäusern zu bekommen.

› Der Nuklearterrorismus ist die größte Einzelgefahr für die Sicherheit auf der Welt. ‹
Barack Obama 2008 in seiner Präsidentschaftskampagne

2030
Einsatz von taktischen Atomwaffen in Georgien

2060
25 Prozent aller Nationen arbeiten an geheimen Atomwaffen-Programmen

2080
Atomare Entwicklungsprogramme werden zugunsten mächtiger Waffen mit „Dunkler-Materie" eingestellt.

Nach einem Bericht der Internationalen Atomenergie-Organisation (IAEA) besitzen die meisten großen Staaten der Welt radioaktives Material in irgendeiner Form, und rund 100 Nationen verfügen über nur schwache oder gar keine Kontrollmechanismen, um mögliche Diebstähle zu verhindern.

Eine „schmutzige Bombe" ist keine Massenvernichtungswaffe, aber es ist eine Waffe, die massenhaft verstört und zerstört. Mit der entsprechenden Sprengladung könnte eine solche Bombe verheerende Schäden inmitten großer Städte anrichten und diese langanhaltend in Angst und Schrecken versetzen, nicht zuletzt deshalb, da radioaktiver Staub weder zu sehen noch zu riechen ist. Mit den Reaktorunfällen von Tschernobyl und Fukushima haben wir bereits einen „unglücklichen Vorgeschmack" davon bekommen.

Man könnte auch mit einem kleinen Flugzeug oder einer Drohne eine nicht-atomare Nutzlast wie Milzbrand (Anthrax) über einer Stadt versprühen – so ähnlich wie im James-Bond-Film *Goldfinger*. Oder man könnte einen Anschlag auf ein staatliches Wasserversorgungsnetz verüben und etwas Gesundheitsgefährdendes in das Wasser geben.

Ist die Vorstellung, dass gestohlene Atombomben in die Hände von Terroristen geraten also reine Fantasie? Ich fürchte, nein. 1995 versuchten tschetschenische Rebellen eine „schmutzige Bombe" in Moskau zu zünden, und Al-Qaida hat bereits etliche Male versucht, eine solche Bombe in anderen Ländern zu bauen. Denkbar auch, dass einzelne Elemente in der Armee sogenannter Schurkenstaaten auch ohne offizielle Unterstützung der Oberen Anschläge planen und durchführen.

Falls das, was wir am meisten fürchten, tatsächlich passiert, wird sich das hauptsächlich in psychologischen Auswirkungen niederschlagen, denn wir sind heute weniger robust und belastbar als noch vor einem halben Jahrhundert. Dies ist teilweise auf die

Die Frage ist wann – nicht ob

Eine „schmutzige Bombe" in einer Großstadt würde massive psychologische Schäden verursachen. Was den Einsatz konventioneller Atomwaffen durch terroristische Vereinigungen anbelangt, so ist dies technisch weitaus schwieriger realisierbar und würde wohl eher von Schurkenstaaten oder umnachteten Diktatoren ausgetragen. Wie würde eine demokratische Regierung auf einen derartigen Angriff reagieren? Angenommen, der Schuldige könnte identifiziert werden, käme der Gegenschlag wohl prompt und mit aller Macht. Aber selbst wenn zig Millionen Menschen stürben, würde das Leben irgendwann annähernd zur Normalität zurückfinden – wie jeder, der in der Nähe von Hiroshima oder Nagasaki lebt, bestätigen kann. Es scheint nahezu unbegreiflich, doch die menschliche Spezies ist bemerkenswert robust, sowohl in Bezug auf große Katastrophen als auch, was ihre Anpassungsfähigkeit anbelangt.

Umstände der modernen Zeit zurückzuführen, die uns psychisch und auch physisch seit mindestens einer Generation weniger stark fordert, zumal viele der technischen „Fortschritte“ uns abschirmen von der Realität, sowohl von der gegenwärtigen als auch von der potenziell zukünftigen. Viele können heute nicht einmal ein Gerät anschließen oder eine Autopanne beheben, geschweige denn ein Tier zu Nahrungszwecken töten oder mit Leichen umgehen. Vermutlich würden wir uns auf die Dauer von Terrorangriffen jeglicher Art erholen, auf kürzere Sicht gesehen würden aber sicherlich Chaos und Wahnsinn regieren.

’Das Zeitalter des Nuklearterrorismus ist da.‘

Liam Fox, ehemaliger britischer Verteidigungsminister

Worum es geht

Achtung, Nuklear-Terroristen!

44 Vulkane und Erdbeben

1815 brach auf der indonesischen Insel Sumbawa der Vulkan Tambora aus. Der Ausbruch war der stärkste, der jemals registriert wurde. Manche haben das sogenannte „Jahr ohne Sommer" auf diese Eruption zurückgeführt, ein Jahr, in dem ungewöhnlich niedrige Temperaturen und Aschewolken Ernteausfälle, schwere Hungersnöte und Unruhen nach sich zogen. Steht uns ein weiterer schrecklicher Sommer bevor?

Wir halten uns für schlau und intelligent. Wir glauben, dass wir unser Schicksal in eigenen Händen und die Natur mehr oder minder gezähmt haben. Wie sehr wir uns doch alle täuschen! Das Problem liegt größtenteils einmal mehr im individuellen und kollektiven Gedächtnis. Wir neigen dazu zu vergessen, was geologisch vor sehr langer Zeit passierte, und konzentrieren uns auf die geologische Gegenwart und die unmittelbare Zukunft. Wer erinnert sich heute noch groß an das Erdbeben von San Francisco 1989 oder Los Angeles 1994, wenn er es damals nicht zufällig vor Ort miterlebt hat. Und wohl niemand denkt noch an was das Jahr 3200 v. Chr. Zurück, wo sich nach allem, was wir heute wissen, eine Flut von geradezu biblischem Ausmaß ereignet haben soll. Trotz unserer Geschichtsbücher haben wir auch das vergessen, es sei denn, wir hegen ein gesteigertes Interesse für Noah und das Alte Testament. Und dann wären da noch Asteroideneinschläge und Heuschreckenplagen, die wir uns für gewöhnlich ebenfalls nicht präsent halten.

Wir bauen und erweitern fortwährend immer neue kleine und große Städte entlang großer Flüsse, an den Küsten der Ozeane, am Fuße „erloschener" Vulkane und über bekannten geologischen Bruchlinien. Warum tun wir das? Wahrscheinlich, weil wir grundsätzlich optimistisch, hoffnungsvoll, pragmatisch, achtlos oder einfach nur kreuzdämlich sind. Das kann sich sehr lange zu unserem Vorteil auswirken, doch lassen die jüngsten wie auch die etwas zurückliegenden Naturkatastrophen und geologischen Ereignisse darauf schließen, dass wir irgendwann das Nachsehen haben werden und die Folgen uns hart treffen können.

Zeitleiste

1815 Ausbruch des Tambora

1883 Ausbruch des Krakatau

1906 Erdbeben in San Francisco

1960 Erdbeben in Chile

Der nächste große Ausbruch Der Ausbruch des Tambora auf der indonesischen Insel Sumbawa im Jahr 1815 ist die größte beobachtete Eruption, und wie gewaltig dieser Ausbruch war, ist für Laien kaum vorstellbar. Der Himmel verdunkelte sich, die Temperaturen fielen drastisch ab, Lord Byron schrieb sein Gedicht *Darkness*, und Mary Shelley entwarf die Geschichte von *Frankenstein*. Es muss eine gigantische Explosion gewesen sein! Der Ausbruch des Vulkans Toba (Sumatra) vor etwa 70 000–77 000 Jahren war noch gewaltiger und wahrscheinlich die größte Explosion, die es in 25 Millionen Jahren auf der Erde gegeben hat.

Im Vergleich dazu waren Eruptionen der jüngeren Zeit ein Witz. Doch etwa alle 100 000 Jahre findet ein extrem großer Vulkanausbruch statt, und ein solcher ist längst überfällig. In neuerer Zeit war der Ausbruch des Pinatubo auf den Philippinen einer der gewaltigsten des 20. Jahrhunderts und doch mit nur 10 km^3 Materialauswurf immer noch eher ein Hüsteln. Der Krakatau in der Sunda-Straße (Indonesien) schleuderte 1883 rund 19 km^3 Asche und Gestein in die Höhe, und bei Eruptionen des Santorin (Griechenland) vor rund 3600 Jahren wurden 30–33 km^3 an Material ausgeworfen. Der Tambora stieß 160 km^3 aus und damit das 16-Fache des Pinatubo.

Der „große Knall"

Welche Haltung man zu Erdbeben, Vulkanen und Tsunamis einnimmt, hängt davon ab, wo man lebt. Wenn Sie beispielsweise in Japan leben, werden Sie mit diesen zerstörerischen Kräften der Natur nur allzu gut vertraut sein. Wenn Sie in San Francisco leben und noch relativ jung sind, wird das wohl kaum der Fall sein. Uns allen gemein ist jedoch, dass seit Menschengedenken niemand die Explosion eines Supervulkans erlebt hat. Und das wird hoffentlich die nächsten paar tausend Jahre noch so bleiben. Gewiss, wir würden irgendwie damit fertig werden, aber man fragt sich manchmal schon, welche negativen Auswirkungen es hätte in einer Welt, in der die Versorgungsketten derart eng bemessen sind. Die Welt ist heute vernetzt wie nie zuvor, und globale Unternehmen, die Komponenten aus aller Welt beziehen und in alle Welt transportieren, können größere Verzögerungen oder Störungen in kritischen Regionen nicht lange verkraften.

Wo gibt es den nächsten großen Ausbruch? Die größte Bedrohung geht wohl vom Supervulkan im Yellowstone-Nationalpark (USA) aus. Er explodierte zuletzt vor rund 1,3 Millionen Jahren und warf dabei geschätzte 1000 km^3 Material aus. Im Gegensatz dazu spie der Mount St. Helens (USA) 1980 nur 1 km^3 Asche und Gestein. Der Yellowstone ist ein riesiges Vulkansystem, wie historische Belege und archäologische Erkenntnisse zeigen, das durchschnittlich etwa alle 600 000 Jahre ausbricht. Wann war noch gleich der letzte große Ausbruch? Vor rund 600 000 Jahren!

„Die Frage ist nicht ‚ob', die Frage ist ‚wann'."
Bill McGuire, Aon Benfield Hazard Research Center, UCL, auf die Frage nach dem nächsten Supervulkan-Ausbruch

2010 Ausbruch des Eyjafjallajökull in Island

2011 Erdbeben erschüttert Tokio, Tsunami überrollt Japan

2028 Großes Erdbeben in Istanbul

2056 Zerstörerischer Asteroideneinschlag

„So schliefen sie am Grunde ohne Regung.
Die Wellen waren todt; die Ebb' und Flut
Im Grab; ihr Herr, der Mond, starb vorher schon.
Die Winde waren in der faulen Luft
Verwelkt, die Wolken fort; die Finsterniß
Hatt' sie nicht nöthig mehr – sie war das All!"

Lord Byron, *Finsterniß* 1816

Fatale Folgen Was würde passieren, wenn der Yellowstone oder ein anderer Supervulkan in naher Zukunft explodieren würde? Niemand weiß das so genau zu sagen, doch die Folgen könnten absolut verheerend sein.

Die Explosion würde alles in naher und ferner Umgebung vernichten, Baumbestände und Pflanzendecken zerstören und damit starke Bodenerosionen, Schlammlawinen und Überflutungen auslösen.

Pyroklastische Ströme aus glutheißem, geschmolzenem Gestein würden alles auslöschen, was ihre Zugbahn kreuzt. Die Explosion würde das ganze Gebiet und potenziell unseren ganzen Planeten in eine riesige, dunkle Aschewolke hüllen. (Erinnern Sie sich an den winzigen Vulkan in Island, der den internationalen Flugverkehr 2010 buchstäblich zum Erliegen brachte? Nun, der Ausbruch eines Supervulkans könnte 10-, 100- oder gar 1000-fach schlimmer sein.)

Am katastrophalsten aber wären die einschneidenden Klimaveränderungen. Hohe Konzentrationen an Staub, Schwefeldioxid und Kohlendioxid in der Atmosphäre würden zu einem sogenannten vulkanischen Winter führen – oder zu einem zweiten „Jahr ohne Sommer". Die Temperaturen würden rapide sinken, die Sonne würde verschwinden, es käme zu großflächigen Ernteausfällen, und die Lebensmittelpreise würden ins Unermessliche steigen, insbesondere in entlegenen und benachteiligten Regionen. Das wiederum könnte unkontrollierte Massenwanderungen oder auch den Sturz von Regierungen auslösen, sofern diese nicht in der Lage sind, prompt und wirksam auf die Katastrophe zu reagieren. Der Luftverkehr würde zum Erliegen kommen und damit Teile der globalen Logistikindustrie, Unternehmen würden in Konkurs geraten und Menschen ihren Job verlieren. Mikroskopisch kleine Vulkanascheteilchen könnten sich tief in dringend benötigte Maschinen und Geräten festsetzen, und sie lahmlegen.

Damit nicht genug. Dies sind lediglich die Folgen, die der Ausbruch eines Supervulkans mit sich bringt. Andere potenziell verheerende Super-Ereignisse könnten größere Ausbrüche sein, die Erdbeben auslösen, welches wiederum eine Reihe weitere Erdbeben oder einen Tsunami in einer nie dagewesenen Dimension nach sich ziehen. Es ist zwar höchst unwahrscheinlich, dass diese Ereignisse zu unseren Lebzeiten eintreten, aber es ist auch nicht ausgeschlossen. Doch wenn, dann wären die Folgen katastrophal.

Weltuntergang?

Es kursieren da draußen etliche seltsame Ideen, aber eine ist ganz besonders seltsam, nämlich die, die sich auf den 21. Dezember 2012 bezog. Sie hätte natürlich stimmen können, in welchem Fall Sie diese Zeilen nun nicht lesen würden, aber ich bin in dieser Hinsicht ein unverbesserlicher Optimist.
Der Maya-Kalender, so behaupteten einige, sage den Weltuntergang für den 21. Dezember 2012 voraus. Warum aber sollte die Welt untergehen? Ein Kommentator (auf der Webseite Armageddon.com) meint, es habe mit Verschiebungen der Erdmagnetfelder zu tun. Derselbe Kommentator beziffert die Wahrscheinlichkeit gegen den Ausbruch eines Supervulkans an eben diesem Datum auf 10:1.

Worum es geht

Großes Glück gehabt! – würde der Geologe sagen

45 Die sechste Auslöschung

Von allen Arten, die jemals auf unserem Planeten gelebt haben, sind Schätzungen zufolge mehr als 95 Prozent ausgestorben. Im Laufe der Evolution hat es viele plötzliche Ereignisse von Massenaussterben gegeben, doch fünf „große Aussterbeereignisse" im Verlauf der vergangenen rund 540 Millionen Jahre haben rund 75 Prozent aller Tierarten ausgelöscht. Könnte der *Homo sapiens* die nächste sein?

Vor nicht allzu langer Zeit sah man alle Arten als ewig und unveränderlich an. Dann kam Darwin und brachte vor, dass Arten sich unter sich ständig ändernden Bedingungen langsam fortentwickeln. Damit hatte er Recht, irrte sich aber in einem wesentlichen Punkt – der Geschwindigkeit, mit der sich die Entwicklung vollzieht. Es scheint nunmehr offensichtlich, dass Evolution bisweilen recht schnell vonstattengehen kann, und Experten stimmen heute weitgehend darin überein, dass ein sechstes Massenaussterben bereits begonnen hat und bis zum Ende des gegenwärtigen Jahrhunderts bereits die Hälfte aller rezenten Arten ausgestorben sein könnte. Potenziell beschleunigt wird das Aussterben durch die Fragmentierung natürlicher Lebensräume, den Verlust der biologischen Vielfalt, die Gefährdung der Ökosysteme, die menschengemachte Umgestaltung der natürlichen Landschaften (vor allem durch die Landwirtschaft), Krankheiten, Umweltverschmutzung, die Einführung gebietsfremder Pflanzen- (und Tier-)arten, Klimawandel sowie eine Reihe weiterer menschlicher Aktivitäten.

Zu den bedrohten Arten gehören eine Reihe von Amphibien (insbesondere in Europa), aber auch verschiedene Fledermaus- und Turteltaubenarten sind stark bedroht – letztere hauptsächlich in Großbritannien, weil dort durch intensive Landwirtschaft und den Einsatz von Unkrautvernichtungsmitteln verschiedene Pflanzenarten in und um landwirtschaftliche Flächen stark zurückgegangen sind.

Der letzte Stachel Auch Bienen könnten den Massentod sterben, obgleich die genauen Gründe dafür noch unklar sind. Klar jedoch ist, dass Bienen unverzichtbar sind,

Zeitleiste

1662
Der Dodo (Dronte) stirbt aus

1966
Die letzten Arabischen Strauße sterben aus

1989
Die Goldkröte stirbt aus

1998
Einer Umfrage unter 400 Wissenschaftlern ergab, dass 70 Prozent ein Massensterben bereits im Gange sehen

denn sie bestäuben die allermeisten Wild- und Kulturpflanzen der Welt; ganze 33 Prozent von allem, was wir essen, ist auf die natürliche Bestäubung durch Bienen, Schwebfliegen und Schmetterlinge angewiesen. Auf der anderen Seite könnte dies ein weiterer Fall von Panikmache sein. Kritiker argumentieren optimistisch, das Bienensterben sei hauptsächlich ein US-amerikanisches Phänomen, indes stiegen die Bienenzahlen weltweit um rund 45 Prozent. Und Bienen seien zwar überaus wichtig für die Befruchtung, doch viele unserer Grundnahrungsmittel wie Weizen, Reis und Mais sind nicht auf Bestäuber angewiesen, da sie windbestäubt werden. Aber was, wenn die Pessimisten Recht behalten?

❜ Ist eine Spezies erst verloren, bekommt man sie nicht wieder zurück. Es braucht Millionen von Jahren, bis sich der Planet Erde von einem Massenaussterben erholt hat. ❛

Nicholas Matzke, University of California in Berkeley

Techno-Optimisten mögen spekulieren, dass Bienen eines Tages durch winzige künstliche bestäubende Robot-Insekten-Fluggeräte ersetzt werden könnten, doch diese Vision ist für die Bienen wie für uns hungrige Menschen auf kurzere Sicht wohl eher ein schwacher Trost. Was einige andere bedrohte Arten betrifft, so könnte man argumentieren, dass wir Elefanten oder Riesenpandas nicht unbedingt brauchen. Sie werden bald ausgestorben sein, und damit müssen wir uns schlicht abfinden. Doch diese Argumentation geht an einem überaus wichtigen Punkt vorbei – es gibt zumeist eine sehr störanfällige Verbindung zwischen den Spezies untereinander; und ist eine Spezies ausgelöscht, kann dies das Aussterben oder zumindest die radikale Reorganisation einer anderen Spezies nach sich ziehen, in extremen Fällen gar das Verschwinden ganzer Ökosysteme.

Frühere Massenaussterben

Das erste große Massenaussterben ereignete sich vor rund 440 Millionen Jahren und war vermutlich die Folge einer (im geologischen Sinne) plötzlichen globalen Klimaabkühlung. Hinter dem zweiten großen Massenaussterben vor 370 Millionen Jahren vermuten Forscher ebenfalls einen Klimawandel. Welche Ursachen das dritte und vierte Massenaussterben hatte, ist weniger klar, doch vermutlich spielten klimatische Veränderungen in Kombination mit tektonischen Verschiebungen eine Rolle. Das fünfte Massenaussterben, das vor rund 65 Millionen Jahren stattfand und die Dinosaurier ausrottete, erklären viele Experten mit dem Einschlag eines oder mehrerer Asteroiden oder mit dem Ausbruch eines oder mehrerer Supervulkane (▶ Kapitel 44).

2000
Der Pyrenäensteinbock stirbt aus (er wird 2009 geklont, doch das Kitz stirbt gleich nach der Geburt)

2005
Die Laotische Felsenratte wird entdeckt (alle anderen Vertreter ihrer Art sind seit Jahrmillionen ausgestorben)

2006
Chinesischer Flussdelphin wird als ausgestorben betrachtet

2035
50 Prozent der europäischen Amphibienarten sind ausgestorben

Mit anderen Worten, die natürliche Welt ist ein hochkomplexes und eng zusammenhängendes System, in dem die Beziehungen unterschiedlicher Spezies ihnen gegenseitig zum Vorteil ist, auch wenn dies bisweilen nicht immer so offensichtlich ist. Wir haben die Folgen einer universellen Vernetzung bereits aus technologischer Sicht besprochen, doch sie gelten auch für die natürliche Welt.

Vernetzte Welt Der Flügelschlag eines Schmetterlings tief in einem fernen Wald kann Katastrophen auslösen und damit verheerende Folgen für andere Arten haben, auch für das selbstgefällige humanoide Wesen an der Spitze des Evolutionsbaums, den Menschen. Werden wir, Mensch und Tier, uns an unsere neue und sich rasch verändernde Umwelt anpassen oder wird die Verkettung einer Reihe unglücklicher Ereignisse in der Zukunft eine weitere und endgültige (für die Spezies Mensch zumindest) Auslöschung erzeugen? Das weiß offenbar niemand zu sagen, doch nicht wenige Experten sind darüber sehr besorgt, nicht zuletzt angesichts der extremen Klimaveränderungen, die in der Tat allen Grund zur Sorge geben. Werden sich die Arten anpassen? Werden sie sich physisch weiterentwickeln oder werden sie allesamt aussterben, und wenn ja, über welchen Zeitraum hinweg? Wie all diese Veränderungen auf Dauer ineinanderspielen und was sie bewirken werden, ist die wohl schwierigste Frage überhaupt. Und wie viele Arten es sein werden, die möglicherweise tatsächlich aussterben, ist ebenfalls völlig unklar, aber es könnte mindestens das Tausendfache der natürlichen Rate sein.

Das apokalyptische Szenario besteht zweifellos darin, dass der Mensch im Begriff ist auszusterben, um von einer anderen dominanten Spezies ersetzt zu werden. Das kann sein, muss aber nicht. Der Biophysiker James Lovelock gehört zu denen, die behaupten, dass es bis zum Ende dieses Jahrhunderts nur noch ein paar wenige fortpflanzungsfähige

Intelligent oder Glück gehabt?

Sich mit Geschichte, Physik oder Biologie zu befassen, hilft, die Natur zu begreifen und zeigt, wie völlig unerheblich unsere aktuellen Befürchtungen sind. Wir sind, wenn man so will, bloß eine weitere vergängliche Spezies auf der Erde. Als ein biologisches Volk sind wir dafür bestimmt, samt unserem Planeten zu nichts anderem als Sternenstaub zu verfallen. Es gibt zwei Arten, mit diesem Gedanken umzugehen. Wir können eine grundlegend fatalistische Haltung einnehmen und sagen, dass es sowieso egal sei, was wir tun, es spielt im großen Plan hinter den Dingen des Lebens ohnehin keine Rolle. Was schert uns also der Klimawandel oder die nukleare Aufrüstung. Oder aber wir legen eine optimistischere und aktivere Haltung an den Tag. Als Spezies haben wir bis heute überlebt, und falls wir tatsächlich allein im Universum sind, sollte es unsere Pflicht sein, zu erhalten, was wir haben, und den Fortbestand unserer Art so lange wie möglich zu sichern.

menschliche Paare geben wird, wahrscheinlich in der Arktis, wo die Wetterverhältnisse annehmlich bleiben werden.

Es gibt natürlich auch andere Stimmen, die sagen, dass der Mensch sich nicht an die sich ändernde Umwelt anpassen wird, sondern die Umwelt stattdessen an die eigenen sich stets wandelnden Belange anpassen wird (▶ Kapitel 10). Dieses Argument scheint auf längere Sicht in der Tat plausibel. Trotzdem, so intelligent wir auch sein mögen, insbesondere über längere Zeiträume hinweg, auf kürzere Sicht gesehen, können wir auch überaus dumm, engstirnig, borniert und stur sein. Und aus eben diesem Grund könnte es durchaus sein, dass die Uhr für uns Menschen auf dieser Erde bereits zu ticken begonnen hat.

Hinzu kommt, dass der Mensch (nach meinem Dafürhalten) kein gottgegebenes Recht hat, die Erde zu besitzen oder zu verwalten. Andere Arten waren vor uns da und werden möglicherweise noch da sein, wenn wir längst verschwunden sind. Anders gesagt, die Erde selbst ist nicht bedroht. Die Erde ist vielmehr unverwüstlich und wird sich über geologische Zeiträume hinweg den Bedingungen anpassen.

> **»Betrachtet man lediglich die stark gefährdeten Säugetierarten … sprengt dies jeden üblichen Rahmen und sagt uns, dass wir auf dem besten Wege zu einer neuen Arten-Apokalypse sind.«**
>
> **Anthony D. Barnosky, Professor für Integrative Biologie**

Worum es geht

Droht der Mensch auszusterben?

46 Die Singularität

Das Moore'sche Gesetz (benannt nach Gordon Moore) besagt, dass Computer ihre Rechenleistung etwa alle 18 Monate verdoppeln. Aber stellen Sie sich vor, die exponentielle Wachstumsrate sei selbst exponentiell. Das ist eine potenzielle Konsequenz dessen, was künftige Technologie-Experten als „Singularität" bezeichnen, wo Computer in der Lage sein werden, AGIs (*Artificial General Intelligences,* allgemeine künstliche Intelligenzen) zu schaffen, Maschinen also, die intelligenter als Menschen sind.

Verfechter der Singularität, allen voran der Erfinder und Futurologe Ray Kurzweil, meinen, dass die Singularität bereits in 20–30 Jahren erreicht sein könnte, wenn die Computerentwicklung weiterhin in der momentanen Geschwindigkeit fortschreiten wird, möglicherweise auch früher, sobald praktisch einsetzbare Quantencomputer gebaut werden können. Intel ist bereits dabei, den Transistor neu zu erfinden, indem sie Erkenntnisse der quantenmechanischen Physik nutzen, um die Rechenleistung zu erhöhen, und Kurzweil liefert mit der Gründung der sogenannten Singularity University eine forschungstechnische Zukunftsschmiede für die nächste Wissenschaftlergeneration, die von Google und der NASA unterstützt wird. Selbst der britische Astrophysiker Stephen Hawking hält die technologische Singularität für möglich.

Ob sich die Entwicklung blitzartig oder gemächlich vollzieht, bleibt abzuwarten, doch wie es aussieht, werden Computer technisch immer ausgefeilter und können immer mehr menschliche Arbeiten übernehmen. „Der Mensch wird mehr und mehr zur Maschine, während die Maschinen dem Menschen immer ähnlicher werden", so brachte es ein Kommentator einmal auf den Punkt. Ja, vielleicht werden Maschinen immer intelligenter und mobiler, während der Mensch als eine direkte Folge daraus immer weniger intelligent und immer „unmobiler" wird.

Jede taugliche Künstliche Intelligenz müsste mindestens vier Eigenschaften haben, um so zu sein wie wir Menschen: Sie muss Gegenstände erkennen und sinnvolle Dialoge führen können, sie muss manuell geschickt sein und die Dinge aus der Perspektive eines Anderen betrachten können. Diese Fähigkeiten erwerben Kinder bis zu ihrem achten Lebensjahr; danach sind sie alle präsent. Es gibt keinen Grund, warum es nicht

Zeitleiste

2011
Der Gebrauch der Sprache als menschliches Kommunikationsmittel nimmt rapide ab

2040
AGI (*artificial general intelligence*) – es gibt sie!

2045
Die Unterscheidung zwischen virtuellem und realem Leben ist fast bedeutungslos

2050
Uneingeschränkte virtuelle Realität

Dem Machbaren widerstehen?

Es gibt zwei Sichtweisen auf die Singularität. Nummer Eins: Sie ist unvermeidbar. Unser Gehirn besteht lediglich aus Atomen. Wir werden eines Tages herausfinden, wie sie funktionieren und sie dann künstlich nachbauen Die Frage ist nur „Wann?" und „Wie?", nicht „Ob" oder „Ob nicht". Nummer Zwei: Die Möglichkeit, dass die Künstliche Intelligenz den Menschen überflügelt, ist mehr oder weniger unmöglich, weshalb wir gar nicht erst versuchen sollten, danach zu trachten. Denn sollten wir zufällig so weit kommen, wären wir gezwungen, einige unserer tiefsten Überzeugungen aufzugeben und uns unseren schlimmsten Ängsten zu stellen. Aber vielleicht wird alles auch ganz anders sein. Vielleicht werden wir die Tatsache, dass die technologische Singularität existiert, einfach akzeptieren, das Beste daraus machen und die Philosophen bitten, die Bedeutung des Menschen in seinem Dasein neu zu definieren.

gelingen sollte, Roboter zu konstruieren, die jede aufgetragene Arbeit erledigen können, ob Aufräumen oder Babysitten. Aber werden sie sich auch verlieben oder sich in einen anderen Menschen, der physische oder psychische Schmerzen leidet, einfühlen können?

Das bezweifle ich. Viele unsere Gefühle wurzeln in biologischen Imperativen, die seit Jahrtausenden in unseren Genen kodiert sind. Maschinen zu fertigen, die sich menschenähnlich verhalten, würde voraussetzen, dass sie in gleicher Weise mit irrationalen Verhaltensweisen „vorbelastet" sind.

Wirtschaftliche Dynamik Einige halten die landwirtschaftliche und die industrielle Revolution für Singularitäten, da die Rasanz, mit der sich der Wandel vollzog, bis dahin ohnegleichen war. Über die vergangenen 7000 Jahre hinweg hat sich die wirtschaftliche Produktionsleistung alle 900 Jahre verdoppelt. Heute verdoppelt sie sich grob alle 15 Jahre, also rund 60-mal schneller als in den sieben Jahrtausenden zuvor. Der nächste radikale Wandel wird durch Engpässe in unserer Wirtschaft bedingt sein: an erster Stelle durch die Verknappung der Ressourcen und Energie, gefolgt von dem immer knapper werdenden Gut der Zeit und schwindenden Rücksichtnahmen. Könnten die meisten Arbeiten, die wir Menschen derzeit verrichten, von Robotern erledigt werden (zwei Drittel des Gesamtein-

‚Was ist, wenn nicht jeder mitmachen will?'
Ray Kurzweil, Autor, Erfinder und Futurologe

2060
Das erste menschliche Gehirn wird in eine Maschine implantiert

2070
Computerviren werden zur Hauptbedrohung der menschlichen Existenz

2080
Wissenschaftler bestätigen, dass die Unsterblichkeit (für alle Interessierte) möglich ist

2095
Mensch/Roboter-Hybriden (Gehirne im Tank) machen sich auf, ferne Galaxien zu erkunden

kommens eines Landes werden als Löhne ausbezahlt), käme es zu einem sprunghaften Anstieg der Produktionsleistung, und der Mensch hätte wieder mehr Zeit für andere, befriedigendere Tätigkeiten.

Oder auch nicht. Denn die Geschichte lehrt uns, dass wir mit jeder neuen Erfindung eines arbeitssparenden Geräts immer weniger freie Zeit zur Verfügung hatten. Warum? Möglicherweise, weil wir unsere Erwartungen an uns selbst oder auch an Andere immer höherschrauben. Überdies könnte die zunehmende Automatisierung zu Massenarbeitslosigkeit und Revolutionen technikfeindlicher Maschinengegner führen.

Es ist billiger, Roboter zu bauen, als jemanden ein Leben lang zu bezahlen. Roboter brauchen weder Schlaf noch Urlaub. Doch der Wert menschlicher Arbeitskraft könnte trotzdem steigen, insbesondere dann, wenn wir lieber von Menschen als von Robotern bedient werden wollen und dafür auch gerne mehr bezahlen. Und darauf bekommen wir bereits heute einen Vorgeschmack: Beim Einkauf im Supermarkt können wir uns hier und da wahlweise von einer Maschine oder einem Menschen „bedienen" lassen. Elektronische Scanner-Kassen scheinen bei einigen Kunden großen Anklang zu finden, bei anderen weniger. Ähnliche „Roboter ohne Kopf, Arm und Fuß" findet man in Postämtern oder an Abfertigungsschaltern der Fluglinien. Wir sind bereits umgeben von Robotern, weshalb wir nicht fragen sollten, ob diese Maschinen sich „vermehren" werden (denn das werden sie!), sondern wie und wo wir ihre höchst intelligenten (und technisch unparteiischen) Vettern künftig einsetzen werden. Werden sie Vollzugsbeamte, Lehrer, Richter und dergleichen Amtspersonen ersetzen?

„Ich habe argumentiert, dass wir die Singularität nicht verhindern können, dass ihr Kommen eine unvermeidliche Folge des natürlichen Konkurrenzdenkens des Menschen ist sowie der Möglichkeiten, die den neuen Technologien innewohnen."

Vernor Vinge, Computerwissenschaftler, Mathematikprofessor und SF-Autor

Die menschliche Dimension Roboter, die ausschließlich kognitive Aufgaben erledigen, könnten in rein virtuellen Umgebungen praktisch unsichtbar ihre Arbeiten verrichten, während andere in menschlichen Umgebungen wirken und ein eher lebensechtes Aussehen haben. Kurzweil erwartet sogar ein radikales „Verschmelzen unserer biologischen Intelligenz mit nicht-biologischer Intelligenz", das darin gipfelt, das Menschen in einer Software weiterleben und zu „unsterblichen, Software-basierten Superwesen" werden. Aber an welchem Punkt kann eine Maschine zum Menschen erklärt werden? Und müsste man ihr dann so etwas wie grundlegende Menschenrechte zubilligen?

Für viele ein erschreckender Gedanke, dass Computer eines Tages intelligenter sein könnten als wir Menschen. Doch dass dies überhaupt möglich werden kann, setzt voraus, die Tiefen des menschlichen Geistes zu kennen, um dann etwas Besseres zu schaffen. Ist es wirklich denkbar, jede Nervenzelle, jedes Axon und jede Synapse des menschlichen Gehirns zu kennen und zu analysieren und obendrein in der Lage zu sein,

Digitale Unsterblichkeit

Es mag wie Science-Fiction klingen, aber das haftet der Computergeschichte nun mal an. Eine Galionsfigur auf dem Gebiet der Singularität ist Ray Kurzweil – ein Querdenker oder ein Genie, je nach Blickwinkel. Er sagt, das Moore'sche Gesetz sei nur der Anfang. Die Kombination aus steigender Rechenleistung und der Schaffung von Cyborg-Menschen (Mischwesen aus Mensch und Computer) wird zu der bislang einzigartigen Gelegenheit führen, „die großen Herausforderungen der Menschheit" anzugehen. Er geht sogar so weit zu behaupten, dass die Gedächtnisinhalte des menschlichen Gehirns eines Tages in Computer übertragen werden können und damit eine Art Unsterblichkeit erlangen, indem Mensch und Maschine miteinander verschmelzen.

sie allesamt nachzubauen? Ist dies nicht vielleicht eine naiv-reduktionistische Herangehensweise, die uns beim Bau von Computern ausgesprochen dienlich ist, aber absolut unbrauchbar, wenn es um die Schaffung von menschlichem Leben geht? Außerdem muss ein Verstand nicht menschenähnlich sein, um ihn berechenbar zu machen. Und das könnte in vieler Hinsicht noch schlimmer sein, denn damit wäre es durchaus möglich, dass er für menschliche Logik oder menschliche Emotionen absolut unzugänglich wäre.

Worum es geht

Maschinen intelligenter als Menschen

47 Ich oder Wir?

Einer der treibenden Kräfte für den enormen Wandel in den vergangenen rund 50 Jahren war der zunehmende Individualismus, der durch moderne Technologien und Gesetzgebungen obendrein sowohl bestärkt als auch beschleunigt wurde. Doch könnten die Entwicklungen eines Tages in eine andere Richtung laufen? Könnte es nicht sein, dass wir uns angesichts einer zunehmend vernetzten Welt mit ihren Klimaveränderungen und den knapper werdenden Ressourcen wieder besinnen auf die Vorrangstellung der Gruppe oder der Gesellschaft an sich?

Wir leben in einer Welt, die zunehmend global, urban, rastlos und entwurzelt ist. Man erzählt uns, wir seien alle einzigartig und innerhalb bestimmter Grenzen frei, alles zu tun, alles zu glauben und alles sein zu dürfen, ganz gleich, welche weitergehenden Auswirkungen unsere Handlungen oder Überzeugungen haben mögen. Zugegeben, das ist nicht in allen Ländern so, aber man geht weitgehend davon aus, dass es eines Tages mehr oder minder überall so sein wird.

Es gibt bereits zahllose Debatten darüber, welche Richtung der Kapitalismus in Zukunft einschlagen sollte, und einige fragen sich gar, ob Demokratie und die Suche nach dem individuellen Glück auf Dauer nicht größere Probleme schaffen als sie lösen. Nichtsdestotrotz steht in der überwiegenden Mehrzahl der Länder das Individuum nach wie vor im Mittelpunkt, sodass wir derzeit einen globalen Ausbruch von Ich-Bezogenheit erleben, bei dem ein ungehemmter Kapitalismus in Verbindung mit einem gewissen Anspruchsdenken und dem Hochhalten individueller Rechte jegliche Gedanken an Bescheidenheit, Selbstbeschränkung, Rücksicht und persönliche Verantwortung übertrumpft. Und die Technologie wirkt obendrein weltweit als Beschleuniger für diese Entwicklung. Produkte und Erfahrungen, die einst weitgehend rationiert waren oder gemeinschaftlich genutzt wurden, sind zunehmend frei und für jeden verfügbar. Digitalisierung bedeutet nicht zuletzt, dass viele Produkte und Erfahrungen heute so personalisiert werden können, dass sie den Marotten und Wünschen der individuellen Nutzer entsprechen.

Zeitleiste

1776
Der Wohlstand der Nationen (Adam Smith) erscheint

1848
Das Kommunistische Manifest (Karl Marx) erscheint

1859
Über die Freiheit (Essay, John Stuart Mill) erscheint

1962
Der Stumme Frühling (Rachel Carson) erscheint

Dein Problem = Mein Problem

Hinter dem Begriff Open Innovation (offene Innovation) steht die Idee der Organisation Open Source Initiative (OSI), sich der Förderung von Open-Source-Software (quelloffene Software) zu widmen. Open Innovation hat das Potenzial, radikale Veränderungen herbeizuführen im Hinblick darauf, wie und wo wir unsere Probleme künftig lösen werden. In gewisser Weise unterscheidet sich die Weisheit der Vielen nicht allzu sehr von den althergebrachten Vorschlagsbriefkästen, doch der große Unterschied liegt im größeren Maßstab und nicht zuletzt in der Geschwindigkeit. Sind genügend kluge Köpfe vernetzt, werden sämtliche Probleme einfacher. Mit dieser Idee ist eine weitere verbunden, und zwar die des Collaborative Consumption (des „geteilten Konsums"). Darunter versteht man die Nutzung vernetzter Technologien zum Austausch und gemeinschaftlichem Gebrauch materieller und digitaler Güter, Dienstleistungen, Besitzgüter und Kompetenzen aller Art.

Die Medien sind dafür ein gutes Beispiel. Einst waren sie nur begrenzt zugänglich, und ein paar wenige Menschen kontrollierten streng, was die Masse konsumierte. Das war zwar nicht sehr demokratisch, aber eine gemeinschaftliche Erfahrung. Heute werden die Medien zunehmend von Einzelnen geschaffen und konsumiert, und ihre fragmentierte und atomisierte Struktur bedeutet, dass jeder alles finden kann, was ihn persönlich interessiert, und er jede Informationen auf jedes beliebige Endgerät speichern kann, zu jeder Zeit, an jedem Ort. Genau diesen Trieb nutzt Web 2.0 für sich aus. Und

„Ob gut oder schlecht, wir leben in einer vernetzten Welt. Wir können einander nicht entkommen. Daher müssen wir unser Leben lang dafür eintreten, eine weltweite Gemeinschaft mit gemeinsamer Verantwortung, gemeinsamen Werten und einem gemeinsamen Wohlstand aufzubauen."

Bill Clinton, ehemaliger US-Präsident

1972	2017	2023	2029
Die Grenzen des Wachstums (Studie zur Zukunft der Weltwirtschaft) erscheint	*Common Sense Manifesto* erscheint	*Nordischer Kapitalismus* erscheint	*Der chinesische Weg* erscheint

Digitaler Maoismus?

Jaron Lanier, der manchmal als Schöpfer des Begriffs „virtuelle Realität" zitiert wird, glaubt, Schwarmintelligenz sei so etwas wie ein Trugschluss, in etwa so wie eingefleischte Anhänger des Libertarismus glauben, dass der freie Markt allwissend sei und letztlich zum Vorteil gereiche. Er sagt: „Die Schönheit des Internets liegt darin, dass es Menschen miteinander verbindet. Der Wert liegt in den anderen Menschen. Wenn wir zu glauben beginnen, das Internet selbst sei eine Entität, die etwas zu sagen hat, entwerten wir diese Menschen und machen uns zu Idioten." Die Gefahr bei dieser auf der Weisheit der vielen basierenden Intelligenz liegt darin, dass diejenigen, die diese Weisheit sammeln, wichtiger werden könnten, als die Menschen, die zu dieser Weisheit beitragen. Im Extremfall würde kollektive Intelligenz bedeuten, dass Individuen nicht nötig sind, um individuelle Urteile zu fällen oder individuelle Verantwortung zu übernehmen.

auch YouTube und MySpace springen auf diesen Zug der Zeit, wo jeder (angelehnt an das berühmte Warhol-Zitat) 15 Minuten weltberühmt sein kann. Postmodernismus und Subjektivismus in ihrer verrücktesten Form! Wir leben in einer Welt, in der Dummheit, Gedankenarmut und Oberflächlichkeit regieren, denn das eine Leben, die eine Fähigkeit oder die eine Meinung ist so gut wie alle anderen auch.

Wo bleibt das Wir? Wie lange wird das so weitergehen? Die fortschreitende Vernetzung macht viele von uns heute sehr einsam. Zwar tauschen wir uns immer stärker untereinander aus, menschliche Nähe und Vertrautheit aber gehen dabei verloren. Wir lassen uns nicht mehr wirklich Tief mit irgendwem oder irgendetwas ein. Vielleicht wird sich das nicht ändern. Vielleicht wird die Zukunft ja noch personalisierter sein, und kurzfristige Genuss- und Vergnügungssucht werden auf Kosten von Empathie und Nachhaltigkeit gut gedeihen. Vielleicht werden wir alle ein Leben führen, dass höchst sinnlich, interaktiv und individuell ist – und per iPad der Selbstvergessenheit frönen.

Ja, es könnte noch lange so weitergehen. Es könnte aber auch ein anderes, plausibleres Szenario geben: Ressourcenverknappung, Klimawandel und digitale Vernetzung bringen die Menschen körperlich und geistig wieder näher zusammen.

Der Gesundheitszustand unseres Planeten wird uns alarmieren, insbesondere der alles durchdringende Einfluss von Materialismus und Konsumismus, und wir werden beschließen, etwas dagegen zu tun – gemeinsam. Das bedeutet nicht zwangsläufig das Ende des freien Marktes und der Globalisierung, doch beide müssten zugunsten des Allgemeinwohls eingeschränkt werden, und zwar auf längere Zeit. In dieser zukünftigen Welt wird der Altruismus über den Egoismus triumphieren, und die Menschen werden die Freuden des einfachen Lebens, der Langsamkeit und des natürlichen Gleichgewichts neu entdecken. Der lokale Bezug wird wieder stärker sein. Und was ganz entscheidend ist, wir werden die Idee, wonach unser Leben nur durch den direkten Kontakt mit anderen Menschen wirklich Sinn erhält, wieder ganz neu entdecken und aufgreifen.

Probleme angehen 2011 veröffentlichte Sherry Turkle, Professorin für Soziologie am Massachusetts Institute of Technology ein Buch mit dem Titel *Allein unter 100 Freunden: Wie wir in der digitalen Welt seelisch verkümmern*. Sie zeigt darin auf, dass die neuen Technologien uns zwar ermöglichen, alles jederzeit überall zu tun, dass sie uns gleichzeitig aber auch innerlich entleeren und erschöpfen, erst recht, wenn zwischenmenschliche Kontakte aus unserem Alltag verschwinden. Sie schreibt: „Wir scheinen entschlossen, den Dingen menschliche Qualitäten zu verleihen, und zufrieden damit, einander wie Dinge zu behandeln." Vielleicht ist ein weiteres Zukunftsszenario daher eine unbehagliche Mischung aus zwei ganz verschiedenen Idealen. Global werden wir zu einer Einheit verbunden sein. Wir werden nach Belieben Zugang haben, zu allem und zu allen. Dennoch sind wir auf der örtlichen Ebene allein unter vielen, zunehmend sozial isoliert und unterdrücken das so entstehende Gefühl der Einsamkeit durch eine immer häufigere Beschäftigung mit dieser modernen Technologie namens Computer.

Wie wir die Frage entscheiden, ob uns das Individuum oder die Gesellschaft im weiteren Sinne wichtiger ist, ist von zentraler Bedeutung für die Zukunft, denn sie hat Auswirkungen auf alle Bereiche, auf die Bereitstellung von Bildungs- und Gesundheitsdiensten, auf Rentenleistungen sowie auf das Transport- und Überwachungswesen – alles Dinge, die einst öffentlich bereitgestellt wurden, die nun aber zunehmend privatisiert werden. Diese Frage muss dringend erörtert werden, von jedem Einzelnen ebenso wie von der Gesellschaft insgesamt.

„Konfrontiert mit der menschlichen Welt, ist die einzige Reaktion die des Individualismus. Der Mensch allein ist Selbstzweck. Alles, was man für das Gemeinwohl zu tun versucht, endet in einem Fehlschlag."

Albert Camus, Romancier und Essayist

Worum es geht

Einer gegen alle

48 Der modifizierte Geist

Alles, was wir im Laufe unseres Lebens erfahren, verändert unser Gehirn. Warum sollte daher etwas, das wir seit einiger Zeit immer häufiger tun, nicht künftig unseren Geist grundlegend verändern? Gut möglich, dass die moderne Technologie, speziell Internet und mobile Computer, genau dies bewirkt, was in der Folge nicht nur unser Selbstbild beeinflussen könnte, sondern auch wie wir aufeinander reagieren.

Ein US-amerikanischer Erwachsener verbringt pro Tag im Schnitt fünf Stunden am Computer, Tablet oder Smartphone. Wie wird es erst sein, wenn sich die Kommunikation im Zuge neuer intelligenter Technologien, sprachgesteuerter Benutzerschnittstellen und implantierter Kommunikationsgeräte weiter beschleunigt. Es wird eine Zukunft sein, die rastlos ist, metallisch, automatisiert und extrovertiert, voller digitaler Störungen. Eine Welt, die sensorisch überfrachtet ist, in der es an der Art von Stille und Ruhe fehlt, die nötig ist, um nicht nur Ideen, sondern auch sich selbst zu verstehen.

Zweifellos werden wir lernen, Information besser und schneller zu filtern und zu verarbeiten. Wir werden lernen, schnell, fließend und flexibel zu denken. Was aber würden wir am Ende verlieren? Gut möglich, dass wir diese schnelle, einfache und vernetzte Kommunikation mit dem Verlust des stringenten, fokussierten und reflektierten Denkens bezahlen werden. Auch tiefe zwischenmenschliche Beziehungen und die Fähigkeit, sich in andere Menschen einzufühlen und sie zu verstehen, könnten verlorengehen. Eine amerikanische Studie, durchgeführt von Sarah Konrath an College-Studenten, ergab einen Rückgang dieser Fähigkeit der Empathie um 40 Prozent in den vergangenen 20 bis 30 Jahren.

In Zukunft werden wir uns vielleicht stärker in personalisierten und hedonistischen Informations- und Entertainment-Blasen verlieren, durch hochauflösende Bildschirme und Kopfhörer abgeschnitten sein von der realen Welt mit all ihren Problemen. Wir wer-

Zeitleiste

2011	2012	2020	2035
Ein durchschnittlicher Erwachsener verbringt 5 Stunden täglich vor dem Bildschirm	IQ-Werte insgesamt fallen erstmals innerhalb eines Jahrzehnts	Mittlere Aufmerksamkeitsspanne liegt unter 2 Minuten	Kinder verbringen mehr Zeit in der virtuellen als in der realen Welt

den die Dinge mit dem Verstand begreifen, aber wir werden uns schwer tun damit, sie auch emotional zu begreifen.

> **„Wir formen unser Werkzeug, und danach formt unser Werkzeug uns.“**
> **Marshall McLuhan, kanadischer Pädagoge und Philosoph**

Was dies für unser Gehirn bedeutet Auch die Kreativität könnte verlorengehen, entweder, weil wir uns gedrängt fühlen, uns der Meinungsmehrheit der Online-Nutzer anzuschließen, oder weil wir einfach das tun, was am bequemsten ist – wie etwa nur die erste Seite der Google-Suchergebnisse anzusehen (was 99 Prozent von uns bereits tun). Ein Verlust an Privatsphäre könnte zudem dem Konservatismus Vorschub leisten. Wenn zukünftige Technologien dem digitalen Erinnern statt dem menschlichen Vergessen den Vorzug geben, werden wir vielleicht weniger experimentieren oder auch weniger bereit sein, die Fehler zu machen, die wahre Kreativität braucht und ausmacht.

Aber wie lässt sich all dies aus neurophysiologischer Sicht erklären? Die Antwort ist einfach. Unser Gehirn ist plastisch, in dem Sinne, dass es physisch auf alles reagiert, dem es ausgesetzt ist. Und dies gilt unser Leben lang, vor allem aber in der frühen Kindheit. Daher ist unser Geist genauso verwundbar wie der Rest unseres Körpers. Es geht nicht darum, unseren Geist zu füttern nach dem Motto „Müll rein“ und „Müll raus“, sondern darum, dass er sich langfristig verändern oder gar verkümmern kann. Ein

Computer machen süchtig – Warum?

Warum lassen sich Kinder heute kaum mehr dazu bewegen, draußen im Freien zu spielen, statt drinnen zu hocken und Computerspiele zu spielen? Es gibt alle möglichen Erklärungen dafür: Computerspiele machen Spaß, sind unterhaltsam und bescheren Erfolgserlebnisse – eine praktische Sache, vor allem für gestresste Eltern mit wenig Zeit. Das Problem liegt darin, dass strukturierte, auf Regeln basierende Spiele heute die Regel sind. Das freie, kreative Spielen hat in den Jahren von 1981 bis 1997 um 25 Prozent abgenommen, wie eine Studie aus dem Jahr 2005 belegt, die im Fachblatt *Archives of Paediatrics & Adolescent Medicine* erschienen ist. Dies kann dazu führen, dass Kinder zu sozial unfähigen Einzelgängern werden und nur schlecht mit Stress oder Angst umgehen können. Kreativität und innovatives Denken bleiben möglicherweise ebenfalls auf der Strecke.

2038
Erwachsene sprechen mehr mit ihren persönlichen Avataren als mit ihren Partnern

2040
IQ-Werte fallen stark ab. Folge: iPads werden aus Schulen verbannt

2055
Unerlaubte Inanspruchnahme menschlicher Aufmerksamkeit wird zur Straftat erklärt

2060
Die Bewegung für langsames Denken kehrt Computer-Monitoren den Rücken

bisschen so, als würde man auf Dauer das Kopfrechnen verlernen, weil wir immer nur den Taschenrechner benutzen. Unser Gehirn ist wie ein Muskel, der trainiert werden will.

Wie wird ein Gehirn, das von Geburt an einer vernetzten, interaktiven, personalisierten und virtuellen Welt mit belohnungsbasierten Lernmustern ausgesetzt ist, in Zukunft denken? Wie wird sich unser Denken verändern, wenn wir niemals wirklich allein sind, weil wir ständig vernetzt sind, ob miteinander oder mit einem endlosen und schnellen Informationsfluss? Wie werden wir denken, wenn wir immer erst einmal nachsehen müssen, was alle anderen denken? Vielleicht werden Lesen und Schreiben aussterben und durch beobachtendes Sehen ersetzt werden. Und auch das wiederum wird irgendwann ersetzt werden durch direkte Gehirn/Maschine-Schnittstellen. Unsere Gedanken werden nicht nur benutzt werden, Dinge und Handlungen zu kontrollieren, sondern auch, um per Neurotelepathie miteinander zu kommunizieren.

Flexibles Denken Niemand kann sagen, wie es wirklich einmal sein wird. Und wer weiß, vielleicht würde ein solcher Geist gar nicht denken oder zumindest nicht in der Art und Weise, wie wir es heute tun, denn Denken, so wie wir es heute verstehen, wird immer weniger relevant werden. Die menschliche Natur ist veränderlich, fließend, nicht starr und konstant. Sie wird für gewöhnlich als statisch, als unbewegt angesehen, aber das ist nur deshalb so, weil unsere äußere Umwelt in der Vergangenheit ebenfalls mehr oder weniger statisch und unbewegt war. Wenn wir die Welt, in der wir leben, grundlegend verändern, werden sich vielleicht auch unsere Natur und insbesondere unsere emotionalen Bedürfnisse verändern.

Vielleicht könnte dies eine gute Sache sein. Vielleicht wird die globale Vernetzung unseren Geist für das öffnen, was andere denken, und wir werden die Welt so sehen, wie sie wirklich ist – als einen fragilen Planeten mit ernsten Problemen. Sollte es irgendwann so sein, besteht die Hoffnung, dass wir den Lohn der Kreativität und des Gemeinsinns ernten werden, den das Internetzeitalter uns versprochen hat.

Vielleicht aber nehmen die Ereignisse auch eine unheilvollere Wendung. Vielleicht werden wir faul, lesen keine ernsten Bücher mehr (zu anstrengend, zu schwierig) und konzentrieren uns stattdessen auf eine Welt der seichten Unterhaltung und flachen Meinungen. Wir ergehen uns in Produktneuheiten und Fantasy-Geschichten und scheren uns nicht um die Belange der realen Welt. Vielleicht ziehen wir uns auf virtuelle Realitäten zurück, obgleich es natürlich möglich ist, dass der Begriff „real" in Zukunft keine Bedeutung mehr haben wird, weil wir Geräte in unseren Körper implantieren und die Realität mit personalisierten Überlagerungen digitaler Information erweitern. Radikale Schönheits-OPs könnten Standard wer-

‚Wenn man der Vorstellung anhängen mag, der Geist sei die Personalisierung des Gehirns, die Organisation neuronaler Verbindungen durch Erfahrung, dann wird dieses Gehirn gegenüber der Technologie des 21. Jahrhunderts höchst verletzlich sein.'

Susan Greenfield, Senior Research Fellow, University Department of Pharmacology, Oxford University

Klug und klüger …

Nach Meinung von Steven Johnson, Autor des Buches *Neue Intelligenz: Warum wir durch Computerspiele und TV klüger werden*, ist die Popkultur (und zwar alles, von alten bis zu neuesten Computerspielen) heute weitaus anspruchsvoller als früher, sodass der Einzelne gezwungen ist, ob er will oder nicht, sich geistig etwas mehr anzustrengen, um daran teilzuhaben. Anders formuliert: Unsere Umwelt ändert sich tatsächlich, was sich im Hinblick auf unser abstraktes logisches Denkvermögen aber außerordentlich positiv auswirkt. Insofern macht uns die Bildschirmkultur tatsächlich klüger.

den, was den Einzelnen animieren könnte, zu experimentieren und sich immer neue Persönlichkeiten zu verleihen, wie es online bereits heute gang und gäbe ist. Wie uns all dies verändern wird, bleibt eine offene Frage, auch wenn man meinen möchte, dass sich unser Selbstempfinden mit unserem Verhalten verändern wird.

Worum es geht

Werden wir noch wir selbst sein?

49 Ist Gott zurück?

Oft wird angenommen, die Zukunft werde ein gottloser Ort sein. Die wirtschaftliche Entwicklung werde zusammen mit der Wissenschaft und der Ausbreitung der Demokratie eine säkularisierte Welt schaffen, in der die Religion kaum noch eine Rolle spielt. Das institutionalisierte Christentum steckt tatsächlich in der Krise, doch andere große Religionen wie der Islam boomen. Was steht also zu erwarten – ein wiederauflebendes Christentum, ein militanter Atheismus oder Religionskriege?

Die Losung „Gott ist tot", wie man sie aus den Schriften Friedrich Nietzsches kennt, ist glaubhaft, die Botschaft selbst jedoch widersprüchlich. In einigen Regionen ist der organisierte Glaube von Säkularisierung, militantem Atheismus, Prominentenkult und Wissenschaftsgläubigkeit verdrängt worden. Für das Christentum in Europa beispielsweise, sieht die Zukunft düster aus. Vorstellbar wäre eine Marginalisierung neben dem Islam oder gegenüber einer Fülle neuer Sekten, Starkulten und persönlichen Religionen, wo populistische Prediger einer „speziell auf mich zugeschnittenen Kirche" sofortige Erfüllung bieten. Die Reaktion der christlichen Kirchen wird höchstwahrscheinlich in einer Modernisierung bestehen, um ihre Bedeutung in der Welt von heute zu sichern, doch damit riskieren sie, sich von dem zu entfernen, was ihr Überleben sichert – einem klaren Weg in die nächste Welt. Es stimmt, dass sich der christliche Glaube in vielen Teilen Afrikas und Asiens ausbreitet. Auch in den USA ist er eine stabile Glaubensform, doch ein Großteil dieses Wachstums wird untermauert von radikalen Sekten und seichtem Evangelismus, wie es auch in vielen Entwicklungsländern der Fall ist, was auf Dauer wahrscheinlich aber kein tragfähiges Fundament sein kann.

Glaubenssysteme im Wandel Was aktuell weltweit Konjunktur hat, ist der religiöser Eifer ohne Religion. Stars rufen überall in der Welt kultartige Hysterien hervor, und erfolgreiche Unternehmen nutzen die messianische Verblendung ihrer Konsumjünger. Es geht um Webseiten, nicht um Gebete, um iPads, nicht um das Buch Hiob. Einmal mehr stellt sich die Frage: Wie lange wird das so weitergehen? Durch eine Weitsichtbrille betrachtet, zeichnet sich ganz langsam ein ganz anderes Bild ab.

Zeitleiste

1883 Friedrich Nietzsche behauptet, „Gott ist tot"

1966 Das *Time Magazine* fragt: „Ist Gott tot?"

2005 Predigten als Textbotschaft

2009 Virtuelle Beerdigungszeremonien

> **Religionen kommen und gehen, doch meist kommen sie und bleiben.**
> **Felipe Fernández-Arnesto, Historiker und Autor**

Zunächst ist da die Vorstellung, dass traditionelle Religionen in einer Welt des bröckelnden Vertrauens und nicht endender Ungewissheiten weiterhin tun können, was sie schon immer getan haben: Sie erklären das Unerklärliche und bieten Sinn in einer Welt voller Chaos. Ganz im Gegensatz zum Säkularismus, der seinem Wesen nach auf Sinnstiftung verzichtet. Die Zerstörung der Religion durch die Wissenschaft könnte sich am Ende also ins genaue Gegenteil verkehren. Je mehr wir über das Universum herausfinden, desto weniger verstehen wir es möglicherweise und desto mehr könnte unsere Verwirrung steigen, wovon die Religionen mit ihren einfachen Regeln und Erklärungen profitieren könnten.

Und da die Wissenschaft die Ursprünge unseres Universums immer tiefer erforscht, finden wir eines Tages vielleicht auch heraus, dass unser Universum nicht das einzige ist (▶ Kapitel 40). Möglicherweise gibt es sogenannte Paralleluniversen (Multiversen), was dazu beitragen könnte, die Vorstellung von Himmel und Hölle zu erklären. Es könnte aber auch gut sein, dass wir einen Weg finden, allein über unsere Gedanken zu kommunizieren (Neurotelepathie), eine Vorstellung, die anknüpft an das Beten als Kommunikationsmittel mit einem unsichtbaren Gott. Oder wie sieht es aus mit der Trennung von Körper und Geist? Das mag für manch einen heute lachhaft klingen, doch wenn wir eines Tages verstehen, was Bewusstsein ist, sind wir vielleicht auch in der

Wachstumsmärkte für den lieben Gott

Im Jahr 1900 lebten 80 Prozent aller Christen in Europa und den USA. Heute leben 60 Prozent in Entwicklungsländern. In China beispielsweise gibt es 80 Millionen aktiver Christen, was bedeutet, dass die christlichen Kirchen mehr Mitglieder haben als die Kommunistische Partei. Schätzungen zufolge wird die Zahl der Christen in China bis zum Jahr 2050 auf fast 230 Millionen Menschen oder rund 16 Prozent der Gesamtbevölkerung gestiegen sein, während sich in Russland 86 Prozent der Menschen als Christen bezeichnen. Und auch wenn die traditionellen Religionen in manchen Gebieten rasant schwindende oder stagnierende Mitgliederzahlen verzeichnen, haben sie in anderen großen Zulauf, insbesondere dort, wo für die Zukunft das größte Bevölkerungswachstum zu erwarten steht.

2011	2020	2030	2050
US-Studien prognostizieren das mögliche Ende der Religion in neun Ländern	Katholische Kirche unter Druck, die Euthanasie zu befürworten	Erste Päpstin	Rückkehr des Messias (doch diesmal wird sie Kylie genannt)

> **„Vielleicht besteht unsere Aufgabe auf diesem Planeten nicht darin, Gott zu verehren – sondern Ihn zu schaffen."**
> **Arthur C. Clarke,**
> **SF-Autor, Erfinder und Futurologe**

Lage, es zu isolieren und an einen anderen Ort zu verbringen und damit Wesen aus reinem Bewusstsein zu schaffen – „Geister", wenn man so will.

Demographische Verschiebungen sind ein weiterer Grund zum Optimismus für die Anhänger traditioneller Religionen. Hohe Geburtenziffern sind anhaltende Wachstumsträger für (beispielsweise) den Islam, während eine höhere Lebenserwartung andererseits eine wachsende Zahl alter Menschen bedeutet – die auf ihrem letzten Weg Antworten suchen auf die Frage, was nach dem Leben kommen mag. Sogar das Bestreben, immer länger leben zu wollen, könnte selbst zu einer Religion werden (▶ Kapitel 35), doch damit müssen wir uns erst beschäftigen, wenn es tatsächlich so weit ist.

Ein weiterer Trend, der die traditionellen Religionen nährt, ist die Urbanisierung. Viele hundert Millionen Menschen ziehen in urbane Regionen, was zu zersplitterten, entwurzelten und rastlosen Gesellschaften führt. Und einmal mehr bietet die Religion diesen Menschen eine Heimat, eine Gemeinschaft und eine Identität, die Sicherheit verheißt.

Zugegeben, der Wohlstand, den die Urbanisierung häufig mit sich bringt, kann zum Feind für traditionelle Religionen werden. Warum? Weil man mit Geld sofortigen Komfort und sinnlichen Genuss kaufen kann, was tiefe Gedanken über den Sinn des Lebens blockiert. Doch wie wir bereits erfahren haben, wirft die Suche nach dem Glück die Frage auf, ob materielle Güter langfristige Zufriedenheit erzeugen.

Und schließlich gibt es noch die Technologie. Welche Auswirkungen der schnelle technologische Wandel hat, werden wir gleich noch erörtern, deshalb möge es hier genügen zu sagen, dass die Ängste, die unsere komplexe, sich rasch verändernde Welt heute schafft, den Religionen in die Hände spielen, die Wert legen auf Beständigkeit, Einfachheit, Geschichte und Tradition.

Ein Bedürfnis stillen Gibt es außerdem etwas, wovor sich die großen Weltreligionen längerfristig gesehen fürchten müssten? Verschiedene Sekten werden auf die Ängste unserer Zeit zielen, doch ist ihr geistiges Fundament wohl zu schwach, um auf Dauer fest darauf stehen zu können. Es gibt zudem pagane Religionen, die unsere Sehnsüchte nach Magie in dem heute so wissenschaftlichen Zeitalter ebenfalls sehr gut bedienen können. Ein Nebeneinander von Wissenschaft und Aberglauben ist daher nicht ausgeschlossen. Und noch ein Wort zu den großen etablierten Religionen: Wann immer sich eine Religion stark und sicher fühlte, schürte das die Rivalität unter den jeweiligen Anhängern, wie ein Blick in die Geschichte lehrt. Und ich sehe keinen Grund, warum sich das in Zukunft ändern sollte.

Fazit: Die großen Religionen werden überdauern, weil wir sie brauchen. Die Zukunft wird verwirrend sein, und Religionen liefern Orientierung. Sie bieten uns Regeln für das rechte Verhalten und das Wichtigste für den Menschen überhaupt – einen Sinn. Und

Das Gottesteilchen

Kann etwas, an das viele Menschen fest glauben, das aber nie ein Mensch gesehen hat, unser Denken über das Leben auf der Erde verändern? Das Higgs-Boson ist ein nach dem britischen Physiker Peter Higgs benanntes subatomares Teilchen, dessen Existenz und Nachweis von Wissenschaftlern vorhergesagt wurde. Der Nachweis gelang 2012. Es kann eine Erklärung dafür liefern, warum Elementarteilchen eine Masse besitzen, was wiederum erklären dürfte, warum die Dinge im Universum so sind wie sie sind. Die Frage ist allerdings, ob diese neue Entdeckung dazu beitragen wird, die Idee des Kreationismus zu zerstören, oder nurmehr weitere Fragen aufwirft, wie und warum das Universum geschaffen wurde.

ohne den Glauben an einen Sinn, können die meisten von uns offenbar nicht leben (oder sterben). Was der Mensch am meisten braucht, ist das Versprechen auf eine Zukunft, und was die Zukunft am meisten braucht, ist das Versprechen auf die Kontinuität der fernen Vergangenheit.

Worum es geht

Gott ist nicht tot

50 Zukunftsschock

Es ist das Ende der Welt. Zumindest haben viele Menschen dieses Gefühl. Nach dem 11. September, der globalen Finanzkrise, dem Klimawandel und der vielen politischen Umwälzungen stehen wir noch immer unter Schock. Es fühlt sich an, als habe sich der Wandel selbst gewandelt, und wir haben alle Mühe, Schritt zu halten. Wird das so weitergehen? Vielleicht liegt das Problem darin, dass wir uns heute viel zu vielen Informationen aussetzen, was zu einer zeitweiligen Desorientierung führt.

Anfang der 1970er-Jahre schrieb Alvin Toffler einen Bestseller mit dem Titel *Der Zukunftsschock*. Zu viel technologische Veränderung oder zumindest der Eindruck einer zu raschen Veränderung innerhalb einer gefühlsmäßig zu kurzen Zeitspanne, so der Autor, führe zu einer psychischen Schädigung des Einzelnen wie auch der Gesellschaft insgesamt. Toffler führte in diesem Zusammenhang den Begriff „Informationsüberlastung" in die allgemeine Diskussion ein.

In vielerlei Hinsicht ähnelt das Konzept des Zukunftsschocks dem des Kulturschocks. Beide thematisieren eine gewisse Desorientierung, die der Einzelne bei einem zu raschen Übergang von einer ihm vertrauten Lebensordnung in eine andere, unvertraute, empfindet. Der Begriff Kulturschock bezieht sich dabei für gewöhnlich auf die physische Bewegung aus einem Land oder einer Kultur heraus, hinein in eine andere. Der Begriff Zukunftsschock meint dagegen eher die Verschiebung von einer analogen in eine digitale Kultur, heraus aus einer Zeit, die vermeintlich feste Wahrheiten und geopolitische Gewissheiten enthielt, hinein in eine neue Ära, wo Grenzen fließend sind und nichts mehr sicher scheint. Dabei besteht die Gefahr, dass die daraus entstehenden Ängste und Verunsicherungen falschen Propheten oder populistischen Politikern, die letzte Lösungen verheißen, einen fruchtbaren Nährboden bieten.

Dass die Welt sich heute rasant wandelt, steht außer Frage. Das Moore'sche Gesetz (▶ Kapitel 17), das Tempo, mit der die Entwicklungen in Genetik, Robotik, Künstlicher Intelligenz und Nanotechnologie vonstattengehen oder mit dem sich die atemberaubende Expansion der sozialen Medien vollzieht, sind hinreichende Belege dafür. Wenn Sie diese Zeilen lesen, hat es längst weitere Unruhen und Entwicklungen im Nahen

Zeitleiste

15. Jahrhundert
„Gedruckte Bücher werden niemals das gleiche sein wie handgeschriebene Codices." Trithemius, *De Laude Scriptorum*

19. Jahrhundert
„Zugreisen mit hoher Geschwindigkeit sind unmöglich, da die Passagiere nicht atmen können und ersticken." Dr. Dionysius Larder

1839
„Die Ausschaltung des Schmerzes in der Chirurgie ist eine Chimäre. Es ist absurd, weiter danach zu suchen …" Dr. Alfred Velpeau, Chirurg

Osten, in Europa und China gegeben. Aber war es nicht immer so? Das Internet, eine in der Tat revolutionäre Technologie, ist in seinen Auswirkungen vergleichbar mit der raschen Entwicklung der Telegrafie, Eisenbahn oder Elektrizität im Viktorianischen Zeitalter. Was den Nahen Osten, Europa oder China angeht, neigt die Geschichte dazu, sich zu wiederholen, oft als Tragödie und manchmal als Farce, wie Karl Marx beobachtete. Warum also macht uns die heutige Zeit so bange? Warum diese Weltuntergangsstimmung? Warum sind wir plötzlich so besorgt? Werden sich unsere gegenwärtigen Befürchtungen langsam in Luft auflösen oder wird alles nur noch schlimmer werden?

‚Das einzige, was wir über die Zukunft wissen, ist, dass sie anders sein wird.‘
Peter Drucker, Managementtheoretiker und Autor

Wissen wir zu viel? Die Antwort ist: Während alles mehr oder weniger bleibt wie gehabt, bedeuten Globalisierung, Digitalisierung und vor allem die persönliche Vernetzung, dass sich Ereignisse und Neuigkeiten explosionsartig verbreiten. Wir sind in eine Zeit eingetreten, in der alles „sichtbar" und zu einem gewissen Grad auch „wissbar" ist. Die selige Unwissenheit ist tot oder hängt zumindest zeitweilig am Tropf.

Ein weiterer Nachteil: Nachrichten rund um die Uhr. Immer mehr Akteure betreten die Bühne, Medienvertreter, Politiker und Instant-Experten, die sämtlich von der Schaffung kurzfristiger Ängste und Krisen profitieren, auf die nur sie allein eine Antwort wissen. Abschalten – heißt daher die neue Devise vieler. Die technikfeindlichen Maschinenstürmer sind zurück, nur dass sie diesmal die iPhones abschalten statt die Maschinen zu zerstören. Doch das ist eine vorindustrielle Lösung für ein postindustrielles Problem. Eine praktikablere und nachhaltigere Lösung: Informationsfilterung und teilweiser

Gestresst? Besser nicht

In einer aktuellen Umfrage der Amerikanischen Psychologischen Gesellschaft erklärten 22 Prozent der Befragten, „sehr gestresst" zu sein. Klingt nachvollziehbar. Im Jahr zuvor jedoch waren es 24 Prozent, und 2007 32 Prozent. Scheint auf den ersten Blick nicht zusammenzupassen. Psychologen erklären es damit, dass der Mensch sich nach fünf Jahren Stress an diesen Zustand gewöhnt hat. Wer weiß, vielleicht ist Stress nur ein zeitweiliger Zustand. Doch wir werden einfach neue Ängste erfinden, um uns von den unmittelbaren Dingen abzulenken.

1888
„Wir nähern uns wahrscheinlich der Grenze dessen, was wir über Astronomie wissen können." Simon Newcomb, Astronom

1904
„Flugzeuge sind interessante Spielzeuge, doch ohne militärischen Wert." Marschall Ferdinand Foch

1909
„Das Automobil hat prakisch die Grenze seiner Entwicklung erreicht." *Scientific American*

„Die Zukunft darf dich nicht beunruhigen; wenn es nötig werden sollte, wirst du ihr mit denselben Waffen der Vernunft begegnen, die du jetzt gegenüber der Gegenwart gebrauchst.“
Marc Aurel (121–180 n. Chr.)

Informationsverzicht. Im Lauf der Zeit werden wir lernen, uns richtig anzupassen. Wir werden bislang nicht erfundene Technologien nutzen, um alles unnötige Wissen herauszufiltern.

Wir werden lernen, bestimmte Informationsquellen zu ignorieren, und merken, dass die Vernetztheit rund um die Uhr nicht gesund ist. Wir werden langsam die Freuden entdecken, die das zeitweilige Abschalten der Geräte (nachts oder wochenends) mit sich bringt. Wir werden wieder entdecken, was ein tiefer und gesunder Schlaf ist, der für die Verarbeitung der täglichen Datenflut völlig unverzichtbar ist.

Wir tun es für uns Ein weiterer, damit verbundener Punkt: Vielleicht quälen wir uns mit eingebildeten Bedrohungen oder übertriebenen realen wenngleich unwahrscheinliche Risiken, weil es in unserer Gegenwart nicht genügend reale Bedrohungen gibt. Vielleicht haben wir aber auch das Gefühl, dass wir selbst Schuld an dieser Misere sind. Die Zeitschrift *Economist* schreibt: „In unserer reichen Welt ist der Fortschrittsgedanke verarmt. Der allgemeinen Ansicht nach kommen Technik und BSP zwar voran, doch Moral und Gesellschaft treten auf der Stelle oder fallen – je nach dem, welche Zeitung man gerade liest – in Dekadenz und Barbarei zurück.“

Dr. Richard Landes, Apokalypse-Experte der Boston University, ist der Meinung, dass unser Enthusiasmus für die Apokalypse verbunden ist mit unserem persönlichen Bewusstsein für die eigene Bedeutung im Leben. „So etwas spricht unseren Größenwahn an“, sagt er.

Wir sollten lernen zu entspannen, wie ich finde. Fest steht, dass einige der Dinge, die uns Sorge bereiten (z. B. Vulkanausbrüche) keine menschlichen Ursachen haben und es folglich auch keine menschengemachten Lösungen dafür gibt. Wir werden uns anpassen müssen. Punkt. Eingedenk dessen sollten wir wachsam bleiben. Wir sollten stets ein waches Augen haben und skeptisch sein, wenn man uns schnelle Lösungen verspricht oder leichte Ziele vorgibt. Auf lange Sicht aber sollten wir uns beglückwünschen. Es hat im Laufe unserer Geschichte sehr viel schlimmere Zeiten gegeben, und der Mehrheit der Menschen geht es heute besser denn je. Und was die Zukunft angeht … nun, wir werden sehen!

1923
Es ist nicht wahrscheinlich, dass der Mensch jemals die Energie des Atoms anzapfen kann.“ Robert Millikan, Nobelpreisträger für Physik

1948
„Fernsehen wird es nicht lange geben. Es ist eine Eintagsfliege.“ Mary Somerville, Pionierin auf dem Gebiet des Schulfunks

1956
„Weltraumreisen sind absoluter Unfug.“ Richard van der Riet Woolley, Königlicher Astronom

Zukunftshype

In seinem Buch *Future Hype* zeigt Bob Seidensticker auf, dass sich unsere Welt gegenwärtig nicht merklich schneller verändert als früher und dass die sogenannten revolutionären Techniken in vielen Fällen tatsächlich nicht mehr sind als Verbesserungen früherer Durchbrüche. Das Internet beispielsweise hat sich tatsächlich rasch entwickelt. Doch beim Telegrafen lag zwischen einem Demonstrationsmodell 1844 und dem fast weltweiten Einsatz in allen Städten 1860 auch nur eine relativ kurze Zeitspanne. Wie der Wissenschaftler und Vizepräsident am Institut für Forschung und Entwicklung bei HP, Joel Birnbaum, sowie der SF-Autor Douglas Adams beobachtet haben, erscheint eine Technologie nur denjenigen ungewöhnlich oder problematisch, die geboren wurden, bevor sie allgemein gebräuchlich wurde.

Worum es geht

Alles wird gut

1968

„Aber wozu … ist so etwas gut?" Ingenieur bei der Advanced Computing Systems Division von IBM (Kommentar zum Mikrochip)

1979

„Die Leute werden diese elektronischen Spiele nicht länger als eine Woche spielen wollen, nicht, sobald wir mit dem Verkauf von Heim-Flippergeräten beginnen." Gus Bally, Arcade Inc.

1994

„Ich werde erst dann an die 500-Kanäle-Welt glauben, wenn ich sie sehe." Sumner Redstone, Vorstandsvorsitzender, Viacom und CBS

Glossar

3D-Drucker Eine Maschine, die dreidimensionale Objekte aus digitalen Vorlagen und aufbauenden Fabrikatoren Schicht für Schicht „ausdruckt“.

AGI *Artificial General Intelligence*. Dieser Begriff dient der Beschreibung der starken KI (im Gegensatz zur schwachen KI). Es geht um Maschinenintelligenz, die der menschlichen Intelligenz gleichkommt oder sie übertrifft, und diese gilt als das langfristige Ziel der KI-Forschung und -Entwicklung.

Künstliche Photosynthese Künstliche Replikation der natürlichen Photosynthese; Forscher versuchen, Sonnenenergie im großen Maßstab in chemische Verbindungen, sprich Treibstoffe, umzuwandeln, um das Energieproblem der Menschheit zu lösen.

Avatar-Assistent Kundenindividuell angepasster und semiintelligenter digitaler Assistent, angesteuert durch ein Mobilfunkgerät oder einen anderen Bildschirm.

Claytronics Ein noch junges Wissenschaftsgebiet, das sich mit synthetischen Realitäten beschäftigt und Computerwesen, Nano-Robotik und KI verbindet, um formveränderliche Materialien oder 3D-programmierbare Materie zu schaffen.

Cloud-Computing Ein Modell, das es den Nutzern erlaubt, bei Bedarf, jederzeit und überall bequem über ein mobiles Endgerät oder Internet auf einen geteilten Pool von konfigurierbaren Rechnerressourcen zuzugreifen, die schnell und mit minimalem Managementaufwand oder geringer Serviceprovider-Interaktion zur Verfügung gestellt werden können.

Cloud-Whitening Technische Maßnahme gegen die Erderwärmung, bei der Meereswasserpartikel in die Wolken gespritzt werden.

Data-Mining Ermittlung aussagefähiger Informationen aus großen Datensätzen, um unter Nutzung mathematischer Analyse Muster und Trends in Daten zu erkennen oder Verhaltensweisen von Gruppen oder Einzelnen zu prognostizieren.

Energy-Dashboard Das digitale Armaturenbrett mit nützlichen Programmen registriert die Energienutzung in Echtzeit und wird verwendet, um Effizienz oder Kosten einzelner Gebäude, Maschinen oder Applikationen zu überwachen.

Haptische Technologie Durch die künstliche Simulation des Tastsinns mittels Joysticks oder sogenannten Haptik-Handschuhen auf berührungsempfindlichen Oberflächen lassen sich Maschinen bedienen und steuern.

Holografische Telepräsenz Diese Technik ermöglicht Videokonferenzen im 3D-Format und andere Projektionen der realistischen körperlichen Präsenz, um an einem oder mehreren Orten gleichzeitig live zu erscheinen.

Wasserstoff-Wirtschaft Eine Wirtschaft, die auf Wasserstoff als alternativen Energieträger basiert.

***in vitro*-Fleisch** Fleisch, das im Labor oder in der Fabrik künstlich gezüchtet wird.

Molekulare Manufaktur Herstellungsverfahren, mit dem jedes gewünschte Objekt präzise aus einzelnen Molekülen gebaut werden kann. Es verbindet programmierbare Materialien, Claytronics und andere moderne Technologien.

Nano-Kabel Dichte Anordnung ultrafeiner Fasern von unbegrenzter Länge zur Verwendung in winzigen Maschinen oder für einzelne Bauteile größerer Konstruktionen (ähnlich Kohlenstoff-Nanoröhrchen).

Nano-Medizin Medizinische Verwendung von Nanomaterialien und Nanogeräten, z. B. Nanobots.

Ozeandüngung Ein geotechnologisches Konzept, um durch das Einbringen von Eisensalzen oder Nährstoffen eine künstliche Planktonblüte zu erzeugen, mit dem Ziel, CO_2 aus der Erdatmosphäre zu entfernen.

Organ-Printing Drucken menschlicher Körperteile mithilfe eines 3D-Druckers. Verknüpft mit der künstlichen Züchtung menschlicher Körperteile in Labors oder Fabriken.

Photovoltaik Erzeugung elektrischer Energie aus der Energie der Sonnenstrahlung.

RFID *Radio Frequency Identification Device*. Technologie zur automatischen Identifizierung und Lokalisierung von Gegenständen und Lebewesen; dient der mobilen Datenerfassung

Mineralien der Seltenen Erden Eine Reihe von seltenen Elementen oder Metallen, die zunehmend in Hightech-Maschinen Verwendung finden.

Intelligente Robot-Systeme Software, die in einem bestimmten Rahmen Sprachbefehle verstehen und auf ihre Umwelt reagieren können.

Telemedizin Medizinische Versorgungen, die unter Überbrückung räumlicher oder zeitlicher Distanzen ausgeführt werden.

Vertikale Landwirtschaft Produktion pflanzlicher und tierischer Erzeugnisse in mehrstöckigen Gebäuden, vor allem in Ballungsgebieten der Großstädte.

Virtuelle Währung Digitales Geld, das durch Ideen und Information geschaffen wird.

VR Virtuelle Realität – eine computersimulierte Umwelt.

Web 2.0 Bezeichnet eine Reihe interaktiver Anwendungen, um Informationen auszutauschen oder einzustellen (Beispiele: Facebook, YouTube).

Index

Titel der Originalausgabe: 50 Ideas You Really Need to Know: The Future

Aus dem Englischen übersetzt von Regina Schneider

Published by arrangement with Quercus Publishing PLC (UK)

Bibliografische Information der Deutschen Nationalbibliothek
Die Deutsche Nationalbibliothek verzeichnet diese Publikation in der Deutschen Nationalbibliografie; detaillierte bibliografische Daten sind im Internet über http://dnb.d-nb.de abrufbar.

Springer Spektrum

Springer Spektrum ist eine Marke von Springer DE.
Springer DE ist Teil der Fachverlagsgruppe Springer Science+Business Media.
www.springer-spektrum.de

14 15 16 17 5 4 3 2 1

Planung und Lektorat: Frank Wigger, Dr. Meike Barth
Satz: TypoDesign Hecker, Leimen
Einbandabbildung: iStockphoto
Einbandentwurf: deblik, Berlin

ISBN 978-3-642-40743-7

Dank
Mein Dank geht zuallererst an Corrina Fox und Matt Doyle, die erste Versionen des Manuskripts gelesen und hilfreiche Vorschläge gemacht haben. Danken möchte ich auch Scott Martin, Martin Haigh, David Balson, Ashley McKimm und Chris Evett, die immer wieder Teile gelesen und mir für einzelne Themen die richtige Richtung gewiesen haben. Des Weiteren danke ich Emma Heyworth-Dunn bei Quercus und Ali Moore, die der Endversion des Textes den letzten Schliff gegeben haben. Und schließlich geht ein herzliches Dankeschön an George, Nick und Matt – aus den üblichen Gründen.

Abbildungsnachweis
Diagramm auf Seite 138: © 2005 Karl F. MacDorman und Takashi Minato. Wikimedia Commons/ GFDL